# 数学文化与数学美欣赏

潘建辉　胡天巧◎编著

重庆大学出版社

## 内容提要

本书共7章，分别为纵览数学、数学的几个精彩篇章、数学与艺术、例谈数学思想方法、数学美欣赏、数学家群雕像、数学文化掠影。本书从数学史、数学美、数学家、数学思想和数学人文等角度，介绍了数学文化，揭示了数学思想，展现了数学之美。

本书取材典型、内容翔实、图文并茂，力图用最简洁的篇幅介绍数学文化的精华和经典内容。全书共精选几十个典型案例和近百张图表，内容不仅涉及数学的各个分支，以及数学与艺术、数学美等方面，而且还包括课程与思政教育相融合的思想。此外，每章还配有适量的课后习题和课程终结性检测题以供教学使用。

本书可作为高等学校数学文化类课程的教材，也可作为大学生的课外读物。

**图书在版编目(CIP)数据**

数学文化与数学美欣赏／潘建辉，胡天巧编著. --
重庆：重庆大学出版社，2024.3
ISBN 978-7-5689-4396-3

Ⅰ.①数… Ⅱ.①潘…②胡… Ⅲ.①数学—高等学校—教材 Ⅳ.①O1

中国国家版本馆 CIP 数据核字(2024)第 049353 号

## 数学文化与数学美欣赏
### SHUXUE WENHUA YU SHUXUE MEI XINSHANG

潘建辉　胡天巧　编著

策划编辑：范　琪

责任编辑：姜　凤　　版式设计：范　琪
责任校对：关德强　　责任印制：张　策

\*

重庆大学出版社出版发行
出版人：陈晓阳
社址：重庆市沙坪坝区大学城西路 21 号
邮编：401331
电话：(023)88617190　88617185(中小学)
传真：(023)88617186　88617166
网址：http://www.cqup.com.cn
邮箱：fxk@ cqup.com.cn(营销中心)
全国新华书店经销
重庆华林天美印务有限公司印刷

\*

开本：787mm×1092mm　1/16　印张：13.5　字数：290 千
2024 年 3 月第 1 版　　2024 年 3 月第 1 次印刷
ISBN 978-7-5689-4396-3　定价：45.00 元

# 前　言

数学,不仅拥有真理,而且拥有至高无上的美,它是人类灿烂文化的重要组成部分。数学这门世界各国通行的文化教育课程,兼具科学与人文双重属性,其科学性有助于培养和提高学生求真务实、理性严谨的科学素养;人文性有助于提高学生文、史、哲、艺、政等人文素养,从而指引其向善求美,立德成人。

然而,数学高度的抽象性、严密的逻辑性和追求形式化的特点,致使大多数纯数学教材很难将数学的美、可爱和好玩的一面充分展现出来,这不利于学生充分了解数学文化、系统掌握数学思想、有效提高数学素养。因此,有必要通过数学文化和数学美欣赏这类能将科学知识人文化的课程,将数学的人文属性充分展现出来。

为此,我们在对数学文化的大量理论研究及数学史和数学文化课程的长期教学实践的基础上,编写了《数学文化与数学美欣赏》这部教材,以飨高校本、专科生和文科类研究生。

本书不追求形式的完整性和材料的系统性,重在内容的趣味性、可读性和材料的典型性、教育性。写作中尽量避免过度的数学化,力求生动形象、通俗易懂。因此,本书具有以下两个突出特点:

(1)内容丰富而新颖。本书精选了几十个典型案例和近百张图表,内容不仅涉及数学的所有分支,而且还涉及文学、音乐、美术等其他学科知识;不仅涉及最新、最前沿的数学领域,而且搜集了最新的数学文化信息,吸收了最新的数学文化观点,融入了思政元素。

(2)案例典型而有趣。本书中的案例,无论是大到对数学精彩片段、数学家群体、数学思想方法、数学美、数学与其他学科等的选取,还是小到阐述某个观点的案例的设计,都力图做到典型、生动、有趣和有价值。例如,数学中的最美等式、数学的奇异美、数学与艺术等,都是深受读者喜爱的典型案例。

但是,由于数学是一个非常广泛而深刻的知识领域,而且目前关于数学文化可资借鉴的优秀教材不多,再加上编者水平所限,书中难免存在疏漏和不足之处,敬请广大读者批评指正,以便更好地修订和完善。

本书是在潘建辉与李玲编写的《数学文化与欣赏》基础上改编而成的,共7章内容。其中,第二—四章由胡天巧编写;其余各章由潘建辉编写,并对全书统稿、修改。此外,虞继敏教授对书中的思政内容进行了指导和审查。

为了减少篇幅,并照顾少课时班级的教学,部分涉及较多数学知识的内容已隐入二维码,请读者扫码阅读。使用本书时,教师可采用讲授法、讨论法、阅读法,或三者结合;需要电子文档和课件的读者,可发邮件至 hutq@ cqupt. edu. cn 或 panjh@ cqupt. edu. cn 向作者索取。

在本书的编著和修改过程中,笔者参考了国内外大量文献,其中书籍类的主要参考文献已列于书后,杂志和网络类文献因零散而庞杂未予列出。在此,编者谨对未予列出的文献作者深表歉意。同时,对所有参考文献的作者表示衷心的感谢!

另外,在本书编写过程中,编者曾得到邓志颖教授、胡学刚教授、郑继明教授、朱伟教授、邱东教授、鲜思东教授、沈世云副教授、孙春涛老师和学生袁静的大力支持,在此,对他(她)们的付出一并表示感谢!

重庆邮电大学理学院

潘建辉　胡天巧

2023 年 12 月

# 目 录

# 第一章  纵览数学

数学是什么？数学与我们有何关系？数学是怎样形成的？我们该如何用马克思主义普遍联系和发展的观点来看待数学呢？让我们带着这些疑问，叩开数学殿堂的大门吧。

# 第一节  数学与我们

## 一、数学与我们须臾不离

数学不是我们一般联想到的枯燥深奥的符号，而是实实在在源于生活的现象和延伸。古希腊哲学家毕达哥拉斯说，万物皆数，数统治着宇宙；伽利略说，自然之书是用数学语言写成的；黑格尔说，数学是上帝描述自然的符号。我国数学家、数学教育家华罗庚教授说，宇宙之大、粒子之微、火箭之速、化工之巧、地球之变、生物之谜、日用之繁，无处不用数学。以上论述表明，一切宇宙现象和规律的背后都隐藏着数学，也就是说，数学与万事万物都存在着普遍联系。由此可见，生活在世界上的每一个人都离不开数学。

首先，从出生那一刻起，人就开始和数学打交道，并且再也没有离开过数学。出生时，产房里的婴儿、母亲、医生、护士、产床就构成了各自的集合，其中婴儿和他（她）们的母亲就建立了对应关系。同时，婴儿不仅有出生日期、时间、身长、体重、体温、心率、血压、血脂数、血糖量等数量，而且这些数量都符合一定的统计规律。例如，血压高于某值就是高血压，低于某值就是低血压，等于零就没有生命了。然而，即使一个人血压为零，数学还是没有离他而去。所以，一个人从生到死都离不开数学。

其次，我们从早到晚，一刻也没有离开过数学。早上一睁开眼，我们就以一定的速度从床上爬起来，按从里到外的顺序穿好衣服，接着洗漱、梳妆、整理、规划、出门，然后开始一天的忙碌。这一连串行为就包含许多数学，接下来的一天，你无论是从大街小巷、车辆行人，还是从电脑、电视、手机上接触到的信息，到处都是数学。什么天气预报、商品折扣、股票指数、走势曲线、可能预测、存款利率，甚至经济统计图、价格分析表，以及指数增长、随机取样、线性规划、数字地球等各种数学术语，都铺天盖地而来，即使你什么都不看、什么都不想，你还是无法与数学绝缘，因为你从出门到回家一天的行踪，就是你在三维空间里画出的函数曲线，最后你还得以点的形式回到自己长方体房间的矩形床上，结束一天的奔波。因此，任何人，尤其是现代人,即使你无意识、不主动地使用数学,也离不开、避不了如影随形的数学。

再次,任何理智的人随时都在有意或无意地运用数学思想和方法来解决实际问题。例如,烧水泡茶时,需要清洗茶杯、向杯中放茶叶,清洗水壶、往壶里注冷水,开火烧水、向杯中倒开水冲茶。为节约时间,几乎每个人都会在烧水过程中洗茶杯、放茶叶,而不是洗净茶杯、放好茶叶再去洗壶烧水。这就是《运筹学》中"如何安排各道工序,使总时间最短"的规划问题。

又如,你出门前要根据天气情况决定是否带伞,这实际上是在做概率题。估计下雨的可能性很小就不带雨伞,可能性很大就带伞,但实际情况可能是,你带了伞天未下雨,未带伞天却下雨了。类似地,在你等车时也会遇到同样的概率问题。一辆装满乘客的车停在你面前,你要盘算是否上车。若是节假日乘车高峰期,估计下辆车会同样拥挤,你就会选择上车;若是普通日期,你估计很快就会有较空的车到来,于是会选择不上。人的一生中会遇到许许多多类似的情况,如填报志愿、应聘工作、选择朋友、规划人生道路等,在做每一个决定时,你都在做概率题。只不过,没有概率系统知识或生活经验的人,他的大多数抉择都是在碰运气,而有经验或主动运用概率知识的人可能更多地作出科学的决策。因此,每一个有自主意识的人,都是在不断做概率题中度过一生的。

## 二、数学使我们聪明强大

充分运用数学知识,不仅能避免愚蠢行为,而且能将自己打造成竞争中的强者。例如,田忌赛马。一天,战国时期的齐王与其大臣田忌比赛跑马,规定双方各出上、中、下三等马各一匹。由于齐王各等马都占优势,若按同等级的马对抗,则齐王可获全胜。于是田忌的谋士孙膑献上一计,叫田忌用下马对齐王的上马,用上马对中马,用中马对下马,结果田忌以二比一获胜。在一般人看来,田忌十分聪明,智慧过人;但从数学的角度看,这是十分平常的,田忌不过运用了运筹学的对策论原理而已。如果上升到马克思主义唯物辩证法的高度来看,就是田忌很好地利用了运筹规律为自己服务。

又如,托尔斯泰的小说《一个人需要许多土地吗》记载了这样一则故事:

一个叫巴河姆的人到草原上买地,卖主卖地的方法很特别。任何一个买主,只要交1 000卢布,他便可以在一天之内,从太阳升起开始行走,由草原上任一点出发,一直走到太阳落山。如果在日落之前,他回到了出发点,那么,他一天所走的路线围住的土地,就算他买到的土地;如果他在日落之前没有回到出发点,那么,他就一寸土地也得不到,白白丢掉1 000卢布。

巴河姆认为,这种规定对自己来说真是有利可图,便爽快地交了1 000卢布,第二天太阳刚刚升起,巴河姆就在草原上迈开了大步。他先沿一条直线一口气走了10俄里,然后向左拐弯90°,又沿直线走了很远很远,才又向左拐弯90°,继续前进2俄里,这时天色已晚,至此他总共走了24.7俄里的路程。于是他不得不改变前进方向,径直向出发点跑去,巴河姆终于在日落前又跑了15俄里赶回了出发点。但是,当他停下时,脚跟尚未站稳,便两腿一软,扑倒在地,口吐鲜血,一命呜呼了。

巴河姆付出了生命的代价,究竟换来了多少土地呢?1 俄里等于 1.066 8 km,他一天跑了 42.35 km,围成了一块面积约 13 万亩的直角梯形土地。一下子得到 13 万亩土地,不可谓不多,但是斯人已逝,再多的土地又有什么意义呢?

这个故事对那些贪婪的人来说是一个莫大的讽刺,然而其讽刺意义还不止于此。喜爱数学的托尔斯泰在作品中还有更深刻的寓意:巴河姆贪心,又愚蠢。如果他按一个正方形的路线行走,围同样大的面积,只需行走 37 km,少走 5 km 多;如果按一个圆形的路线走,围同样大的面积,则可以少走 9 km 多。也就是说,这里包含着另一个数学问题:在同等面积的情况下求最小周界。如果巴河姆懂得这个道理,也许他既能得到 13 万亩土地,又不至于累死,是贪婪加无知葬送了他的性命。由此可见,懂得并善于运用数学知识多么重要呀!

## 三、现代社会的人需要良好的数学素养

### (一)什么是数学素养

爱因斯坦说:"你把所学的数学定理、数学公式、数学解题方法都排除、忘掉以后还剩下的东西,就是数学素养。"因此,通俗地说,数学素养就是把所学的数学知识都排除或忘掉以后剩下的东西。在此意义下,数学素养包括:

①从数学角度看问题的习惯;

②有条理的理性思维、严密的思考、求证,简洁、清晰、准确地表达的意识;

③在解决问题、总结工作时,逻辑推理的方式和能力;

④对所从事的工作进行合理的量化和简化,周到的运筹帷幄的素养,等等。

从数学专业的角度来讲,数学素养则包括:

①主动探寻并善于抓住数学问题的背景和本质的素养;

②用准确、简明、规范的数学语言熟练表达数学思想的素养;

③具有良好的科学态度和创新精神,合理地提出新思想、新概念、新方法的素养;

④对各种问题以"数学方式"理性地思维,从多角度探寻解决问题的方法的素养;

⑤善于对现实世界中的现象和过程进行合理的量化和简化,建立数学模型的素养。

以上数学素养,特别是在通俗意义上的数学素养,都是使人终身受益的。大学生毕业进入社会后,所从事的工作可能与数学没有直接关系,学过的数学公式、定理、解题方法,可能一个也用不上,甚至一辈子都没用过,但是由于他们数学素养高低的不同,其工作效率也会显著不同。他们每说一句话,或者每次与人交谈,能否抓住谈话的中心和本质,有条不紊地叙述,都和数学素养密切相关。

### (二)为什么现代社会的人需要良好的数学素养

数学的重要性体现在三个层面上:一个人不识字可以生活,但是若不识数,就很难生活;一个学科只有当它成功地运用数学时,才算达到了成熟的程度;一个国家科学的进步,可以用它的数学水平来度量。

数字化、信息化、智能化、网络化时代的今天，不仅每一项高新技术的背后都有数学的身影，而且高新技术本质上都是数学技术。因此，现代国家之间的竞争，本质上就是数学技术的竞争。不仅所有自然科学都是以数学作为研究与发展的基础和工具，而且现代人文科学对数学的需求也越来越多，越来越依靠数学来提升其科学水平。例如，现代经济学的规律都要用数学公式、数学图表来反映和表示。近几十年的诺贝尔经济学奖获得者，多半是经济学界的数学家，或者是精通数学的经济学家，甚至以前与数学没有关系的文学、史学和诗歌研究，也引进了数理统计方法，从而获得新的科学发展的增长点。

因此，任何人想在自己的专业或行业中有所作为，都必须具备一定的数学知识、较好的数学素养和较强的数学思维。作为现代大学生，不管就读什么学校、什么专业，都必须学习起码的数学知识，了解一定的数学文化，养成良好的数学素养。

# 第二节　如何看待数学

数学是什么，其属性、地位和作用如何？下面，用马克思的历史唯物主义的观点和方法，从"数量"、历史和历代大师等角度来讨论这些问题。

## 一、数学的含义

"数学"（Mathematics）一词来自希腊语"μαθηματιχα"[①]，最初意为"某种已学会或被理解的东西"或"某种已获得的知识"，甚至是"通过学习可获得的知识"。经过一个较长时期后，"数学"一词才从表示一般的知识转换到专门表示数学专业上来。亚里士多德认为，"数学"一词的专门化使用源于毕达哥拉斯，对于毕达哥拉斯学派来说，数学是一种"生活的方式"[②]。此时，数学是一个复数名词，是算术、几何、天文学和音乐4门学科的统称。

数学是一个历史的概念，它的研究内容随着历史的演进不断地扩展和深化。因此，人们对它的认识也在不断丰富和深入。

大约在公元前6世纪前，由于人们认识的局限，对自然了解甚少，此时，算术几乎是数学的全部，因而，人们把研究"数"的学问称为数学。

后来，由于古希腊数学的兴起，欧氏几何的出现，数学发展进入了常量数学或初等数学阶段，这时的数学只有代数和几何，它研究的"数"是常量，"形"是简单、孤立的几何形体。此时，数学被称为研究"数"与"形"的学问。

直至17世纪中叶，笛卡儿将直角坐标系引入数学，牛顿、莱布尼茨创立微积分，数学的发展才步入变量数学，即高等数学或近代数学时期。此间，除在原有基础上产生了非欧几何、群

---

[①] 塞路蒙·波克纳. 数学在科学起源中的作用[M]. 李家良，译. 湖南：湖南教育出版社，1992：14-15.
[②] 塞路蒙·波克纳. 数学在科学起源中的作用[M]. 李家良，译. 湖南：湖南教育出版社，1992：14-15.

论、分析等外,还产生了研究数学自身的纯数学。此时,如果再将数学称为"研究现实世界中的空间关系和数量关系的科学",就不太确切了。

19世纪末,康托尔集合论的产生标志着数学进入了飞速发展的现代数学时期。数学在近100年里发展和派生出来的内容与分支,远远超过其之前所有内容的总和。现代数学的研究对象不再是传统意义上的"数"与"形",而是研究一般的集合、各种空间和流形,很难区分数和形的范畴。现代数学具有公理化、结构化、统一化、泛函化、非线性、不确定性、高度抽象性、广泛应用性等特点。因此,很难用一句话概括数学的内容和本质。目前,人们较普遍接受的观点是:"数学是研究模式的科学,其目的在于揭示人们从自然界和数学本身的抽象世界中所观察到的结构和对称性。"也就是说,数学是研究数量、结构、变化,以及空间模型等的学科。

## 二、从数学研究的"数量"看数学

马克思的辩证唯物主义认为,世间万事万物都是量变与质变的对立统一,当量变达到一定程度时,必然引起质变。历史也表明,数学的发展,不仅表现为量的积累,而且表现为质的飞跃。数学在研究内容的数量特征方面的演化也不例外,经历了4次重大转折:从算术到代数、从常量数学到变量数学、从必然数学到或然数学、从明晰数学到模糊数学。

### (一)数系及算术的产生与发展

从结绳记事以来,人类由自然数开始逐步有了数的概念。由于人有10个手指,所以我们的祖先建立了十进位制的自然数表示法。除此之外,世界历史上还产生过许多其他的计数法和进位制。例如,古巴比伦记数法、希腊记数法、罗马记数法、中国记数法等。其中,一些进位制现在仍在普遍使用,如时间的60进位制、月年换算的12进位制、由《易经》演化而来的二进制等。当印度人发明了包括0在内的10个阿拉伯数字记号,才有了对自然数完整的认识。表示数的记号由阿拉伯人传入欧洲后得到普及,于是形成了目前全世界通用的阿拉伯数字。

算术主要是用加、减、乘、除4种运算对有理数进行日常生产、生活问题的计算。算术运算起初只需要有加法的概念,乘是多次加的简化运算,减是加的逆运算,除是乘的逆运算,这就是四则运算。除法很快导致了分数的出现,以十、百等为分母的除法,简化表达就是小数和循环小数。不是拥有而是欠别人财物的表示,就出现了负数。以上这些数都是有理数,可以表示在一条数轴上。

很长时间以来,人们曾以为数轴上的点对应的都是有理数,后来发现,边长是1的正方形的对角线长却无法用有理数表示,以此对角线的长用圆规在数轴上找到的点称为无理点,与无理点对应的数称为无理数。无理数的出现导致了"第一次数学危机"。后来瑞典数学家兰伯特还严格证明了π也是无理数。于是,将无理数纳入后,有理数与无理数统称为实数,数轴也称为实数轴。人们发现,如果在实数轴上随机地取点,得到有理数的概率几乎为0,得到无理数的概率几乎为1。可见,无理数比有理数多得多。

为了解决负数的开平方问题,16世纪出现了虚数i;虚轴与实轴垂直交叉形成一个复平面,数也发展成为由虚部和实部组成的复数。后来,人们又创造了四元数、八元数等,数的概念还在持续发展中。

（二）代数

代数是研究数、数量、关系与结构的数学分支。代数与算术的主要区别在于代数要引入未知数,根据问题的条件列方程,然后解方程求未知数的值。

代数可分为初等代数和抽象代数。初等代数主要是在实数范围内进行"加、减、乘、除、乘方、开方、指数、对数"八则运算,主要研究与方程有关的问题。其中的运算不再像算术那样,只对具体的数进行运算,而是对符号进行运算,但此时的符号仅代表数。在求五次以上的一般代数方程解的过程中,产生了群、环、域等概念,从而产生了群论、代数数论、线性代数。这标志着抽象代数的产生。

抽象代数又称近世代数,它是研究各种抽象的公理化代数系统的数学学科。抽象代数中的符号不再局限于代表数,还可以表示向量、矩阵、变换等更广泛的对象,且研究重点不再是运算,而是结构。抽象代数包含群、环、Galois 理论、格论等分支,并与其他数学分支相结合产生了代数几何、代数数论、代数拓扑、拓扑群等新的数学学科。抽象代数已经成为当代大部分数学的通用语言。

（三）变量数学

算术、初等代数、初等几何和三角学,都以常量（即不变的数量）和固定的图形为研究对象,因此统称为常量数学。进入 17 世纪,为解决当时自然科学中的几类典型问题,迫切需要研究变化着的量以及它们相互之间的依赖关系,于是产生了变量与函数的概念,进而产生了变量数学。牛顿由物理力学推动了微积分的产生,莱布尼茨从求曲多边形的面积出发推动了微积分的发现,两人的研究殊途同归。目前的微积分符号的记法,都是莱布尼茨最先采用的。牛顿和莱布尼茨的微积分都运用了极限思想和无穷小的分析方法。但此时的微积分还很不严谨,存在许多漏洞,于是出现了"第二次数学危机"。

有了微积分,一系列新的数学分支如雨后春笋般涌现,如级数理论、微分方程、偏微分方程、微分几何等。级数是求无穷数列各项和的问题;微分方程是另一类方程,它们的解不是数而是函数,多元函数导致了偏微分概念和偏微分方程;微分几何是关于曲线和曲面的一般理论;将实数分析法推广到复数域就产生了复变函数论。由于集合论、实数理论的出现,使微积分最终得到了严格化。至此,第二次数学危机得以消除。

（四）概率论和数理统计

前面涉及的量,无论是常量还是变量都是确定的量。但自然界却存在大量的随机现象,其中存在很多不确定的、不可预测的或具有偶然性的量,由此产生了概率论及统计学等相关分支。

目前,概率论与数理统计的理论与方法已广泛应用于工业、农业、军事和现代科学技术。例如,预测和滤波应用于空间技术和自动控制,时间序列分析应用于石油勘测和经济管理,马尔科夫过程与点过程统计分析应用于地震预测等。同时,它又向基础学科、工科学科渗透,与其他学科相结合发展成为边缘学科,这是概率论与数理统计发展的一个新趋势。

（五）模糊数学

前面涉及的数量,无论是常量还是变量,无论是确定的量还是随机的量,它们都是"精确"的,但自然界、人类社会,甚至人的精神世界却存在大量不能精确刻画的模糊现象。人类的自然语言中,绝对精确的语言不多。我们平时说话、写文章,甚至给术语下定义,都大量地使用了模糊语言。例如,他很帅、他们班的学风好、她擅长舞蹈、今天有点冷等,这里的"很帅""班风好""擅长"和"有点冷"都是模糊概念。尽管语言是模糊的,但意思却是明确的,模糊数学就是将模糊问题数学化的一个数学分支。

现代数学是建立在集合论基础之上的。经典集合论中,元素对集合的隶属关系必须是明确的,绝不能模棱两可。例如,1属于奇数集合,2不属于奇数集合,即一个元素要么属于,要么不属于某个集合,两者必居其一,且只居其一。这时元素对于集合的隶属度要么为1,要么为0。但模糊数学则是建立在模糊集合理论之上的。

所谓模糊集合,是指一个模糊概念所指对象的全体,如"老年人"就是一个模糊集。假设70岁以上的人是绝对的老人,40岁以下的人是绝对的年轻人。也就是说,70岁以上的人属于"老年人"这个集合的隶属度为1,而40岁以下的人属于该集合的隶属度为0,40~70岁的隶属度则介于0和1之间,55岁可以称半老,隶属度为0.5,60岁的隶属度为0.8,等等。

模糊数学主要研究以下三个方面的内容:

①模糊数学的理论,以及它与精确数学、随机数学的关系;

②模糊语言学、模糊逻辑;

③模糊数学的应用。

模糊数学是一门新兴学科、其他学科,尤其是人文、社会等"软科学"的数学化、定量化趋向,把模糊性数学处理问题推向了中心地位。目前,模糊数学已初步应用于模糊控制、模糊识别、模糊积累分析、模糊评价、模糊决策、系统理论、信息检索、医学、生物学等领域。模糊数学最重要的应用是计算机智能化。随着各国政府、企业和学者的逐步重视,模糊数学的应用,将在现有基础上发展得更快。有专家预言:"模糊"的思想方法,将是21世纪新的思维方法和热门话题。

数学研究的内容可以说是浩如烟海,远不止以上介绍的内容,它包含并继续衍生出越来越多的分支,如混沌、小波变换、分形几何等。美国《数学评论》将当今的数学分成60个二级学科,400多个三级学科,即使是职业数学家也越来越受限于一两个专门领域。

由此可见,想用一句话来定义什么是数学,着实是十分困难的。然而,我们到底该怎样看待数学呢?下面,不妨听听哲学家、数学家的评价。

## 三、历代大师看数学

（一）关于数学的属性

黑格尔说,数学是上帝描述自然的符号。

魏尔德说,数学是一种会不断进化的文化。

波莱尔说,数学是一门艺术,因为它主要是思维的创造,靠才智取得进展,很多进展出自人类脑海深处,只有美学标准才是最后的鉴定者。

罗素说,数学即逻辑,逻辑即数学的青年时代,数学即逻辑的壮年时代。

笛卡儿说,数学是知识的工具,也是其他知识工具的源泉,所有研究顺序和度量的科学均与数学有关。

恩格斯说,数学是研究现实世界中数量关系和空间形式的科学。

克莱因说,数学不仅是一种方法、一门艺术或一种语言,数学更主要的是一门有着丰富内容的知识体系,其内容对自然科学家、社会科学家、哲学家、逻辑学家和艺术家十分有用,同时影响着政治家和神学家的学说,满足了人类探索宇宙的好奇心和对美妙音乐的冥想,甚至可能以难以察觉的方式,但无可置疑地影响着现代历史的进程。他还说,数学是人类最高超的智力成就,也是人类心灵最独特的创作。

（二）关于数学的地位

本杰明说,数学是规律和理论的裁判和主宰者。

高斯说,数学是科学的皇后。

米斯拉说,数学是人类思考中的最高成就。

柏拉图说,数学是一切知识的最高形式。

培根说,数学是打开科学大门的钥匙。

阿尔布斯纳特说,数学是宗教的朋友,因为数学能唤起热情、抑制急躁,净化灵魂、杜绝偏见与错误……一个人若想超凡脱俗,与世隔绝,通过研究数学去实现这一目的,显然是一条易获成效的捷径。

（三）关于数学的功能

卡罗斯说,没有哪一门学科能比数学更加清晰地阐明自然界的和谐性。

柏拉图说,哲学家也要学数学,因为他必须跳出浩如烟海的万变现象去抓住真正的实质。……又因为这是使灵魂过渡到真理和永存的捷径。

亚里士多德说,数学和辩证法一样,都是人类高级理性的体现。哲学在某种意义上来说是望远镜,数学是显微镜,二者相得益彰。哲学从一门学科中退出,就意味着这门学科的建立,而数学进入一门学科则意味着这门学科的成熟。

迪玛林斯说,没有数学,人们无法看透哲学的深度;没有哲学,人们也无法看透数学的深度,若没有两者,人们就什么也看不透。

培根说,读史使人明智,读诗使人灵秀,数学使人周密,科学使人深刻,伦理使人庄重,逻辑修辞使人善辩。

克莱因说,音乐能激发情怀,绘画能使人赏心悦目,诗歌能动人心弦,哲学能使人获得智慧,科学可以改变物质生活,而数学能给予以上全部。

### 四、数学与其他学科的区别

数学与物理、化学、生命科学等自然科学有着本质的区别。自然科学是研究具体物质和物质的具体运动形态的科学,而数学的研究对象,并不是具体的某种物质和物质的运动形态,而是从众多的物质运动形态中抽象出来的事物,是人脑的产物。例如,数学研究的圆,它是从客观世界的太阳、月亮、车轮等实物中抽象出来的概念,是人脑的产物。客观世界永远找不到数学中的圆,这里的太阳、月亮和车轮等只具有圆的形象,而不是数学中的"圆"。

数学具有超越具体科学和普遍适用的特征,具有公共基础的地位,因此它具有广泛的应用性。不同的社会现象和自然现象,在某一方面可能遵循同样的数学规律,这反映了社会现象与自然现象在数量关系上的某种共性。数学超越了具体的社会科学和自然科学,也成为联系社会科学和自然科学的纽带。

因此,许多学者认为,数学科学不是自然科学,它应独立于自然科学和社会科学,与哲学的地位类似。

总之,对于什么是数学,如何定义数学,目前还没有统一的说法。众多的数学家、哲学家对数学的看法也是仁者见仁,智者见智。多姿多彩的数学,就像雄奇秀丽的庐山一样,横看成岭侧成峰,远近高低各不同。我们不识数学真面目,或许只缘身在此"山"中。

# 第三节　数学的形成与发展

马克思主义的认识论认为,社会实践是认识的唯一来源,生产活动是最基本的实践活动。人们对数学的认识也来源于人类的生产实践活动,即来源于原始人捕获和分配猎物、丈量土地和测量容积、计算时间和制造器皿等实践,并随着人类社会生产力的发展而发展。因此,按照数学本质的变化和时间顺序,可将数学的形成与发展分为 4 个时期:数学的萌芽时期、初等数学时期、高等数学时期和现代数学时期。

### 一、萌芽时期的数学

数学的萌芽时期大概是从远古到公元前 6 世纪。根据目前考古学的成果,可以追溯到几十万年以前。这一时期可以分为两段:一是史前时期,从几十万年前到公元前 5 千年;二是从公元前 5 千年到公元前 6 世纪。

世界上最古老的几个国家都发源于大河流域:黄河流域的中国,尼罗河下游的古埃及,幼发拉底河与底格里斯河流域的古巴比伦,印度河与恒河流域的古印度。这些国家都是在农业基础上发展起来的,从事耕作的人们日出而作,日落而息,因此他们必须掌握气候四季变迁的规律。游牧民族的迁徙,也要辨清方向,白天以太阳为指南,晚上以星月为向导。因此,在世界各民族文化发展的过程中,天文学总是发展较早的科学,而天文学又推动了数学的发展。

随着生产实践的需要,大约在公元前 3000 年,四大文明古国——古巴比伦、古埃及、中国、古印度均出现了数学的萌芽。

现在,对于古巴比伦数学的了解主要是根据巴比伦泥版,这些泥版是在胶泥尚软时刻上字,然后晒干制成(早期是一种断面呈三角形的"笔"在泥版上按不同方向刻出楔形刻痕,叫楔形文字)。例如,"普林顿 322"①泥版文书(图 1-1)。已经发现的泥版上记载了数字表(约 200 件)和一批数学问题(约 100 件),大致可以分为三组。第一组大约创制于公元前 2100 年,第二组大约从公元前 1792 年到公元前 1600 年,第三组大约从公元前 600 年到公元 300 年。

图 1-1  普林顿 322

这些数学泥版表明,古巴比伦自公元前 2000 年左右就开始使用 60 进位制的记数法进行较复杂的计算,并出现了 60 进位的分数,用与整数同样的法则进行计算;已经有了关于倒数、乘法、平方、立方、平方根、立方根的数表;借助于倒数表,除法常常转化为乘法进行计算。公元前 300 年左右,已得到 60 进位的达 17 位的大数;一些应用问题的解法表明,此时的人们已具有解一次、二次(个别甚至有三次、四次)数学方程的经验公式;会计算简单直边形的面积和

① 该泥版文书最初来源不明,因曾被一位叫普林顿的人收藏而得名(322 是收藏编号),现存于美国哥伦比亚大学图书馆。

简单立体的体积,并且可能知道勾股定理的一般形式。古巴比伦人对天文、历法很有研究,因而算术和代数比较发达。古巴比伦数学具有算术和代数的特征,几何只是表达代数问题的一种方法,此时尚未产生数学理论。

现代人对古埃及代数学的了解,主要是根据两卷纸草书。纸草是尼罗河下游的一种植物,把它的茎制成薄片压平后,用"墨水"写上文字(最早的是象形文字),同时把许多张纸草纸粘在一起连成长幅,卷在杆上,形成卷轴。已经发现的一卷约写于公元前 1850 年,包含 25 个数学问题,叫"莫斯科纸草文书",现存于莫斯科;另一卷约写于公元前 1650 年,包含 85 个数学问题,叫"莱因德纸草文书",是英国人莱因德于 1858 年发现的。

从这两卷文献中可以看到,古埃及是采用 10 进位制的记数法,但不是位值制,而是所谓的"累积法"。正整数运算基于加法,乘法是通过屡次相加的方法运算的。除了几个特殊分数,所有分数均化为分子是 1 的"单位分数"之和,分数的运算独特又复杂。许多问题是求解未知数,而且多数相当于现在一元一次方程的应用题。利用了三边比为 3∶4∶5 的三角形测量直角。

古埃及人的数学兴趣是测量土地,几何问题多数涉及度量法,包括田地的面积、谷仓的容积和有关金字塔的简易计算法。但是,由于这些计算法是为了解决尼罗河泛滥后土地测量和谷物分配、容量计算等日常生活中必须解决的问题而设想出来的,因此并没有出现对公式、定理、证明加以理论推导的倾向。古埃及数学的一个主要用途是天文研究,数学也在天文研究中得到了发展。

中国古代数学将在最后一章介绍,古印度在 7 世纪以前缺乏可靠的数学史料,此处从略。

总之,在漫长的萌芽时期,数学迈出了十分重要的一步,形成了最初的数学概念,例如自然数、分数和最简单的几何图形,包括正方形、矩形、三角形、圆形等。一些简单的计算知识由此开始产生,例如数的符号、记数方法等。这一时期的数学特点有:人类在长期的生产实践中,逐步形成了数的概念,并初步掌握了数的运算方法,积累了一些数学知识。由于丈量土地和天文观测的需要,几何知识初步兴起,但是这些知识是最初的、零散的,缺乏逻辑组织,基本上看不到命题和证明,这个时期的数学尚未形成演绎的科学。目前,中小学数学中关于算术和几何的最简单的概念,就是在这个时期形成的。

## 二、初等时期的数学

初等数学时期又称为常量数学时期,是指从原始时期到 17 世纪中叶,这一时期数学研究的主要对象是常数、常量和不变的图形。

到公元前 6 世纪,希腊几何学的出现成为数学发展的第一个转折点,数学从此由具体、实践阶段,过渡到抽象、理论阶段,开始创立初等数学。此后,经过不断的交流和发展,最后形成了几何、算术、代数、三角等独立学科。这一时期的研究成果可以用"初等数学"(即常量数学)来概括,大致相当于现在中小学数学课的主要内容。

得益于有利的地理位置和自然条件,古希腊深受古埃及、古巴伦等文明古国的影响,成为欧洲最先创造文明的地区。在公元前 775 年左右,希腊人把他们用过的各种象形文字书写系统改换成腓尼基人的拼音字母后,文字变得容易掌握,书写也简便多了。由此,希腊人更有能力来记载他们的历史和思想,发展他们的文化。古代西方世界的各条知识支流在希腊汇合起来,经过古希腊哲学家和数学家的过滤与澄清,最终形成了长达千年的古希腊灿烂文化。从公元前 6 世纪到公元 4 世纪,古希腊成为世界数学发展的中心。

希腊数学大体可以分为两个时期。

第一个时期:开始于公元前 6 世纪,结束于公元前 4 世纪,通称为古典时期。泰勒斯开始了命题的逻辑证明;毕达哥拉斯学派(Pytagaoras School)对比例论、数论等所谓的"几何化代数"作了研究,据说非通约量也是这个学派发现的。进入公元前 5 世纪,爱利亚学派(Eleatic School)的芝诺提出了 4 个关于运动的悖论;研究"圆化方"的希波克拉茨开始编辑《原本》。从此,有许多学者研究"三大问题",有的试图用"穷竭法"解决化圆为方的问题。柏拉图强调几何对培养逻辑思维能力的重要作用;亚里士多德建立了形式逻辑,并且把它作为证明的工具;德谟克利特认为几何量是由许多不可再分的原子所构成的。

公元前 4 世纪,欧多克斯完成了适用于各种量的一般比例论……"证明数学"的形成是这一时期希腊数学的重要内容。但遗憾的是,这一时期并未留下较为完整的数学书稿。

第二个时期:公元前 4 世纪末至公元 1 世纪,学术中心从雅典转移到亚历山大,称为亚历山大时期。这一时期有许多水平很高的数学书稿问世,并流传至今。

公元前 3 世纪,欧几里得写出了平面几何、比例论、数论、无理量论、论证几何的集大成著作《几何原本》,第一次把几何学建立在演绎体系上,成为数学史乃至思想史上第一部划时代的名著。遗憾的是,人们对欧几里得的生活和性格知之甚少,甚至连他的生卒年月和地点都不清楚。估计他大约生于公元前 330 年,很可能在雅典的柏拉图学园受过数学训练,后来成为亚历山大大学(约建成于公元前 300 年)的数学教授和亚历山大数学学派的奠基人。

之后,阿基米德把抽象的数学理论和具体的工程技术结合起来,根据力学原理探求几何图形的面积和体积,第一个播下了积分学的种子。阿波罗尼奥斯写出了《圆锥曲线》一书,奠定了后来研究这一问题的基础。公元 1 世纪的海伦写出了使用具体数解释求积法的《测量术》等著作。公元 2 世纪的托勒密完成了到那时为止的数理天文学的集大成著作《数学汇编》,并结合天文学研究了三角学。公元 3 世纪的丢番图编著《算术》,使用简略号求解不定方程式等问题。这对数学发展的影响仅次于《几何原本》。希腊数学最突出的三大成就——欧几里得的几何学、阿基米德的穷竭法和阿波罗尼奥斯的圆锥曲线论,标志着当时数学的主体部分——算术、代数、几何已经基本建立起来。

后来,罗马人征服了希腊,也摧毁了希腊文化。公元前 47 年,罗马人焚毁了亚历山大图书馆,两个半世纪以来收集的藏书和 50 万份手稿被付之一炬。基督教徒还焚毁了塞拉比斯神庙,约 30 万件手稿被焚。公元 640 年,回教徒征服了埃及,残留的书籍被阿拉伯征服者欧默下令焚毁。由于外族入侵和古希腊后期数学本身缺少活力,希腊数学从此开始衰落。

从 5 世纪到 15 世纪,数学发展的中心转移到东方的印度、中亚细亚、阿拉伯国家和中国。在这 1 000 多年时间里,数学主要是出于计算的需要,特别是出于天文学的需要而迅速发展。与以前的希腊数学家大多数是哲学家不同,东方的数学家大多数是天文学家。从公元 6 世纪到 17 世纪初,初等数学在各个地区之间交流,并且取得了重大进展。

古希腊的数学看重抽象、逻辑和理论,强调数学是认识自然的工具,重点是几何;而古代中国和印度的数学看重具体、经验和应用,强调数学是支配自然的工具,重点是算术和代数。

印度早期的一些数学成就是与宗教教义一同流传下来的,这包括勾股定理和用单位分数表示某些近似值(公元前 6 世纪)。公元前 500 年左右,波斯王征服了印度一部分土地,后来的印度数学就受到了外国的影响。数学作为一门学科确立和发展起来,还是在作为吠陀文化的历法学受到天文学的影响之后。印度数学受婆罗门教的影响很大,此外还受希腊、中国和近东数学的影响,特别是受中国的影响较大。

印度数学的全盛时期是在公元 5—12 世纪。在现有文献中,公元 499 年阿耶波多著的天文书《圣使策》的第二章,已开始把数学作为一个学科体系来讨论。公元 628 年婆罗摩笈多著《梵明满手册》,讲解对模式化问题的解法,由基本演算和实用算法组成;讲解正负数、零和方程解法,由一元一次方程、一元二次方程、多元一次方程等组成。已经明确将 0 作为一个数来处理,比较完整地阐述了 0 的运算法则,也有了相当于未知数符号的概念,能使用文字进行代数运算,这些都汇集在婆什迦罗公元 1150 年的著作中。婆什迦罗是印度古代和中世纪最伟大的数学家和天文学家,他有两部代表印度古代数学最高水平的著作,一部是以他女儿名字命名的《莉拉沃蒂》,一部是《算法本源》,婆什迦罗之后,印度数学再无大的发展。

印度数学文献是用极简洁的韵文书写的,往往只有计算步骤而无证明。印度数学书用 10 进位制记数法进行计算;在天文学书中不用希腊人的"弦",而向相当于三角函数的方向发展。这两者都随着天文学一起传入了阿拉伯世界。现行"阿拉伯数码"起源于印度,应称为"印度-阿拉伯数码"。

阿拉伯人的祖先是居住在现今阿拉伯半岛的游牧民族,他们在穆罕默德的领导下统一起来,并在穆罕默德(632 年)逝世后不到半个世纪内征服了从印度到西班牙的大片土地,包括北部非洲和南意大利。阿拉伯文明在公元 1000 年前后达到顶点,在公元 1100 年到 1300 年间,东部阿拉伯世界先被基督教十字军打击削弱,后又遭到蒙古人的铁骑摧残。公元 1492 年,西部阿拉伯世界被基督教教徒征服,阿拉伯文明被摧毁殆尽。

阿拉伯数学是指阿拉伯科学繁荣时期(公元 8—15 世纪)在阿拉伯语的文献中看到的数学。7 世纪以后,阿拉伯语言不仅是阿拉伯国家的语言,而且成为近东、中东、中亚细亚许多国家的官方语言。阿拉伯数学有三大特点:实践性、与天文学密切相关、大量为古典著作作注释。它的表现形式和写文章一样,不用符号,连数目也用阿拉伯语的数词书写,而"阿拉伯数字"仅用于实际计算和表格填写。

对于阿拉伯文化来说,数学是外来学问,在伊斯兰教创立之前,只有极简单的计算方法。公元 7 世纪,通过波斯传进了印度式计算法,后来他们开始翻译欧几里得、阿基米德等人的希腊数学著作。花拉子米的著作《代数学》成为阿拉伯代数学的范例。在翻译时代过去之后,是众多数学家表现创造才能著书立说的时代(约 850—1200)。海亚姆、纳西尔·丁、卡西等使阿拉伯数学在 11 世纪达到了顶点。

阿拉伯人改进了印度的计数系统,"代数"的研究对象规定为方程论;让几何从属于代数,不重视证明;引入正切、余切、正割、余割等三角函数,制作精密的三角函数表,发现平面三角与球面三角若干重要公式,使三角学脱离天文学而独立出来。公元 1200 年之后,阿拉伯数学进入衰退时期。初期的阿拉伯数学在 12 世纪被译为拉丁文,通过达·芬奇等传播到西欧,使西欧人重新了解到希腊数学。

在西欧的历史上,"中世纪"一般是指公元 5 世纪到 14 世纪这一时期,被称为欧洲的黑暗时代,此时的欧洲除了制订教历,在数学上没有什么成就。12 世纪成了翻译者的世纪,古代希腊和印度等的数学,通过阿拉伯向西欧传播。13 世纪前期,数学在一些大学兴起。斐波那契著有《计算之书》《几何实践》等著作,在算术、初等代数、几何和不定分析等方面有一些独创之处,14 世纪黑死病流行,"百年战争"开始,数学上几乎没有收获,唯有奥雷斯姆第一次使用分数指数,还用坐标确定点的位置。

15 世纪欧洲开始文艺复兴。随着拜占庭帝国的瓦解,难民们带着希腊文化的财富流入意大利。大约在该世纪中叶,受中国人发明的影响,改进了印刷术,彻底变革了书籍的出版条件,加速了知识的传播。15 世纪末,哥伦布发现了美洲,不久麦哲伦船队完成了环球航行。在商业、航海、天文学和测量学的影响下,西欧作为初等数学的最后一个发展中心,实现了后来居上。

15 世纪的数学活动集中在算术、代数和三角方面。雷格蒙塔努斯的名著《论各种三角形》是欧洲人针对平面和球面三角学所作的独立于天文学的第一个系统性阐述。

16 世纪最大的数学成就是塔塔利亚、卡尔丹诺、费拉里等发现三次和四次方程的代数解法,接受了负数并使用了虚数。16 世纪最伟大的数学家韦达撰写了许多关于三角学、代数学和几何学的著作,其中最著名的《分析方法入门》改进了符号,使代数学大为改观;斯蒂文创设了小数;雷提库斯是把三角函数定义为直角三角形的边与边之比的第一人,他还雇用了一批计算人员,花费 12 年时间编制了两个著名的、至今还有用的三角函数表。其中一个是间隔为 10″、10 位的 6 种三角函数表,另一个是间隔为 10″、15 位的正弦函数表,并附有第一、第二和第三差。

由于文艺复兴引起的对教育的兴趣和商业活动的增加,一批普及型算术读本开始出现。到 16 世纪末,这样的书籍不下 300 种;=,+,−,×,÷,<,>,$\sqrt{\phantom{x}}$ 等符号开始出现。

17 世纪初,对数的发明是初等数学的一大成就。1614 年,纳皮尔首创了对数;1624 年布里格斯引入了相当于现在的常用对数,计算方法因此向前推进了一大步。

初等数学时期也可以按主要学科的形成与发展分为三个阶段:公元前 6 世纪以前为萌芽阶段、公元前 5 世纪到公元 2 世纪为几何优先阶段和 3 世纪到 17 世纪前期为代数优先阶段。至此,初等数学的主体部分——算术、代数与几何已经全部形成,并发展成熟。

## 三、高等时期的数学

高等数学时期又称为变量数学时期,是指从 17 世纪中叶到 19 世纪 20 年代,这一时期数学研究的主要对象是数量的变化及几何变换,主要成果包括解析几何、微积分、高等代数等学科,这些学科构成了现代大学(非数学专业)数学课程的主要内容。

16—17 世纪,欧洲封建社会开始解体,取而代之的是资本主义社会。由于资本主义工场手工业的繁荣和向机器生产的过渡,以及航海、军事等的发展,促使技术科学和数学急速向前发展。原来的初等数学已经不能满足实践的需要,人们在数学研究中自然而然地引入了变量与函数的概念,从此数学进入了变量数学时期。这一时期,以笛卡儿解析几何的建立为起点,接着是微积分的兴起。

在数学史上,17 世纪是一个开创性的世纪,其间发生了对于数学具有重大意义的三件大事。

首先是伽利略实验数学方法的出现,它体现了数学与自然科学的一种崭新结合。其特点是,在研究现象中,找出一些可以度量的因素,并把数学方法应用到这些量的变化规律中去,具体可归结为:

①从所要研究的现象中,选择若干个可以用数量表示的特点;

②提出一个假设,它包含所观察各量之间的数学关系式;

③从这个假设推导出某些能够实际验证的结果;

④进行实验观测—改变条件—再观测,并将观察结果尽可能地用数值表示出来;

⑤通过实验结果验证假设;

⑥以肯定的假设为起点,提出新假设,再度使新假设接受检验。

伽利略的实验数学为科学研究开创了全新局面。在他的影响下,17 世纪以后的许多物理学家同时又是数学家,而许多数学家也在物理学的发展中作出了重要贡献。

第二件大事是笛卡儿的重要著作《方法论》及其附录《几何学》于 1637 年发表,他引入了运动着的一点的坐标的概念和变量、函数的概念。由于有了坐标,平面曲线与二元方程之间建立起了联系,由此产生了一门用代数方法研究几何学的新学科——解析几何学,这是数学的一个转折点,也是变量数学发展的第一个决定性步骤。

在近代史上,笛卡儿以资产阶级早期哲学家闻名于世,被誉为第一流的物理学家、近代生物学的奠基人和近代数学的开创者。笛卡儿于 1596 年 3 月 31 日出生在法国安德尔-卢瓦尔省的图赖讷拉海,成年后的经历大致可分为两个阶段:第一阶段从 1616 年大学毕业至 1628 年去荷兰之前,为学习和探索时期;第二阶段从 1628 年到 1649 年,为其新思想的发挥和总结时期。笛卡儿大部分时间是在荷兰度过的,在这里他完成了自己的所有著作,1650 年 2 月 11 日,病逝于瑞典。

第三件大事是微积分学的建立,最重要的工作是由牛顿和莱布尼茨各自独立完成的。他们认识到微分和积分实际上是一对逆运算,从而给出了微积分学基本定理,即牛顿-莱布尼茨公式。至 1700 年,目前大学里学习的大部分微积分内容已经建立起来,其中还包括较高等的内容,如变分法。第一本微积分课本出版于 1696 年,系洛必达所著。

然而,在其后相当长的一段时间里,微积分的基础还是不太清楚,并且很少被人注意,因为早期研究者都被此学科的显著的可应用性所吸引。

除了这三件大事,还有德沙格在 1639 年发表的《试图处理圆锥与平面相交结果的草稿》一书中,进行了射影几何的早期工作;帕斯卡于 1649 年制成了计算器;惠更斯于 1657 年发表了概率论学科中的第一篇论文。

17 世纪的数学,发生了许多深刻的、明显的变革。在数学的活动范围方面,数学教育扩大了,从事数学工作的人迅速增加,数学著作在较广的范围内得到传播,而且建立了各种学会。在数学传统方面,从形的研究转向了数的研究,代数占据了主导地位;在数学发展趋势方面,开始了科学数学化的过程。最早出现的是力学的数学化,它以 1687 年牛顿发表《自然哲学的数学原理》为代表,从三大定律出发,用数学的逻辑推理将力学定律逐一地、必然地引申出来。

1705 年纽克曼制成了第一台可供实用的蒸汽机;1768 年瓦特制成了近代蒸汽机。由此引发了英国工业革命,后来遍及全欧,生产力迅速提高,从而促进了科学的繁荣。继而,法国掀起的启蒙运动,使人们的思想得到进一步解放,从而为数学的发展创造了良好条件。

18 世纪数学的各个学科,如三角学、解析几何学、微积分学、数论、方程论、概率论、微分方程和分析力学得到快速发展,同时还开创了若干新的领域,如保险统计科学、高等函数(指微分方程所定义的函数)、偏微分方程、微分几何等。这一时期的主要数学家有伯努利家族的几位成员、隶莫弗、泰勒、麦克劳林、欧拉、克雷勒、达朗贝尔、兰伯特、拉格朗日和蒙日等,他们的大多数数学成就,都来自微积分在力学和天文学领域的应用。

18 世纪的数学表现出以下特点:

①以微积分为基础,拓展广阔的数学领域,成为后来数学发展的一个主流;

②数学方法完成了从几何方法向解析方法的转变;

③数学发展的动力除了来自物质生产,还来自物理学;

④已经明确地把数学分为纯粹数学和应用数学。

19 世纪 20 年代一个伟大的数学成就横空出世了,就是把微积分的理论基础牢牢地建立在极限的概念上。柯西于 1821 年出版了《分析教程》,书中发展了可接受的极限理论,然后极其严格地定义了函数的连续性、导数和积分,强调了研究级数收敛性的必要性,给出了正项级数的根式判别法和积分判别法。柯西的著作轰动了当时的数学界,他的严谨推理激发了其他数学家努力摆脱形式运算和单凭直观的分析。今天的初等微积分课本中比较严谨的内容,实质上源于柯西的贡献。

19 世纪前期出版的重要数学著作还有高斯的《算术研究》(1801,数论);蒙日的《分析在几何学上的应用》(1809,微分几何);拉普拉斯的《概率的分析理论》(1812),书中引入了著名的拉普拉斯变换;彭塞列的《论图形的射影性质》(1822);斯坦纳的《不同几何形式的依赖关系的系统发展》(1832)等。以高斯为代表的对数论的新开拓,以彭塞列、斯坦纳为代表的射影几何的复兴,都是令人瞩目的存在。

## 四、现代数学

现代数学时期是指 19 世纪 20 年代至今,这一时期数学的主要研究对象是最一般的数量关系和空间形式,数和量仅仅是它的极特殊情形,通常的一维、二维、三维空间的几何形象也仅仅是特殊情形。抽象代数、拓扑学、泛函分析是整个现代数学科学的主体部分,它们是大学数学专业的课程,非数学专业也应涉足某些知识。变量数学时期新兴的许多学科,蓬勃地向前发展,内容和方法不断得到充实、扩大和深入。

18 世纪与 19 世纪之交,数学已经达到丰沛茂密的境地,似乎数学的宝藏已经挖掘殆尽,再没有多少发展余地了,不承想,这只是暴风雨前夕的宁静。19 世纪 20 年代,数学革命的狂飙终于来临,数学开始了一连串的本质变化,从此,数学迈入了一个新阶段——现代数学时期。

19 世纪前半叶,数学史上出现了两项革命性的突破——非欧几何与不可交换代数。

大约在 1826 年,人们发现了与普通欧几里得几何不同,但也是正确的几何——非欧几何,它由罗巴切夫斯基和波尔约首先提出。非欧几何的出现,改变了人们认为欧氏几何唯一地存在是天经地义的观点,它的革命思想不仅为新几何学开辟了道路,而且是 20 世纪相对论产生的前奏和准备。

后来证明,非欧几何所导致的思想解放对现代数学和现代科学具有极其重要的意义,人类终于开始突破感官的局限而深入到自然的、更深刻的本质,从这个意义上说,为确立和发展非欧几何贡献了一生的罗巴切夫斯基不愧为现代科学的先驱。

1854 年,黎曼推广了空间的概念,开创了几何学更广阔的领域——黎曼几何学。非欧几何学的发现还促进了公理化方法的深入探讨,研究可以作为基础的概念和原则,分析公理的完备性、相容性和独立性等问题,1899 年,希尔伯特对此作出了重大贡献。

1843 年,哈密顿发现了一种乘法交换律不成立的代数——四元数代数。不可交换代数的出现,改变了人们认为存在与一般的算术代数不同的代数是不可思议的观点,它的革命思想打开了近世代数的大门。

另一方面,由一元方程根式求解条件的探究,引进了群的概念。19 世纪 20—30 年代,阿贝尔和伽罗瓦开创了近世代数学的研究。近世代数是相对古典代数而言的,古典代数是以讨论方程的解法为中心的代数。群论之后,多种代数系统(环、域、格、布尔代数、线性空间等)被建立,这时,代数学的研究对象扩大为向量、矩阵等,并逐渐转向对代数系统结构本身的研究。

上述两大事件及其引起的发展,被称为几何学和代数学的解放。

19世纪还发生了第三个有深远意义的数学事件:分析的算术化。1874年魏尔斯特拉斯提出了一个引人瞩目的例子,要求人们对分析基础作更深刻的理解,他提出了被称为"分析的算术化"的著名设想,实数系本身最先应该严格化,然后分析的所有概念应该由此数系导出。他和后继者们使这个设想基本上得以实现,使今天的全部分析可以从表明实数系特征的一个公设集中逻辑地推导出来。

现代数学家们的研究,远远超出了把实数系作为分析基础的设想。欧几里得几何通过其分析的解释,也可以放在实数系中;如果欧氏几何是相容的,则几何的多数分支是相容的。实数系(或某部分)可以用来解析代数的众多分支,可使大量的代数相容性依赖于实数系的相容性。事实上,如果实数系是相容的,则现存的全部数学都是相容的。

19世纪后期,由于戴德金、康托尔和皮亚诺的工作,这些数学基础已经建立在更简单、更基础的自然数系之上。即他们证明了实数系(由此导出多种数学)能从确立自然数系的公设集中导出。20世纪初期,他们又证明了自然数可用集合论的概念来定义,因而各种数学能以集合论为基础进行讲述。

拓扑学,开始只是几何学的一个分支,直到20世纪的第二个四分之一世纪,它才得到推广。拓扑学可以粗略地定义为对数学连续性的研究。科学家们认识到,任何事物的集合,不管是点的集合、数的集合、代数实体的集合、函数的集合,还是非数学对象的集合,都能在某种意义上构成拓扑空间。拓扑学的概念和理论,已成功地应用于电磁学和物理学的研究。

20世纪有许多数学著作曾致力于仔细考查数学的逻辑基础和结构,这导致了公理学的产生,即对公设集合及其性质的研究。许多数学概念经历了重大的变革和推广,并且像集合论、近世代数学和拓扑学这样深奥的基础学科也得到了广泛发展。一般(或抽象)集合论导致的一些意义深远而困扰人们的悖论,迫切需要得到处理。在数学里,逻辑本身作为"由假设的前提出发推出结论"的工具,被认真地检查,从而产生了数理逻辑。逻辑与哲学的多重关系,导致数学哲学的各种不同流派的出现。

20世纪40—50年代,世界科学史上发生了三件惊天动地的大事:一是原子能的利用;二是电子计算机的发明;三是空间技术的兴起。此外,还有许多新情况,促使数学发生急剧的变化。首先是现代科学技术研究的对象日益超出人类的感官范围,向高温、高压、高速、高强度、远距离、自动化方向发展。以长度单位为例,可小到1尘(毫微微米,即$10^{-15}$ m),也可大到100万秒差距(325.8万光年),这些测量和研究都不能依赖于感官的直接经验,越来越需要依靠理论计算的指导。其次是科学实验的规模空前扩大,一个大型实验,需要耗费大量的人力和物力,为了减少浪费和避免盲目性,迫切需要精确的理论分析和设计。最后是现代科学技术日益趋向定量化,各个科学技术领域,都需要使用数学工具。数学几乎渗透到大多数的科学领域,从而形成了许多边缘数学学科,如生物数学、生物统计学、数理生物学、数理语言学等。

上述情况使数学发展呈现出三个方面的特点：

①计算机科学的形成；

②应用数学出现众多的新分支；

③纯粹数学有了若干重大的突破。

1945 年,第一台电子计算机诞生。由于电子计算机应用广泛、影响巨大,自然会围绕它形成一门庞大的科学。粗浅地说,计算机科学是对计算机体系、软件和某些特殊应用进行探索和理论研究的一门科学。计算数学可以归入计算机科学体系,同时它也是一门应用数学。

计算机的设计与制造的大部分工作,通常是计算机工程或电子工程的事。软件是指解题的程序、程序语言、编制程序的方法等。研究软件需要使用数理逻辑、代数、数理语言学、组合理论、图论、计算方法等多种数学工具。目前电子计算机的应用已达数千种,还有不断增加的趋势。但只有某些特殊应用才归入计算机科学体系,如机器翻译、人工智能、机器证明、图形识别、图像处理等。

应用数学和纯粹数学(或基础理论)从来就没有严格的界限。总体来说,纯粹数学暂时不考虑对其他知识领域或生产实践上的直接应用,它间接地推动有关学科的发展,或者在若干年后才发现其直接应用;而应用数学可以认为是纯粹数学与科学技术之间的桥梁。

自 20 世纪 40 年代起,涌现了大量新的应用数学科目,内容丰富、应用广泛、名目繁多都是史无前例的。例如,对策论、规划论、排队论、最优化方法、运筹学、信息论、控制论、系统分析、可靠性理论等。这些分支所研究的范围和相互间的关系很难划清,有的用了很多概率统计工具,又可以看作概率统计的新应用或新分支,还有的可以归入计算机科学,等等。

20 世纪 40 年代以后,基础理论有了飞速的发展,出现许多突破性的进展,从根本上解决了许多问题。在这一过程中引入了新概念、新方法,推动了整个数学的前进。例如,希尔伯特 1900 年在国际数学家大会上提出的 23 个问题,有些已经得到了解决。60 年代以来,还出现了如非标准分析、模糊数学、突变理论等新兴的数学分支。此外,近几十年来经典数学也获得了巨大进展,如概率论、数理统计、解析数论、微分几何、代数几何、微分方程、因数论、泛函分析、数理逻辑等。

当代数学的研究成果,几乎呈爆炸式增长。刊载数学论文的杂志,在 17 世纪末以前,只有 17 种(最早的出现于 1665 年);18 世纪有 210 种;19 世纪有 950 种。20 世纪的统计数字迅猛增长。20 世纪初,每年发表的数学论文不过 1 000 篇;1960 年,美国《数学评论》发表的论文摘要为 7 824 篇,1973 年为 20 410 篇,1979 年已达 52 812 篇,文献呈指数式增长之势。数学的高度抽象性、应用广泛性、体系严谨性等特点,更加表露无遗。

如今,差不多每个国家都有自己的数学学会,而且许多国家还有致力于各种水平的数学教育团体,它们已经成为推动数学发展的有利因素之一。目前,数学还有加速发展的趋势,这是过去任何一个时代都不能达到的高度。

现代数学虽然呈现多姿多彩的局面,但是其主要特点可概括为:

①数学的对象、内容在深度和广度上都有了很大的发展,分析学、代数学、几何学的思想、理论和方法都发生了惊人的变化,数学的不断分化、不断综合的趋势都在加强;

②电子计算机进入数学领域,对数学产生了巨大而深远的影响;

③数学渗透到绝大多数的科学领域,并且发挥着越来越大的作用,纯粹数学不断向纵深发展,数理逻辑和数学基础已经成为整个数学大厦的基础。

以上简要地介绍了数学在古代、近代、现代三个发展时期的情况。如果把数学研究比喻为研究"飞鸟",那么,第一个时期主要研究飞鸟的几张相片(静止、常量);第二个时期主要研究飞鸟的几部电影(运动、变量);第三个时期主要研究飞鸟、飞机、飞船等物体所具有的一般性质(抽象、集合)。

这是一个由简单到复杂、由具体到抽象、由低级到高级、由特殊到一般的发展过程。如果从几何学的范畴来看,那么欧氏几何学、解析几何学和非欧几何学可以作为数学三大发展时期具有代表性的成果;而欧几里得、笛卡儿和罗巴切夫斯基便可看作各个时期的代表人物。

# 习题 1

1. 请举出日常生活中使用数学的三个例子。

2. 从哪些方面(不限于本书内容)说明现代大学生需要良好的数学修养?

3. 请用一句话概括,什么是数学或数学是什么?

4. 关于数学,你最喜欢哪几位哲学家或数学家的论述?请写出有关内容。

5. 数学的产生与发展受到哪些因素的影响?

6. 从马克思主义哲学角度来看,通过"纵览数学"一章的学习,你得到了哪些启示?

# 第二章 数学的几个精彩篇章

几千年来,人类创建的数学宝库里各类数学体系和分支,琳琅满目、精彩纷呈,其中挂满了历代数学家智慧的珍宝,任由我们去摘取、赏玩。根据马克思主义和毛泽东思想的方法论,为更好地透过现象看本质,抓住主要矛盾和矛盾的主要方面,本章仅摘取几个精彩片段供读者欣赏。

# 第一节 几何学的革命

## 一、欧几里得与《几何原本》

### (一)欧几里得

欧几里得(Euclid,公元前 330—275),古希腊数学家,欧氏几何学的开创者(图 2-1),因著作《几何原本》闻名于世。关于他的生平,知之甚少,早年大概求学于雅典,深谙柏拉图学说。公元前 300 年左右,在托勒密王的邀请下,来到亚历山大,并长期在那里工作。除《几何原本》外,欧几里得还撰写了一些关于透视、圆锥曲线、球面几何学及数论的著作。

欧几里得出生于古希腊文明的中心雅典,在浓郁的文化气氛的感染下进入"柏拉图学园"学习数学。"柏拉图学园"是柏拉图创办的一所以讲授数学为主的学校,学园大门挂着"不懂几何者,不得入内"的牌子,柏拉图甚至声

图 2-1 欧几里得

称"上帝就是几何学家"。进入学园后,欧几里得便沉浸在数学王国里,经过对柏拉图思想的深入探究,他逐渐领悟到其中的精髓,于是决心沿着柏拉图的道路,把几何学的研究作为自己的主要任务,并最终取得了令世人敬仰的成就。

欧几里得不仅是一位学识渊博的数学家,而且还是一位教育家。他是阿基米德的老师(卡农)的老师,在他的推动下,学数学逐渐成为当时人们追逐的一种时髦,连亚历山大国王托勒密也想学几何。国王问:"学习几何学有无捷径可走?"欧几里得告诉他:"在几何学里,没

有专门为国王铺设的大道。"从此,这句话就成了千古传诵的学习箴言。

(二)《几何原本》

1.《几何原本》的形成过程

最早的几何学兴起于公元前7世纪的古埃及,后经古希腊等地的人们传到古希腊的都城,又借助毕达哥拉斯学派系统奠基。在欧几里得以前,人们已经积累了许多几何学知识,但是这些知识存在一个很大的不足,即缺乏系统性,大多数都是片段,很零碎,公理与公理之间、证明与证明之间并没有很强的联系,更谈不上对公式和定理进行严格的逻辑论证和说明。欧几里得通过早期对柏拉图的数学思想,尤其是几何学理论进行系统的研究,已敏锐地察觉到几何学理论的发展趋势,于是他果断地从雅典古城来到亚历山大,一边收集以往的数学专著和手稿,向有关学者请教,一边著书立说。欧几里得的辛勤付出终于在公元前300年结出了丰硕的果实,这就是数易其稿而最终定形的《几何原本》。

2.《几何原本》简介

《几何原本》(*Elements*)(以下简称《原本》),是欧几里得的不朽之作,是古希腊科学的骄傲,是世界上最著名、最完整而且流传最广的数学著作(图2-2)。《原本》系统地总结了古代劳动人民和学者们在实践中获得的几何知识,从公理、公设、定义出发进行推理论证,得到一系列几何命题,从而建立起一个系统的、独立的、逻辑严密的演绎体系——欧几里得几何。

图2-2 希腊文版《几何原本》

《原本》共分13卷,书中包含5条公理、5个公设、23个定义和467个命题。每卷内容都采用了与前人完全不同的叙述方式,即先提出公理、公设和定义,然后由简到繁地进行推理论证,这使全书的论述更加紧凑、明快。而在全书内容的安排上,也同样体现了这种独具匠心的安排,它由浅入深,从简至繁,先后论述了直边形、圆、比例论、相似形、数、立体几何以及穷竭法等内容。其中有关穷竭法的讨论,成为近代微积分思想的来源。仅仅从这些卷帙的内容安排上,我们就不难发现,这部著作几乎囊括了几何学从公元前7世纪的古埃及,一直到公元前4世纪欧几里得生活时期前后共400多年的数学发展成果。其中,颇具代表性的是第1卷到第4卷中欧几里得对直边形和圆的论述。正是这几卷内容,他总结和发展了前人的成果,巧妙地论证了毕达哥拉斯定理(勾股定理):在一直角三角形中,斜边上的正方形的面积等于两条直角边上两正方形面积之和。

《原本》是一部在科学史上千古流芳的巨著,它不仅保存了许多古希腊早期的几何学理论,而且通过欧几里得开创性的系统整理和完整阐述,使这些远古的数学思想发扬光大;它开创了古典数论的研究,在一系列公理、定义、公设的基础上,创立了欧几里得几何学体系,成为用公理化方法建立起来的数学演绎体系的最早典范。欧氏几何体系中,所有的定理都是从一些确定的、不需证明而自然为真的基本命题即公理演绎出来的,在这种演绎推理中,对定理的每个证明必须或者以公理为前提,或者以先前已被证明的定理为前提,最后得出结论。这一方法后来成为用以建立任何知识体系的严格方式,人们不仅将它应用于数学,而且将它应用于科学,甚至神学、哲学和伦理学,对后世产生了深远的影响。

3.《原本》的主要内容

第一卷,几何基础,重点内容有三角形全等的条件,三角形边和角的大小关系,平行线理论,三角形和多角形等积(面积相等)的条件。第一卷最后两个命题是毕达哥拉斯定理的正逆定理。

第二卷,几何与代数,讲述如何把三角形变成等积的正方形,其中12、13命题相当于余弦定理。

第三卷,圆与角,讨论了圆与角。

第四卷,圆与正多边形,讨论了圆内接和外切多边形的做法和性质。

第五卷,比例,讨论比例理论,多数是继承欧多克斯的比例理论。

第六卷,相似,讲述相似多边形理论。

第七卷,数论(一)。

第八卷,数论(二)。

第九卷,数论(三)。

第十卷,无理量。

第五、第七、第八、第九、第十卷讲述比例和算术的理论,第十卷篇幅最大,主要讨论无理量(与给定的量不可通约的量),其中第一命题是极限思想的雏形。

第十一卷,立体几何。

第十二卷,立体的测量。

第十三卷,建正多面体。

第十一至第十三卷,都是讲述立体几何的内容。

从上述内容可以看出,目前中学课程里初等几何的主要内容已经完全包含在《原本》里。长期以来,人们一致认为《原本》是两千多年来传播几何知识的标准教科书。属于《原本》内容的几何学,人们称为欧几里得几何学,或简称欧氏几何。

4.《原本》的意义和影响

(1)在几何学上的意义和影响。在几何学发展的历史上,欧几里得的著作《原本》起着重大的历史作用。这种作用归结到一点,就是提出了几何学的"根据"和它的逻辑结构问题。《原本》用逻辑的链子由此及彼地展开全部几何学,这项工作前所未有。《原本》的诞生,标志着几何学已发展成为一个有着比较严密的理论系统和科学方法的学科。

(2)论证方法上的影响。关于几何论证的方法,欧几里得提出了分析法、综合法和归谬法。所谓分析法,就是先假设所需要证明的已经成立,再来分析它成立的条件,由此达到证明的目的;综合法,是从以前证明过的事实开始,逐步导出需要证明的事项;归谬法,是在保留命题的假设下,从结论的反面出发,由此导出和已证明过的事实或与已知条件相矛盾的结果,从而证明原命题的结论是正确的,归谬法也称为反证法。

(3)作为教材的影响。从欧几里得发表《原本》至今,已经过去了两千多年,尽管科学技术日新月异,但由于欧氏几何具有鲜明的直观性和严密的逻辑演绎方法相结合的特点,长期实践表明,它是培养、提高青少年逻辑思维能力的极好教材。哥白尼、伽利略、笛卡儿、牛顿等伟人,都曾从《原本》中汲取了丰富的营养,为人类社会做出了许多伟大的贡献。

5.《原本》的传播

《原本》最初是手抄本,后来译成了世界各种文字,它的发行量仅次于《圣经》而位居第二。19世纪初,法国数学家勒让德用现代语言把欧几里得的原作写成了几何课本,使之成为现今通用的几何学教材。

中国最早的译本是1607年意大利传教士利玛窦和我国数学家徐光启根据德国人克拉维乌斯校订增补的拉丁文本《欧几里得原本》(15卷)合译而成的,定名《几何原本》,几何的中文名称由此得来。该译本首次把欧几里得几何学及其严密的逻辑体系和推理方法引入中国,同时还确定了许多我们现在耳熟能详的几何学名词,如点、直线、平面、相似等。他俩只翻译了前6卷,后9卷则是英国人伟烈亚力和我国数学家李善兰于1857年翻译的。

## 二、非欧几何的形成与确认

(一)令人纠结的第五公设

1. 对平行公设的质疑

尽管《原本》首次用公理化方法建立起数学知识的逻辑演绎体系,成为后世西方数学的典范,但受时代和历史的局限,再高明的人,其思想和理论都会存在一定的缺陷,因此,从现代公理化方法的角度看,《原本》的公理化体系还是存在一些缺陷。例如:

①尚未认识到公理化体系一定要建立在原始概念之上,例如,直线是不应定义的概念,但《原本》却给出了"定义",这实际上是用一个未知的定义来解释另一个未知的定义,这种"定义"在逻辑推理中不起任何作用。

②《原本》的公理集合是不完备的,这就使欧几里得在推导命题的过程中,不自觉地使用了物理的直观概念,但是建立在图形直观上的几何推理却是不可靠的,例如推理中"连续"概念是未定义而靠直观来使用的。

然而,两千多年来,数学家们对《原本》质疑最多的还是第五公设,为便于比较,下面列出5条公理和5个公设。

5 条公理:

①等于同量的量彼此相等;

②等量加等量,其和相等;

③等量减等量,其差相等;

④彼此能重合的物体是全等的;

⑤整体大于部分。

5 个公设:

①过两点能作且只能作一直线;

②线段(有限直线)可以无限延长;

③以任一点为圆心,任意长为半径,可作一圆;

④凡是直角都相等;

⑤同一平面内一直线和另外两条直线相交,若在直线同侧的两内角和小于180°,则这两条直线经无限延长后在这一侧一定相交。

长期以来,数学家们发现第五公设和前四个公设相比,显得文字叙述冗长,而且也不那么显而易见。有些数学家还注意到欧几里得在《原本》中直到第 29 个命题才用到,而且以后再也没有使用,也就是说,在《原本》中可以不依靠第五公设就可以推导出前 28 个命题。因此,一些数学家质疑它的独立性,提出"第五公设能不能依靠其他公理和公设来证明,从而将其从公设中除名,降格为定理"的质疑,这就是几何发展史上最著名的、争论了长达两千多年的关于"平行公设"的讨论。

2. 对平行公设的证明

从古希腊开始,数学家们就一直在努力消除对第五公设的质疑。他们主要沿两条途径前进:一是寻找一条比较容易接受、更加自然的等价公设来代替平行公设;二是试图把它作为一条定理由其他公设、公理推导出来。

沿第一条途径找到的第五公设最简单的表述是 1795 年苏格兰数学家普莱费尔(Playfair,

1748—1819)的观点:"过直线外一点,有且只有一条直线与原直线平行",也就是我们今天中学课本里使用的平行公理。但实际上古希腊数学家普罗克鲁斯(Proclus,410—485)在公元 5 世纪就陈述过它,然而问题是,所有这些替代公设并不比原来的第五公设更好接受、更"自然"。

沿着第二条途径,历史上第一位证明第五公设的重大尝试是古希腊天文学家托勒密(Ptolemaeus,90—168),后来普罗克鲁斯指出,托勒密的"证明"无意中假定了过直线外一点只能作一条直线与已知直线平行,这就是前述提到的与第五公设等价的普莱费尔公设。

中世纪时期,阿拉伯数学家奥马·海亚姆和纳西尔·丁等也先后尝试证明过。文艺复兴时期,欧洲数学家重新关注起第五公设,17 世纪研究过第五公设的有沃利斯等人,但每一种"证明"要么隐含了一个与第五公设等价的假设,要么存在其他推理错误。

直到 18 世纪,对第五公设的证明才取得突破性进展。首先是意大利数学家萨凯里(Saccheri,1667—1733)从著名的"萨凯里四边形"(图 2-3)出发,试图通过归谬法证明平行公设。

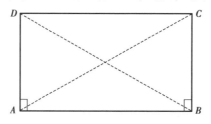

图 2-3  萨凯里四边形

图 2-3 中,$AD=BC$,$\angle A = \angle B = 90°$,不用平行公设可证明 $\angle C = \angle D$。于是,$\angle C$ 和 $\angle D$ 有三种可能:直角、锐角和钝角,并可证明,直角假设与平行公设等价。因此,若能证明其余情况能推出矛盾,则平行公设就得证了。

萨凯里在钝角假设下,推出了矛盾;在锐角假设下,得到了许多有趣的结论。例如,三角形三内角和小于 180°;过直线外一点可作无穷多条直线不与这条直线相交等,他认为这些结论太不合情理,认为推出了矛盾。实际上,这只是不合直观和常理而已,并不包含任何矛盾。因此,这些推导客观上为非欧几何的创立提供了极有价值的思想方法,开辟了一条不同于前人的新途径。

在这一见解的启发下,后有瑞士数学家兰伯特(Lambert,1728—1777)从一个有三个直角的四边形出发,按照第四个角为直角、钝角、锐角作出了三个假设。钝角假设导致了矛盾,他果断放弃了;在锐角假设下,他并不认为推导出的结论是矛盾的。他还认为,一组假设如果不引起矛盾,就提供了一种可能的几何。遗憾的是,他就此止步了。

法国著名数学家勒让德(Legendre,1752—1833)对平行公设问题也十分关注,他得出"三角形内角之和不能大于两直角"的重要结论,这预示着可能存在一种新几何。19 世纪初,德国人施外卡特(Schweikart,1780—1859)使这一猜想更加明朗化,他通过对"星形几何"的研究,指出"存在狭义的几何(欧氏几何)和星形几何这两类几何,在后一类几何里,三角形有内角之和不等于两直角的特点。"

至此,通过两千多年来无数数学家对第五公设质疑的求证得到以下两个结论:一是第五公设不能被证明,不能从公设中除名;二是满足第五公设的几何是欧几里得几何,而在与第五公设并列的其他替代假设下,也可能存在别的几何体系。

(二)非欧几何的诞生

1.高斯的工作

兰伯特虽然已无限接近非欧几何的门槛,但最先意识到非欧几何是一种逻辑上相容并且可以描述物质空间、像欧氏几何一样正确的新几何的却是高斯。

高斯生前并未公开发表过任何关于非欧几何的论著,但他在与朋友的通信中隐略透露出关于非欧几何的思想。从其遗稿中可知,他从 1799 年开始意识到平行公设不能从其他欧几里得公理推出,并从 1813 年起发展了这种平行公设在其中不成立的新几何。起初,他称为"反欧几里得几何",后来改称"非欧几里得几何",可见,"非欧几何"的名称正是出自高斯。他坚信这种几何在逻辑上是不矛盾的,并且是真实的、能够应用的。为此,他还测量了 3 个山峰构成的三角形内角,他相信内角和的亏量只有在很大的三角形中才能显现;但他的测量因仪器误差而宣告失败。尽管高斯素有"数学王子"的美誉,然而惮于与当时流行的空间哲学思想相抵触也不敢公开与传统挑战,因此他的这些新思想只能秘而不宣。

2.波尔约的工作

波尔约(Bolyai,1802—1860)是匈牙利人,其父亲也是数学家,据说与高斯还是同学。就在数学声誉隆的高斯决定将自己的发现秘而不宣时,一位尚名不见经传的青年波尔约却急切地希望通过高斯的评价将自己关于非欧几何的研究公诸于世。1832 年 2 月 14 日,波尔约通过父亲将一篇题为《绝对空间的科学》的文稿寄给高斯,同时也将之作为其父亲刚完成的一本数学著作的附录而发表,其中论述的"绝对几何"就是非欧几何。

然而,高斯的回信却令波尔约深感失望,他写道:"称赞您儿子,就是称赞我自己,因为您儿子所采取的思路和获得的结果,与我 30 至 35 年前的思考不谋而合。"这使波尔约感到十分失望。1840 年俄国数学家罗巴切夫斯基关于非欧几何的德文著作出版后,更使波尔约灰心丧气,从此不再发表数学论文。

1905 年,为了纪念作为非欧几何发明人之一的波尔约,匈牙利科学院设立了"波尔约奖",这也是一项重要的国际数学奖。

3.罗巴切夫斯基的工作

罗巴切夫斯基(Лобачёвский,1792—1856),俄国数学家、教育家。他勤奋好学,用 4 年时间读完了中学,并得到数学老师的特别指导,对数学产生了兴趣,15 岁考入喀山大学,在这里他听过许多著名教授的课。19 岁的罗巴切夫斯基取得了数学和物理的硕士学位,并留校任教,先后任副教授、教授。他在学校担任过数学物理系主任、学校委员、图书馆馆长、校长等职,还被聘为德国哥根廷科学协会的通讯会员。

　　辞去大学校长职务后,晚年的罗巴切夫斯基心情变得十分沉重,他不仅在工作上受到限制,而且在学术上还受到压制。家庭的不幸格外增加了他的苦恼,他的身体也变得越来越差,眼睛视力恶化,终至双目失明,在苦闷和抑郁中走完了一生。生前,他的理论始终得不到任何人(包括高斯)的支持,为此他奋斗和抗争了几十年,被誉为"几何学中的哥白尼"。

　　在非欧几何的三位发明人中,只有罗巴切夫斯基最早、最系统地发表了自己的研究成果,并且也是最坚定地宣传和捍卫自己新思想的数学家。他于 1826 年在喀山大学发表了《简要论述平行线定理的一个严格证明》的演讲,阐述了自己关于非欧几何的发现,后来又在 1829 年发表了题为《论几何原理》的论文,这是历史上第一篇公开发表的非欧几何文献。

　　罗巴切夫斯基几何的基本思想与高斯、波尔约相一致,即用与欧氏第五公设相反的断言"通过直线外一点,可以引至少两条直线与已知直线不相交"作为替代公设,由此进行逻辑推导而得出一连串新几何学的定理。罗巴切夫斯基明确指出,这些定理并不包含矛盾,因而它从总体上形成了一个逻辑上可能的、不矛盾的理论,这个理论就是一种新的几何学——罗氏几何学。

　　罗氏几何的许多观点,从传统角度来看,显得十分奇怪,甚至荒诞,例如:

　　①过直线外一点至少有两条直线不与该直线相交。从过直线 $a$ 外一点 $A$ 引 $a$ 的垂线 $AB$,则过点 $A$ 至少有两条直线 $b,b_1$ 不与直线 $a$ 相交(图 2-4)。若考虑所有不与 $a$ 相交的直线,且设 $c$ 和 $c_1$ 是不相交的极限直线,则它们所夹的 $\alpha$ 角内的无数条直线都不与 $a$ 相交(图 2-5)。

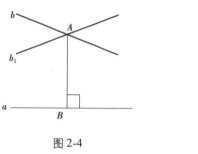 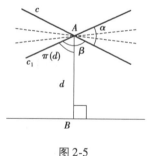

图 2-4　　　　　　　　　　图 2-5

　　②平行角 $\beta/2$ 是 $A,B$ 间距离 $d$ 的函数 $\pi(d)$,即 $\beta/2=\pi(d)$,且 $\pi(d)=\pi/2$ 时,得到欧氏平行公设;当 $d$ 趋近于 0 时,$\pi(d)$ 趋近于 $\pi/2$;当 $d$ 趋近于无穷大时,$\pi(d)$ 趋近于 0。

　　③三角形三内角和小于两直角,且三角形变大时,内角和变小,最后趋近于 0。

　　④不存在面积任意大的三角形。

　　⑤如果两个三角形的三个角对应相等,则它们全等。

　　⑥圆周长不与半径成正比,而是更加迅速地增长,周长的极限情形是 $2\pi r$,这说明欧氏几何是罗氏几何的极限情形。

　　⑦他还发展了非欧几何学,得到一系列相应的三角公式。

（三）非欧几何的发展与确认

1. 黎曼几何

（1）黎曼简介

黎曼（Riemann，1826—1866），德国数学家、物理学家（图2-6），6岁开始上学，14岁进入大学预科学习，19岁按其父亲意愿考入哥廷根大学攻读哲学和神学，因从小酷爱数学，黎曼在学习哲学和神学的同时也旁听了一些数学课。

图2-6 黎曼

当时的哥廷根大学是世界数学中心之一，一些著名数学家如高斯、韦伯、斯特尔都在该校执教。黎曼被这里的数学教学和数学研究的气氛所感染，决定放弃神学，专攻数学。1847年，黎曼转到柏林大学学习，成为雅可比、狄利克雷、施泰纳、艾森斯坦的学生。1849年重回哥廷根大学攻读博士学位，成为高斯晚年的学生。1851年，黎曼获得数学博士学位，1854年被聘为哥廷根大学编外讲师，1857年晋升为副教授，1859年被聘为教授接替去世的狄利克雷。

因长年贫困和劳累，1862年，黎曼在婚后不到一个月就患上了胸膜炎和肺结核，其后四年的大部分时间都在意大利治病疗养，1866年7月20日病逝于意大利，终年39岁。

黎曼是世界数学史上最具独创精神的数学家之一，其著作不多，但却异常深刻，特别擅长对概念的创造与想象。黎曼在短暂的一生中为数学的众多领域作出了许多奠基性、创造性的工作，为世界数学的发展作出了卓越的贡献。

黎曼是复变函数论的奠基人、黎曼几何的创始人、组合拓扑的开拓者，在微积分理论方面作出了创造性贡献，在解析数论上取得了跨世纪的成果，为代数几何作出了开创性贡献，在数学物理、微分方程等领域也有丰硕成果。

有数学家评论道："黎曼是一个极富想象力的天才，他的想法即使没有证明，也鼓舞了整整一个世纪的数学家。"

（2）黎曼几何思想简介

1854年，28岁的黎曼为了取得哥廷根大学编外讲师资格，面对全体教员作了一次题为《关于几何基础的假设》的演讲，为照顾大多数听众，他在演讲中尽管已经删除了许多技术性细节，但据说只有年迈的高斯能听懂他的意思。

黎曼在罗氏几何的基础上建立了一种更为广泛的几何，即现在的黎曼几何，罗氏几何和欧氏几何只是黎曼几何的特例。黎曼几何是以高斯关于曲面的内蕴微分几何为基础的几何，即曲面无须置于欧几里得空间内考察，它自身就构成一个空间，它的许多性质（如曲面上的距离、角度、总曲率等）并不依赖于背景空间，这种以研究曲面内在性质为主的微分几何称为"内蕴微分几何"。

黎曼在1854年将高斯关于曲面的内蕴几何发展为任意空间的内蕴几何，他把 $n$ 维空间称为一个流形，$n$ 维流形中的一个点，可以用 $n$ 个参数的一组特定值来表示，这些参数称为流形的坐标。黎曼从定义两个邻近点的距离出发，假定这个微小距离的平方是一个二次微分齐式，在此基础上，他定义了曲线的长度，两曲线在一点的交角等，所有这些度量性质都是仅由称作"黎曼度量"的二次微分齐式中的系数确定的。

在黎曼几何中，最重要的对象就是常曲率空间，对于三维空间，有以下三种情形：一是曲率为正常数；二是曲率为负常数；三是曲率恒等于零。黎曼指出，后两种情形分别对应于罗巴切夫斯基的非欧几何学和通常的欧几里得几何学；第一种情形由黎曼本人创设，它对应于另一种非欧几何学，在这种几何中，过已知直线外一点，不能作任何平行于已知直线的直线，这实际上是以萨凯里等人的钝角假设为基础而展开的非欧几何学。

在黎曼之前，从萨凯里到罗巴切夫斯基，都认为钝角假设与直线可以无限延长的假定矛盾，因而取消了这个假设；但黎曼区分了"无限"与"无界"两个概念，认为直线可以无限延长并不意味着就其长短而言是无限的，只是说，它是无端的或无界的。可以证明，在对无限与无界概念作了区分以后，人们在钝角假设下也可像在锐角假设下一样，无矛盾地展开一种几何。第二种非欧几何，人们习惯上称为（正常曲率曲面上的）黎曼几何。作为区别，数学史文献上就把罗巴切夫斯基发现的非欧几何叫作罗巴切夫斯基几何。

普通球面上的几何就是黎曼几何，其上每个大圆都可以看作一条"直线"。很容易看出，任意球面"直线"都不可能永不相交（图 2-7）。

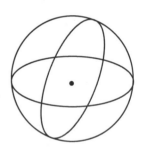

图 2-7　球面相交直线

这三种几何各自所有的命题都构成了一个严密的公理体系，各公理之间满足相容性、完备性和独立性，因此它们都是正确的。在我们的日常生活中，欧氏几何是适用的；在宇宙空间或原子核世界，罗氏几何更符合客观实际；在地球表面研究航海、航空等实际问题时，黎曼几何更准确。

2. 非欧几何合法地位的充分建立

为揭示非欧几何的现实意义，使之得到人们的广泛理解，从而充分建立非欧几何的合法地位，19 世纪 70 年代以后，意大利数学家贝尔特拉米、德国数学家克莱因和法国数学家庞加莱等人，先后在欧几里得空间内给出了非欧几何的直观模型。

（1）贝尔特拉米的模型

该模型是从内蕴几何观点提出的，这是一个叫"伪球"的曲面，它是由平面曳物线绕其渐近线旋转一周的产物（图 2-8）。

贝尔特拉米（Beltrami，1835—1899）证明，罗氏平面片上的所有几何关系与适当的"伪球面"片上的几何关系相符，也就是对应于罗氏几何的每个断言，就有一个伪球面上的内蕴几何事实，这时罗氏几何立刻就有了现实意义；但这并不是整个罗氏几何，而是其片段上的部分成立。对它的完全解决则是由后来的克莱因完成的。

（2）克莱因的模型

克莱因的模型是在普通欧氏平面上取一个圆,并且只考虑圆的内部,他设定,把圆的内部称为"平面",圆的弦称为"直线"(端点除外)。可证明,这种圆内部的欧氏几何事实就变成罗氏几何的定理,反之,罗氏几何的每个定理都可以解释成圆内部的欧氏几何事实。例如,根据设定,将罗氏几何公设翻译成欧氏几何语言,就得到如下断言:通过圆内不在已知弦上的一点,至少可引两条弦不与已知弦相交。如图 2-9 所示,过点 A 不与已知弦 BC 相交的弦中,有两条边界弦 AB,AC(不包含端点 B 和 C),因此,过点 A 且介于 AB 与 AC 之间的任何弦,如 a,b 在圆内与弦 BC 都不相交。

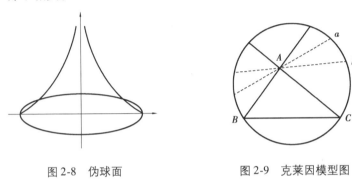

图 2-8　伪球面　　　　　　图 2-9　克莱因模型图

为进一步将罗氏几何定理翻译成欧氏几何语言,克莱因还定义了如何测量线段的长度和两条直线的夹角。

克莱因之后,庞加莱也对罗氏几何给出了一个欧氏模型,从而使非欧几何具有了与欧氏几何同等的真实性。如果罗氏几何有矛盾,就会在欧氏几何中得到相应体现;反之,若欧氏几何无矛盾,则罗氏几何也无矛盾。

## 三、射影几何的繁荣

19 世纪,除非欧几何的诞生外,几何学领域还取得了很大进展,其中射影几何也取得了丰硕成果。19 世纪的几何学可以理解为一场广义的"非欧"运动:从三维到高维;从平直到弯曲;而射影几何的发现,又从另一个方向使"神圣"的欧氏几何再度降格为其他几何的特例。

19 世纪前,早期的射影几何的开拓者德沙格、帕斯卡等在欧氏几何的框架下,以欧氏几何的方法来处理问题。早期,蒙日和卡诺曾对射影几何作过研究,但将射影几何真正变革为自己独立的目标与方法的数学家,是曾受教于蒙日的彭塞列。

彭塞列(Poncelet,1788—1867)与德沙格、帕斯卡等不同,他探讨的是一般问题,而不限于特殊问题:图形在投射和截影下保持不变的性质,这也成为他以后射影几何研究的主题。彭塞列与他的老师蒙日也不同,他采用中心投影而不是平行投影,并将其提高为研究问题的一般方法。在他实现射影几何目标的一般研究中,有两个基本原理扮演了重要角色。

（一）连续性原理

它涉及通过投影或其他方法把某一图形变换成另一图形的过程中的几何不变性。彭塞列说："如果一个图形由另一图形经过连续的变化得出，并且后者与前者一样具有一般性，那么可以断定，第一个图形的任何性质，第二个图形也有。"彭塞列还列举了圆内相交弦的截段之积相等的定理，作为这个原理的一个例子。当交点位于圆的外部时，它就变成了割线的截段之积的相等关系。如果其中一条割线变成圆的切线，那么这个原理仍然成立，只是要把这条割线的截段之积换成切线的平方（图2-10）。

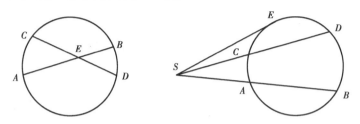

图2-10　圆的切割线

彭塞列将它扩展到包含无穷远点的情形，因此，可以说两条直线总是要相交的，交点或者是一个普通的点，或者是无穷远处的点（平行线的情形）。由于经过同一个无穷远点的直线都平行，因此中心影射和平行射影两者就可以统一了。平行射影可以看作是经过无穷远点的中心投影，那么凡是利用中心投影或者平行投影把一个图形映成另一个图形的映射，都可以称为射影变换。除了无穷远元素，彭塞列还利用连续性原理引入虚元素。例如，两个相交的圆，其公共弦当两圆逐渐分离并变得不再相交时，就成为虚弦。无穷远元素与虚元素在彭塞列为达到射影几何的一般性工作中发挥了重要作用。

（二）对偶原理

在射影几何里，彭塞列还把点和直线称为对偶元素，把"过一点作一直线"和"在一直线上取一点"称为对偶运算。在两个图形中，它们如果都是由点和直线组成，把其中一图形里的各元素改为它的对偶元素，各运算改为它的对偶运算，结果就得到另一个图形。这两个图形称为对偶图形。在一个命题中叙述的内容只是关于点、直线和平面的位置时，若把各元素改为它的对偶元素，各运算改为它的对偶运算，则结果会得到另一个命题，这两个命题称为对偶命题。这就是射影几何学所特有的对偶原则。

在射影平面上，如果一个命题成立，那么它的对偶命题也成立，这称为平面对偶原则。同样，在射影空间里，如果一个命题成立，那么它的对偶命题也成立，称为空间对偶原则。例如，著名的帕斯卡定理：如果将一圆锥曲线的6个点看成是一个六边形的顶点，那么相对边的交点共线。其对偶形式：如果将一圆锥曲线的6条切线看成是一个六边形的边，那么相对顶点的连线共点（图2-11）。

帕斯卡定理的对偶形式，由帕斯卡定理发表近200年后的布里昂雄发现，他与其他许多数学家一样，对于对偶原理是否成立表示怀疑，并且也不清楚它为什么行得通。

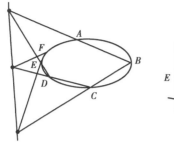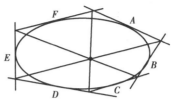

图 2-11　帕斯卡定理示意图

另外,彭塞列射影几何中很重要的一部分,就是为建立对偶原理发展了配极的一般原理。

当彭塞列利用综合法为射影几何奠基的同时,德国数学家默比乌斯和普吕克开创了射影几何研究的解析(代数)途径,但遭到了前者的强烈反对,因此这两派出现了激烈的争论。支持前者的有斯坦纳、沙勒和施陶特等,其中,施陶特的工作对于确立射影几何的特殊地位具有决定性意义。

直到 1850 年前后,数学家们只是对射影几何与欧氏几何在一般概念与方法上进行了区别,但对两种几何的逻辑关系仍不甚了解,即使是综合派的著作也依然在使用长度的概念,但长度在射影变换下会发生改变,因此,作为射影几何中心概念之一的、用长度来定义的"交比"就不是射影概念。为此,施陶特给"交比"下了一个不依赖于长度的新定义,从而使射影几何成为与长度等度量概念无关的全新学科。

## 四、几何学的统一

罗巴切夫斯基之所以被称为"几何学的哥白尼",是因为非欧几何的创立不仅解决了两千多年来一直悬而未决的平行公设问题,更重要的是它引起了关于几何观念和空间观念的最深刻革命。

首先,非欧几何对人们的空间观念产生了极其深远的影响;其次,非欧几何的出现打破了长期以来只有欧氏几何的单一局面。19 世纪中叶后,通过否定欧氏几何中这样或那样的公设、公理,产生了各种新的几何,除了非欧几何、黎曼几何外,还有非阿基米德几何、非德沙格几何、非黎曼几何、有限几何等,加上与非欧几何并行发展的高维几何、射影几何、微分几何,以及较晚出现的拓扑学等,19 世纪的几何学展现了无限广阔的发展前景。在这种形势下,寻找不同几何之间的内在联系,用统一的观点来解释它们,便成为数学家们追求的一个目标。

统一几何学的第一个大胆计划是由德国数学家克莱因提出的。

(一)克莱因的工作

1. 克莱因简介

克莱因(Klein,1849—1925),德国数学家(图 2-12),在群论、几何、微分方程与函数论交汇的数学领域做出了重大贡献,尤以几何的"爱尔朗根纲领"著称于世。

图 2-12 克莱因

克莱因是一位早慧的天才数学家,16 岁进入波恩大学就读,19 岁在普鲁克指导下获得博士学位,23 岁就任德国南部爱尔朗根大学数学系主任,25 岁任《数学年刊》编辑,37 岁成为哥廷根大学数学系主任,将哥廷根大学带入学术巅峰。

1868 年,20 岁的克莱因游学巴黎,认识了挪威数学家李,他们两人的合作为彼此一生之数学事业打下基础,他们联合开展了连续变换群(即后称李群)的研究,克莱因还巧妙地将它运用到几何与微分方程上。

1872 年,克莱因在爱尔朗根大学提出"爱尔朗根纲领",揭示了一个崭新与统一的新观点,将几何性质定义为对应于某变换群不变的空间性质。借由这个纲领,几何脱离了上千年的欧几里得观点,并且清楚地涵盖并刻画了当时几何的纷争焦点:欧氏几何与非欧几何。

借助群论的视角,克莱因更加深入地继承并发展了黎曼的函数论,深入探讨微分方程、群论、不变量理论与黎曼面的关系。他发展曲面的赋向观念,证明有向曲面的分类对应于亏格,并且深入讨论不可赋向的射影面与克莱因瓶。另外,他在椭圆模函数与自守函数的研究,是克莱因认为自己一生研究的巅峰。值得一提的是,克莱因 22 岁时发表的一篇讨论非欧几何的文章,提出了非欧几何的克莱因模型,一举将非欧几何的一致性问题划归于欧氏几何的一致性问题。

此外,克莱因在行政领导方面的组织能力很强,数学教育上也很有成就。为纪念克莱因在数学教育上的卓越成就,从 2004 年第 10 届国际数学教育大会开始,设立克莱因奖,作为数学教育界的最高奖——终身成就奖。

2. 克莱因在统一几何方面的工作

克莱因在"爱尔朗根纲领"中提出了关于几何的一个崭新与统一的新观点:所谓几何学,就是研究几何图形对于某类变换群保持不变的性质的学问,或者说任何一种几何学只是研究与特定的变换群有关的不变量。这样一来,不仅 19 世纪涌现出的几种重要的、表面上互不相干的几何学被联系在一起,而且变换群的任何一种分类也对应于几何学的一种分类。

例如,平面的情况,欧氏几何研究的是长度、角度、面积等在平面中的平移和旋转下保持不变的性质,平面中的平移和旋转构成一个变换群。

若将上述变换群的限制条件放宽、一般化,那么这种变换也构成一个群。这种变换下,长度和面积不再保持不变,但一个已知种类的圆锥曲线经过变换后仍是同一种类的圆锥曲线。这种变换称为仿射变换,它们所刻画的几何称为仿射几何。因此,按照克莱因的观点,欧氏几何只是仿射几何的一个特例。

而在射影变换下,线性、共线性、交比、调和点组以及圆锥曲线都保持不变。因此,仿射几何又是射影几何的特例。于是,以射影几何为基础的几何可进行如图 2-13 所示的分类。

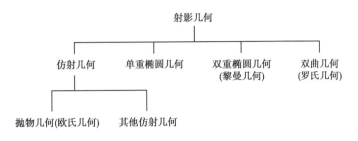

图 2-13　几何分类图

在克莱因的分类中,还包括了当时的代数几何和拓扑几何学。拓扑学在 20 世纪开始独立发展,并成为现代数学的核心学科之一。而克莱因在 1872 年就提议将拓扑学作为一门重要几何学科,这是很有远见的。

尽管并非所有的几何都能纳入克莱因方案,例如今天的代数几何和微分几何,不可否认的是,克莱因纲领的确能给大部分的几何提供一个系统的分类方法,对几何思想的发展产生了持久深远的影响。

对统一几何做出重要贡献的另一位数学家是希尔伯特。

（二）希尔伯特的工作

希尔伯特（Hilbert,1862—1943）,德国数学家,出生于东普鲁士哥尼斯堡（图 2-14）。中学时代,他就是一名勤奋好学的学生,对于科学特别是数学表现出浓厚的兴趣,善于灵活、深刻地掌握、应用老师讲课的内容。

1880 年,他不顾父亲让他学法律的意愿,进入哥尼斯堡大学攻读数学,1884 年获得博士学位,其后在这所大学取得讲师资格并升为副教授,1893 年被任命为正教授,1895 年,转入哥廷根大学任教授,此后在哥廷根生活和工作,直至 1930 年退休。在此期间,他成为柏林科学院通讯院士,曾先后荣获施泰讷奖、罗巴切夫斯基奖和波尔约奖,1930 年获得瑞典科学院的米塔格—莱福勒奖,

图 2-14　希尔伯特

1942 年成为柏林科学院荣誉院士。希尔伯特是一位正直的科学家,他拒绝欺骗性宣传,公开发文悼念"敌人的数学家"达布,抵制纳粹政府迫害犹太科学家的政策。因反动的纳粹政策迫使许多科学家移居外国,盛极一时的哥廷根学派由此衰落,希尔伯特也于 1943 年在孤独中逝世。

希尔伯特是对 20 世纪数学有深刻影响的数学家之一,他领导了著名的哥廷根学派,使哥廷根大学成为当时世界数学研究的重要中心,并培养了一批对现代数学发展做出重大贡献的杰出数学家。希尔伯特的数学工作可以划分为几个不同的时期,每个时期他几乎都集中精力研究一类问题,按时间顺序,他的主要研究内容有不变式理论、代数数域理论、几何基础、积分

方程、物理学、一般数学基础,其间穿插的研究课题有狄利克雷原理和变分法、华林问题、特征值问题、"希尔伯特空间"等。

希尔伯特还提出了另一条对现代数学影响深远的统一几何学的途径——公理化方法。

所谓公理化方法,就是从不加定义的原始概念和不加证明的基本命题(公理)出发,按照一定的逻辑推理规则定义其他所有的派生概念,推导出这一理论的其他所有的命题(定理),并构成一个演绎系统方法。公理化方法具有分析、归纳和总结知识的作用,能把分散、杂乱、支离破碎的知识整理成一门完整、严密、系统的科学体系。公理化方法是建立科学体系普遍适用的一种方法。

公理化方法始于欧几里得,但其公理体系很不完善,存在很多隐蔽的假设、模糊的定义及逻辑的缺陷,这迫使数学家们着手重建欧氏几何以及其他包含同样弱点的几何的基础。这种探索一开始就是在几何统一的观点下进行的,在所有这些努力中,希尔伯特在《几何基础》中使用的公理化方法最为成功。

《几何基础》是公理化思想的代表作,书中把欧几里得几何学加以整理,成为建立在一组简单公理基础上的纯粹演绎系统,并开始探讨公理之间的相互关系和整个演绎系统的逻辑结构。

《几何基础》提出了5组(共20条)公理,即关联公理、顺序公理、合同公理、平行公理和连续公理。希尔伯特还指出,选择和组织公理体系应遵循相容性、独立性和完备性三条原则。

在这种公理体系中,经否定或替换其中一条或几条公理,就可以得到相应的某种几何。欧氏几何中,平行公理被罗氏的平行公理代替,其余各条不变,则得到双曲几何;添加"任意两条直线都有一个公共点""至少有一个公共点"的公理,并适当改变另外一些公理,就分别得到单重与双重椭圆几何等。这样不仅可以统一处理已有的几门非欧几何,而且还引出了新的几何。最有趣的例子便是"非阿基米德几何",即通过忽略阿基米德公理(连续公理)构造的几何学。这是希尔伯特本人的创意,他在《几何基础》中整整用了5章的篇幅来论述这种几何学。

1904年,希尔伯特又着手研究数学基础问题,经多年酝酿,于20世纪20年代初,提出了如何论证数论、集合论或数学分析一致性的方案。他建议从若干形式公理出发将数学形式化为符号语言系统,并从"不假定实无穷的有穷观点"出发,建立相应的逻辑系统;然后再研究这个形式语言系统的逻辑性质,从而创立了元数学和证明论。他的目的是想对某一形式语言系统的无矛盾性给出绝对的证明,以克服悖论所引起的危机,从而一劳永逸地消除对数学基础以及数学推理方法可靠性的怀疑。但是,1930年,奥地利数理逻辑学家哥德尔(Ködel,1906—1978)获得了否定的结果。哥德尔证实,任意一个包含算术系统的形式系统自身不能证明其本身的无矛盾性,这就决定了希尔伯特方案是不可能实现的。

尽管如此,希尔伯特所发展的这种形式公理化方法,在20世纪已远远超出了几何学的范围,成为现代数学甚至某些物理领域中普遍应用的科学方法。

# 第二节 美丽的分形

20世纪的数学在几何概念上有两次飞跃与空间维度有关:一是从有限维到无穷维的飞跃,发生在上半世纪;二是从整数维到分数维的飞跃,发生在下半世纪。法国数学家蒙德尔布罗特1967年在《科学》杂志发表《英国海岸线有多长》,标志着后一次飞跃的开始。

## 一、分形理论的创始人蒙德尔布罗特

图2-15 蒙德尔布罗特

蒙德尔布罗特(Mandelbrot,又译为曼德布罗特,1924—2010)分形几何之父,美国科学院院士,美国物理学会、美国统计学会、IEEE、计量经济学会、数理统计学会等学会会员(图2-15)。他是20世纪后半叶少有的影响深远而广泛的科学伟人,在多个学科都有较大成就,1993年获得沃尔夫物理学奖,颁奖词评价他的研究"改变了我们的世界观"。

蒙德尔布罗特的一生与他的研究主题一样,是粗糙不平的。他拥有法国和美国双重国籍,出生于波兰华沙一个来自立陶宛的学术传统深厚的犹太家庭(他曾戏称自己夫妇两个家族教授之多,学科之广,足以支撑一所不错的大学),但其父亲却以布匹贸易为生。

蒙德尔布罗特1936年迁居法国,1945—1947年进入著名的巴黎综合理工学校学习,师从著名数学家茱莉亚和概率学家勒维。其中,茱莉亚提出的茱莉亚集也是著名的分形函数,而勒维提出的非高斯稳定分布则是分形的重要思想来源,从某种意义上讲,蒙德尔布罗特后来的大部分工作都是在各个领域应用勒维分布。

1947—1949年,蒙德尔布罗特来到加州理工学院学习航空学,获得硕士学位,1949年回到法国,任职于国家科研中心,1952年获得巴黎大学的数学博士学位。据他回忆,博士论文的前半部分是数理语言学,后半部分是统计热力学。其间,他还在冯·诺依曼的赞助下,前往普林斯顿高等研究中心进行博士后研究,1958年,他加入纽约IBM研究院,在此工作长达32年,荣获"IBM Fellow"称号。1987年退休后赴耶鲁大学担任数学教授。

蒙德尔布罗特是一位非常另类的科学家,而且前半生的学术生涯非常坎坷。虽无学科藩篱之见,但在外人看来,基本上是打一枪换一个地方,没有多少同道,很多时候连论文的发表都非常困难,20世纪70年代初,甚至退稿成堆;但他擅长形象的空间思维,具有把复杂问题化为简单、生动,甚至彩色图像的本领。他是一位数学特别是几何学与计算机兼通的难得人才。最终,他选择了创立分形几何这门新学科,自己开拓一片天地,终于获得了世界性的声誉。

20世纪初的蒙德尔布罗特,罕见地沿袭了亚里士多德、达·芬奇等伟人的博物学研究传统,不受学科限制。他投身科学事业40余年,在许多领域都做出了重要贡献,横跨数学、物理学、地理学、经济学、生理学、计算机、天文学、情报学、信息与通信、城市与人口、哲学与艺术等学科与专业。他是一位名副其实的博学家。

## 二、分形几何的产生

自公元前3世纪欧氏几何基本形成至今已有2 000多年,尽管此间从数学的内在发展过程中产生了射影几何、微分几何等多种几何,但与其他几何相比,人们在生产、实践及科学研究中涉及更多的是欧氏几何。欧氏几何主要是基于中小尺度上点、线、面之间的关系,这种观念与特定时期人类的实践认识水平是相适应的。数学的发展历史告诉我们,有什么样的认识水平就有什么样的几何学,当人们全神贯注于机械运动时,头脑中呈现的图像多是一些圆锥曲线、线段组合。

然而,进入20世纪以来,科学的发展极为迅速,特别是第二次世界大战以后,大量的新理论、新技术以及新的研究领域不断涌现。同以往相比,一方面,人们对物质世界以及人类社会的看法有了很大的不同,其结果是,有的研究对象已经很难用以欧氏几何为代表的传统几何来描述,例如对植物形态的描述、对晶体裂痕的研究等。另一方面,数学理论自身也出现了一些有待解决的问题,例如在1875—1925年,一些数学家在深入研究复分析过程中,讨论了一些诸如康托尔集、皮亚诺曲线、柯克曲线等的特殊集合。当时的人们往往是将它们以反例形式当作是在连续观念下的"病态曲线",并将其用于讨论定理条件的强弱,然而其更深层次的科学价值却并未被人们发现。

后来,蒙德尔布罗特于1967年在美国《科学》杂志上发表了"英国的海岸线有多长"的论文。这是一篇划时代的论文,也是他的分形思想萌芽的重要标志。英格兰的海岸线到底有多长的问题,在数学上可以理解为:用折线拟合任意不规则的连续曲线是否一定有效?这个问题的提出实际上是对以欧氏几何为核心的传统几何的挑战。此外,在湍流的研究、自然画面的描述等方面,人们发现传统几何也是无能为力的。

1973年,在法兰西学院讲课期间,蒙德尔布罗特进一步提出了分形几何学的整体思想,并认为分维是一个可用于研究许多物理现象的有力工具。1975年他创造了"分形"一词,出版了一系列奠定分形学说的著作,与其他非线性、复杂性理论一起成为各学科的有力助推器;而且随着计算机的兴起,其应用日渐广泛,除了计算机图形学外,甚至连美术界也兴起了分形艺术。由于他的奔走呼号和持续努力,分形理论才发展成为一门应用广泛的学科。

## 三、分形几何简介

### (一)分形的概念

"分形"对应的英文单词"fractal"表示细片、碎片、分数等意思。由于不同学科领域的学者对分形的理解不同。因此,对分形的概念一直没有一个严格的统一定义。但目前人们普遍接受的是 1975 年蒙德尔布罗特给出的定义:组成部分以某种方式与整体相似的形体叫分形。由该定义可知,具有分形特征的物质处于无序、不稳定、非平衡和随机的状态,其最大特点是局部与局部或者局部与整体是自相似的。

一个系统的自相似性是指某种结构和过程的特征从不同的空间尺度或时间尺度来看都是相似的,或者某系统或结构的局域性质或局域结构与整体类似。客观事物具有自相似的层次结构,局部与整体在形态、功能、信息、时间、空间等方面,具有统计意义上的相似性,称为自相似性。例如,一块磁铁中的每一部分都像整体一样具有南北两极,不断分割下去,每一部分都具有和整体磁铁相同的磁场。这种自相似的层次结构,适当地放大或缩小几何尺寸,整个结构不变。

根据自相似性的程度,分形可分为有规分形和无规分形。有规分形是指具有严格的自相似性的分形,例如后面将介绍的三分康托尔集、柯克曲线和茱莉亚集等。有规分形严格遵守自相似要求,可进一步分为随机自相似分形和非随机自相似分形。而无规分形是指具有统计意义上的自相似分形,它只是近似遵守自相似性,例如,曲折绵长的海岸线、凹凸不平的地表、变幻无常的浮云、错综复杂的血管等。

(二)分形的维数

维数是几何对象的重要特征量,它包含了几何对象的许多信息。一个图形维数的大小,表示它占有空间的大小,尤其是在分形中,维数是判断两个分形是否一致的度量标准,对如何准确描述图形起着重要作用。从欧氏几何的测量中可以看出,点、线、面、体的拓扑维数分别是整数 0,1,2,3,分形的维数又该怎样确定呢?

有的事物具有自身的特征长度,用恰当的尺度去测量,就会得到一个确定的值,例如,给定一条线段,若用 0 维的点来测量它,其结果为无穷大,因为直线中包含无穷多个点;如果用一块平面来测量它,其结果是 0,因为直线中不包含平面。那么,用怎样的尺度来测量才会得到非 0 的有限值呢? 看来只有用与其同维数的小线段来测量才会得到有限值,而这里线段的维数为 1。因此,与该线段同维的小线段就是测量该线段的恰当尺度,用它去测量就会得到一个确定的非 0 值。但分形就没有特征尺度,必须同时考虑从小到大的许许多多尺度(或者叫标度),这叫作"无标度性"问题,例如物理学中的湍流,湍流是自然界的普遍现象,小至静室中缭绕的轻烟,大至木星大气中的涡流,都是十分紊乱的流体运动。流体宏观运动的能量,经过大、中、小、微等许许多多尺度上的漩涡,最后转化成分子尺度上的热运动,同时涉及大量不同尺度上的运动状态,这就需要借助"无标度性"尺度来解决问题。

又如,英国的海岸线有多长,就依赖于测量时所使用的尺度大小。由于涨潮落潮使海岸线的水陆分界线具有各种层次的不规则性,如果用千米作测量单位,则从几米到几十米的一些曲折会被忽略;改用米作单位,测得的总长度就会增加,但是一些厘米量级以下的就不能反映出来。海岸线总长度在大小两个方向都有自然的限制。一方面,取不列颠岛外缘上几个突出的点,用直线把它们连起来,得到海岸线长度的一种下界,使用比这更长的尺度是没有意义的;另一方面,海岸线上海沙石的最小尺度是原子和分子直径,因此使用比原子和分子直径更小的尺度也是没有意义的。在这两个自然限度之间,存在着可以变化许多个数量级的"无标度"区,可以用不同数量级的"尺子"测量,但结果会随着"尺子"的大小变化而不同。因此,长度不是海岸线的定量特征,即海岸线有多长是没有标准答案的。事实上,当量尺的长度趋近于 0 时,测得的海岸线长趋近于无穷大,所以海岸线的维数大于线段的维数 1;另一方面,海岸线的面积为 0,因此,其维数又小于面积的维数 2。即海岸线的维数是一个介于 1 和 2 之间的小数,是分数维。那么,分形的维数怎么定义和计算呢?

为了定量地描述客观事物的"非规则"程度,1919 年,数学家从测度角度引入了维数概念,将维数从整数扩大到分数,从而突破了一般拓扑集维数为整数的界限。按照豪斯多夫的定义,把一个几何对象的线段放大为原来的 $x$ 倍,如果它自身是原来几何对象的 $y$ 倍,那么这个几何对象的维数就是 $D = \dfrac{\ln y}{\ln x}$。

例如,把一个正方形的边长放大到原来的 2 倍,则正方形自身的大小将变为原来的 4 倍,即 $x=2, y=4$,所以 $D = \dfrac{\ln 4}{\ln 2} = 2$,这说明正方形的维数是 2。同样,若把一个正方体的边长放大为原来的 2 倍,则正方体自身的大小将变为原来的 8 倍,即 $x=2, y=8$,所以 $D = \dfrac{\ln 8}{\ln 2} = 3$,于是正方体的维数是 3。

上述计算式也可以逆向理解。一般而言,如果某图形是由 $a$ 个与原图相似比为 $1/b$ 的图形所组成,则该图形的维数是

$$D = \frac{\ln a}{\ln(1/b)}$$

例如,下面要介绍的柯克曲线,由于它的基本单元由 4 段等长的线段构成,每段长度是原来的 $1/3$,即 $a=4, b=1/3$,所以其维数 $D = \dfrac{\ln 4}{\ln 3} \approx 1.261\,9$。

(三)几种典型的分形

1.三分康托尔集

1883 年,德国数学家康托尔提出了广为人知的三分康托尔集。三分康托尔集是很容易构造的,然而,它却显示出许多典型的分形特征。三分康托尔集从单位区间开始,在不断去掉部分子区间的过程中构造成型,如图 2-16 所示,康托尔集的构造过程:第一步,将区间 [0,1] 平均分为三段,然后去掉中间一段,剩下两个子区间 [0, 1/3] 和 [2/3, 1];第二步,将剩下的两个子区间各自平均分成三段,同样去掉各自的中间段,这时剩下的 4 段区间是 [0, 1/9], [2/9, 1/3], [2/3, 7/9], [8/9, 1];第三步,重复以上步骤,将各自剩余区间平均分为三段,并去掉各自的中间段。如此不断地分割下去,最终剩下的各个区间段就构成三分康托尔集。

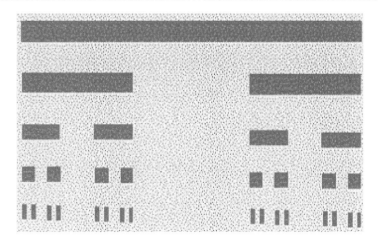

图 2-16　康托尔三分集

根据上述构造过程可知,一方面,无论三分康托尔集细分到什么程度,它都是一个不可数的无穷实数集,因此,它的维数大于0;另一方面,当划分的次数 $x \to \infty$ 时,其区间的总长度 $\left(\dfrac{2}{3}\right)^n$ 趋于0,所以其大小不适合用通常的长度来度量,即用任何合理定义的长度来度量,其长度总是0。因此它的维数小于1。按照豪斯多夫给分形维数下的定义,三分康托尔集的维数应该是 $D = \dfrac{\ln 2}{\ln 3} \approx 0.630\,9$。

进而,假设我们在平面上构造康托尔集,那么最终生成的集合就称为康托尔尘。康托尔尘的构造和三分康托尔集的构造相似,是将一个正方形平均分割成16个小正方形,保留角上的4个,去掉其余12个,然后无限地循环得到的几何形。康托尔尘与康托尔集有相似的性质,读者可自行计算其维数(为1)。

另外,也可构造随机的三分康托尔集和康托尔尘。例如,在构造三分康托尔集的过程中,将每个区间分成3个小区间后,去掉哪一段不是事先确定好的,而是随机的,即去掉哪一段是靠类似于投骰子的方式来决定的。随机的三分康托尔集有无数种,尽管在构造过程中引入了随机性的概念,但是它们仍然属于分形的范畴,只不过生成的集合的各个元素之间只是在统计意义下是自相似的,也就是说,把每个局部放大后,与整体都有相同的统计分布,其维数还是约为0.630 9。

2.柯克曲线

1904年,瑞典数学家柯克(Koch,1870—1924)构造了被称为"柯克曲线"的几何图形。它与三分康托尔集一样,也是一个典型的分形。例如三次"柯克曲线",它是这样构造的:第一步,给定一条线段;第二步,将该线段中间的1/3处向外折起;第三步,按照第二步的方法不断将每个线段中间的1/3处向外折起。这样无限进行下去,最终构造出一种"柯克曲线",如图2-17所示是迭代了5次的构造过程。

从构造过程可以看出,当迭代到第 $n$ 次时,"柯克曲线"的总长度为 $\left(\dfrac{4}{3}\right)^n$。无穷多次地迭代下去,其长度就趋近于无穷大,但生成曲线的面积却是 0,故其维数大于 1 小于 2。计算得

$$D = \frac{\ln 4}{\ln 3} \approx 1.261\,9。$$

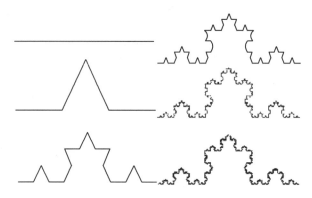

图 2-17　柯克曲线

若将初始图形改为三角形,按照与柯克曲线相同的方法折叠,则得到另一个分形——柯克雪花(见第五章第五节)。同样,可以构造随机的柯克曲线和随机的柯克雪花。从分析角度看,柯克曲线和柯克雪花是处处连续,但又处处不可微(处处有"尖点")。

3. 朱利亚集

朱利亚集是由法国数学家朱利亚和法盾在发展了复变函数迭代的基础理论后获得的。朱利亚集也是一个典型的分形,只是在表达上相当复杂,难以用古典数学方法描述。

朱利亚集由一个复变函数 $f(z) = z^2 + c$($c$ 为常数)迭代生成。这里的 $z$ 是复变量,$c$ 是复参数。尽管该函数看起来简单,然而它却能够生成很复杂的分形图案,从某个初始值 $z_0$ 开始,令 $z_{n+1} = f(z_n)$,经迭代就产生了点集 $\{z_i \mid i = 0, 1, 2, \cdots\}$。蒙德尔布罗特发现,对于某些参数值 $c$,迭代会在复平面的某些点之间循环往复地进行,这些值被称为"吸引子"。不同吸引子控制的复平面区域的边界构成一些具有自相似性质的分形曲线。由于 $c$ 可以是任意值,所以当 $c$ 取不同值时,将产生不同的吸引子分布,生成的茱莉亚集的图形也不相同,图 2-18 就是对某个吸引子 $c$ 经迭代后得到的分形图案。

对于某些特定的参数值 $c$,迭代结果可能出现无规则震动(或者震动周期无穷加倍)的现象,这就是所谓的"混沌"。不可思议的是,蒙德尔布罗特在混沌行为的背后又发现了许多隐藏着的有序现象。

虽然分形产生的图形是复杂、美丽、实用的,但是描述它们的方法却很简单,可以通过计算机模拟方式来实现。现在常见的描述方法有林式系统(L-systems,简称"L 系统")和函数迭代系统(Iterated Function System,简称"IFS 系统")。这些系统涉及计算机程序有关知识,本书不做深入探讨,有兴趣的同学可以参阅这方面的书籍。

图 2-18 朱利亚集分形图

（四）分形的特点

从以上三类分形可以看出,分形具有以下特点:

①分形具有任意小尺度下的比例细节,或者说具有精细的结构;

②具有某种自相似性,可能是近似的自相似或统计意义上的自相似;

③一般分形维数大于其拓扑维数;

④一个分形可以由非常简单的方法定义,并由递归、迭代产生;

⑤分形集不能用传统的几何语言来描述,它既不是满足某些条件的点的轨迹,也不是某些简单方程的解集。

①②两项说明了分形在结构上的内在规律性,自相似性是分形的灵魂,它使分形的任何一个片段都包含了整个分形的信息,第③项说明了分形的复杂性,第④项说明了分形的生成机制,第⑤项说明了分形几何与传统几何的巨大差异,例如柯克曲线,它处处连续、处处不可导,长度为无穷大。从欧氏几何的角度看,这是"病态"曲线,应打入"冷宫",但从分形的角度看,它们不过是一种分形而已。

我们把传统几何的代表欧氏几何与以分形为研究对象的分形几何作一比较,可以得出以下结论:欧氏几何是建立在公理之上的逻辑体系,其研究的是在旋转、平移、对称变换下各种不变的量,如角度、长度、面积、体积,其适用范围主要是人造的物体。而分形由递归、迭代生成,主要适用于自然界中形态复杂的物体。分形几何不再以分离的眼光看待分形中的点、线、面,而是把它们看作一个整体。

在欧氏几何中,平面上决定一条直线或圆锥曲线只需要数个条件,而决定一片蕨叶需要多少条件呢？ 如果把蕨叶看成是由线段拼合而成的,那么确定这片蕨叶的条件数就相当可观。然而,当人们以分形的眼光看待这片蕨叶时,可以认为它是一个简单的迭代函数系统,而确定该系统所需的条件数,相比之下,就要少得多。这说明,用待定的分形拟合蕨叶,比用折线拟合蕨叶更为便捷有效。

分形观念的引入并不仅是一个描述手段的改变,从根本上讲,分形反映了自然界中的某些规律性。以植物为例,植物的生长是植物细胞按一定的遗传规律不断发育、分裂的过程,这种按规律分裂的过程可以近似地看作是递归、迭代的过程,这与分形的产生极为相似。在此意义上,人们可以认为一种植物就对应一个迭代函数系统,人们甚至可以通过改变该系统中的某些参数来模拟植物的变异过程。

## 四、分形几何学的应用

分形所涉及的领域极为广泛,包括哲学、数学、生物学、物理学、材料学、医学、农学、气象学、天文学、计算机图形学等,可以说分形无处不在。分形的发展,一部分得益于由分形产生的图形令人陶醉,但更多的是因为分形的实用价值。采用分形方法,可以利用少量的数据生成各种不同的复杂图形。根据分形的自相似性,能够对图形、图像进行有效的压缩。

分形几何学已在自然界与物理学中得到了应用,如在显微镜下观察落入溶液中的一粒花粉,会看见它不间断地做无规则运动(布朗运动),这是花粉在大量液体分子的无规则碰撞(每秒钟多达十亿亿次)下表现的平均行为。布朗粒子的轨迹,由各种尺寸的折线连成,只要有足够的分辨率,就可以发现原以为是直线段的部分,其实是由大量更小尺度的折线连成,这是一种处处连续,但又处处不可导的曲线。这种布朗粒子轨迹的分维是2,大大高于它的拓扑维数1。

在某些电化学反应中,电极附近沉积的固态物质,以不规则的树枝形状向外增长,受到污染的一些流水中,粘在藻类植物上的颗粒和胶状物,不断因新的沉积而生长,成为带有许多毛毛须须的枝状物,也可以用分维。

自然界中更大的尺度上也存在分形现象。一棵树干可以分出不规则的枝杈,每个枝杈继续分为细杈……至少有十几次分支的层次,可以用分形几何学去测量。

有人研究了某些云彩边界的几何性质,发现存在从 1 km 到 1 000 km 的无标度区,直径小于 1 km 的云朵,更容易受地形地貌影响,直径大于 1 000 km 时,地球曲率开始起作用,大小两端都受到一定特征尺度的限制,中间有 3 个数量级的无标度区。分形存在于这个中间区域。

近几年在流体力学不稳定性、光学双稳定器件、化学振荡反映等试验中,都实际测得了混沌吸引子,并从实验数据中计算得出它们的分维。学会从实验数据测算分维是最近的一大进展。分形几何学在物理学、生物学上的应用正在成为新兴的研究领域。

"分形艺术"是纯数学产物。在分形中,每一组成部分都在特征上和整体相似,仅仅是尺寸、位置不同而已,用数学方法对放大区域进行着色处理,这些区域就变成一幅幅精美的艺术图案,这些艺术图案称为"分形艺术"。

"分形艺术"与普通"电脑绘画"不同,普通的"电脑绘画"是以电脑为工具从事美术创作,创作者要有很深的美术功底;而"分形艺术"是纯数学产物,创作者除了需要数学功底外,还要有编程技能,才能创作出具有自己风格的分形艺术图案。

　　分形几何还被用于海岸线的描绘及海图绘制、地震预报、图像编码理论、信号处理等领域，并已在这些领域取得了令人瞩目的成绩。

　　总之，20 世纪 80 年代初开始的"分形热"至今方兴未艾，分形几何已经成为当今世界十分风靡和活跃的新理论、新学科，它的出现，吸引人们重新审视这个世界：世界是非线性的，自然界中分形无处不在。

　　我国著名学者周海中教授认为：分形几何不仅展示了数学之美，也揭示了世界的本质，还改变了人们理解自然奥秘的方式；分形几何是真正描述大自然的几何学，对它的研究也极大地拓展了人类的认知疆域。

　　正如美国物理学大师约翰·惠勒所言：今后谁不熟悉分形，谁就不能称为科学上的文化人。

## 五、分形图片欣赏

　　（一）自然界中的分形（图 2-19—图 2-25）

图 2-19　植物的分形

图 2-20　向日葵花中的分形

图 2-21　彩云里的分形

图 2-22  孔雀身上的分形

图 2-23  闪电里的分形

图 2-24　蕨叶植物里的分形

图 2-25　珊瑚里的分形

（二）电脑根据迭代原理制作的分形图（图 2-26—图 2-34）

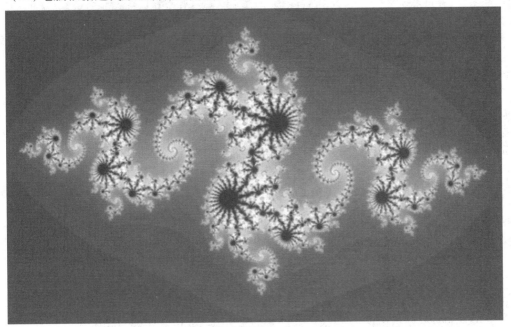

图 2-26　电脑迭代分形图 1

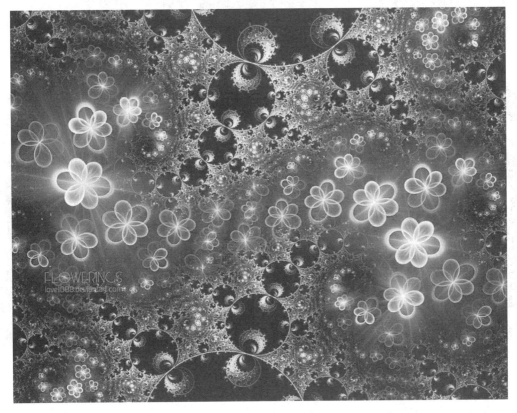

图 2-27　电脑迭代分形图 2

图 2-28　电脑迭代分形图 3

图 2-29　电脑迭代分形图 4

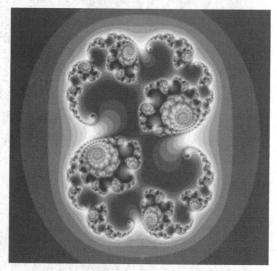

图 2-30　电脑迭代分形图 5

（三）手工制作的分形艺术品

图 2-31　手工分形作品 1

图 2-32　手工分形作品 2

图 2-33  手工分形作品 3

图 2-34  手工分形作品 4

# 第三节　微积分的产生与发展

微积分的建立是人类最伟大的创造之一。恩格斯说:"在一切理论成就中,未必再有什么像 17 世纪下半叶微积分的发现那样被看作人类精神的最高胜利了。如果在某个地方我们看到人类精神的纯粹的和唯一的功绩,那就正是在这里。"

从以下微积分的产生与发展过程我们将看到,一部微积分发展史,就是人类一步一步深入认识客观事物,使理性思维不断成熟的历史。

## 一、微积分思想的萌芽

微积分的思想萌芽,部分可以追溯到古代。在古代希腊、中国和印度数学家的著作中,已不乏用朴素的极限思想,即无穷小过程计算特别形状的面积、体积和曲线长的例子。在中国,公元前 5 世纪,战国时期《庄子·天下篇》曾记载"一尺之棰,日取其半,万世不竭",这是我国较早出现的无穷思想。但把极限思想运用于解决实际问题的典范却是魏晋时期数学家刘徽,他的"割圆术"开创了圆周率研究的新纪元。刘徽依次考虑圆内接正 6 边形、12 边形、24 边形……随着边数加倍增多,正多边形面积越来越接近圆面积,即"割之弥细,所失弥少,割之又割,以至于不可割,则与圆合体,而无所失矣"。按照这种思想,他从圆的内接正 6 边形面积一直算到内接正 192 边形面积,得到圆周率的近似值 3.14。大约两个世纪之后,南北朝时期著名科学家祖冲之(429—500)、祖暅父子推进和发展了刘徽的数学思想,首先算出了圆周率介于 3.141 592 6 与 3.141 592 7 之间,这是我国古代最伟大的成就之一。其次明确提出了祖氏原理"幂势既同,则积不容异"(西方称之为"卡瓦列利原理"),并应用该原理成功地解决了刘徽未能解决的球的体积问题。

欧洲古希腊时期也出现了极限思想,并用极限方法解决了许多实际问题。其中,较为重要的当数安提芬(Antiphon,公元前 420 年左右)的"穷竭法",他在研究化圆为方问题时,提出用圆内接正多边形的面积穷竭圆面积,从而求出圆的面积,但其方法并未被数学家们所接受。后来,欧多克斯(Eudoxus,公元前 408—公元前 355)对穷竭法进行了补充和完善。之后,阿基米德(Archimedes,公元前 287—公元前 212)借助穷竭法解决了一系列几何图形的面积、体积计算问题,他的方法通常被称为"平衡法",即原始的积分法。他将需要求积的量分成许多微小单元,再利用另一组容易计算总和的微小单元来比较;不过,他的两组微小单元的比较是借助力学上的杠杆平衡原理实现的。平衡法体现了近代积分法的基本思想,是定积分概念的雏形。

与积分学相比,微分学研究的例子相对要少得多。刺激微分学发展的主要问题是求曲线的切线、瞬时变化率以及函数的极大值、极小值等问题。阿基米德、阿波罗尼奥斯(Apollonius,公元前 262—公元前 190)等曾先后进行过尝试,但他们都是基于静态的观点。古代与中世纪的中国学者在天文历法研究中也曾涉及天体运动的不均匀性及有关的极大、极小值问题,但多以惯用的数值手段(即有限差分计算)来处理,从而回避了连续变化率。

## 二、微积分思想的酝酿

微积分思想真正迅速发展与成熟是在16世纪以后。1400—1600年的欧洲文艺复兴,促使整个欧洲全面觉醒。一方面,社会生产力迅速提高,科学和技术得到迅猛发展;另一方面,社会需求的急剧增长,也为科学研究提出了大量的问题。这一时期,对运动与变化的研究已变成自然科学的中心问题,以常量为主要研究对象的古典数学已不能满足要求,科学家们开始以常量为主要研究对象转移到以变量为主要研究对象上来,自然科学开始迈入综合与突破阶段。

微积分的创立,首先是为了处理17世纪一系列主要科学问题。其中4种主要类型的科学问题是:第一类,已知物体运动的位移关于时间的函数式,求物体在任意时刻的速度和加速度,使瞬时变化率问题的研究成为当务之急;第二类,望远镜的光程设计使求曲线的切线问题变得不可回避;第三类,确定炮弹的最大射程以及求行星离开太阳的最远和最近距离等涉及的函数极大值、极小值问题也亟待解决;第四类,求行星沿轨道运动的路程、行星矢径扫过的面积以及物体重心与引力等,又使面积、体积、曲线长、重心和引力等微积分基本问题的计算被重新研究。在17世纪上半叶,几乎所有的科学大师都致力于寻求解决这些问题的数学工具。下面简单介绍在微积分酝酿阶段最具代表性的几位大师。

(1)开普勒与无限小元法

德国天文学家、数学家开普勒(Kepler,1571—1630)在1615年发表的《测量酒桶的新立体几何》中,论述了利用无限小元求旋转体体积的积分法。他的无限小元法的要旨是,用无数个同维无限小元素之和来确定曲边形的面积和旋转体的体积。例如,他认为球的体积是无数个顶点在球心,底面在球面上的小圆锥的体积之和。

(2)卡瓦列里与不可分量法

意大利数学家卡瓦列里(Cavalieri,1598—1647)在著作《用新方法推进的连续的不可分量的几何学》中系统地发展了不可分量法。他认为点运动形成线,线运动形成面,体则是由无穷多个平行平面组成,并把这些元素称为线、面和体的不可分量,他建立了一条关于这些不可分量的一般原理(后称为卡瓦列里原理,即我国的祖暅原理):若在等高处的横截面有相同的面积,则两个等高立体有相同的体积。他还利用该原理解决了开普勒旋转体的体积问题。

(3)巴罗与"微分三角形"

巴罗(Barrow,1630—1677)是英国的数学家,在1669年出版的著作《几何讲义》中,利用微分三角形(也称特征三角形)求出了曲线的斜率。这种方法的实质是把切线看作割线的极限位置,并利用忽略高阶无限小的方法取得极限值。巴罗是牛顿的老师,英国剑桥大学第一任"卢卡斯数学教授",也是英国皇家学会首批会员。当他发现和认识到牛顿的杰出才能时,于 1669 年辞去卢卡斯教授职位,并举荐他的学生、年仅 27 岁的牛顿继任。巴罗让贤已成为科学史上的佳话。

(4)笛卡儿、费马与坐标方法

笛卡儿(Descartes,1596—1650)和费马(Fermat,1601—1665)是将坐标方法引进微分学问题研究的先锋。笛卡儿在《几何学》中提出求切线的"圆"以及费马手稿中给出的求极大值与极小值的方法,实质上都是代数方法。代数方法对推动微积分的早期发展起着很大的作用,牛顿正是以笛卡儿的圆法为起点,踏上微积分研究之路。

(5)沃利斯的"无穷算术"

沃利斯(Wallis,1616—1703)是在牛顿和莱布尼茨之前,将分析方法引入微积分方面贡献最突出的数学家,在著作《无穷算术》中,他利用算术不可分量方法获得了一系列重要成果,其中就有将卡瓦列里的幂函数积分公式推广到分数幂,以及计算四分之一圆的面积等内容。

17 世纪上半叶一系列先驱性的研究,沿着不同的方向向微积分的大门靠近,但所有这些努力还不足以标志微积分作为一门独立科学的诞生。先驱们对于求解各类微积分问题确实做出了宝贵的贡献,但他们的方法仍缺乏足够的一般性。虽然有人注意到这些问题之间的某些联系,但没有人将这些联系作为一般规律明确提出来,并且作为微积分基本特征的积分和微分的互逆关系也没有引起足够的重视。因此,在更高层次上将以往数学家个别的贡献和分散的努力综合为统一的理论,就成了 17 世纪中叶数学家们面临的艰巨任务。

## 三、微积分理论的创立

### (一)牛顿的"流数术"

牛顿(Newton,1643—1727)少年时成绩并不突出,却酷爱读书。17 岁时,牛顿被母亲从中学召回务农,后来,在他就读的中学校长史托克斯和牛顿的舅父的竭力劝说下,母亲才允许牛顿重返学校。校长史托克斯说:"在繁杂的农务中埋没这样一位天才,对世界来说将是多么巨大的损失。"可以说是科学史上最幸运的预言。1661 年,牛顿进入剑桥大学三一学院,受教于巴罗。对牛顿的数学思想影响最深的是笛卡儿的《几何学》和沃利斯的《无穷算术》,正是这两部著作的引导,使牛顿走上了创立微积分之路。

1665 年,牛顿刚结束大学课程,学校就因瘟疫流行而关闭,在家乡躲避瘟疫的两年,成为牛顿科学生涯的黄金岁月。微积分的创立、万有引力以及颜色理论的发现等都是在这两年完成的。

牛顿于 1664 年秋开始研究微积分问题,在家乡躲避瘟疫期间取得了突破性进展。1666 年牛顿将前两年的研究成果整理成一篇总结性论文《流数简论》,这是历史上第一篇系统性微积分文献。在论文中,牛顿以运动学为背景提出了微积分的基本问题,发明了"正流数术"(微分);从确定面积的变化率入手,通过反微分计算面积,建立了"反流数术"(积分);并将面积计算与求切线问题的互逆关系作为一般规律明确揭示出来,将其作为微积分普遍算法的基础,论述了"微积分基本定理"。"微积分基本定理"也称为牛顿-莱布尼茨定理,这是牛顿和莱布尼茨各自独立发现的。微积分基本定理是微积分中最重要的定理,它建立了微分和积分之间的联系,指出微分和积分互为逆运算。

这样,牛顿就以正、反流数术即微分和积分,将自古以来求解无穷小问题的各种方法和特殊技巧有机地统一起来,有鉴于此,我们认为牛顿创立了微积分。

《流数简论》标志着微积分的诞生,但它也有许多不成熟的地方。1667年,牛顿回到剑桥,并未发表《流数简论》。在以后20余年的时间里,牛顿始终不渝地努力改进、完善自己的微积分学说,先后完成3篇论文:《运用无穷多项方程的分析学》(简称《分析学》)、《流数法与无穷级数》(简称《流数法》)和《曲线求积术》,它们反映了牛顿微积分学说的发展过程。在《分析学》中,牛顿回避了《流数简论》中的运动学背景,将变量的无穷小增量叫作该变量的"瞬",并将其看成静止的无限小量,有时直接令其为0,带有浓厚的不可分量色彩。在论文《流数法》中,牛顿又恢复了运动学观点,把变量叫作"流",变量的变化率叫作"流数",变量的"瞬"是随时间的"瞬"连续变化的。在《流数法》中,牛顿更清楚地表述了微积分的基本问题:"已知两个流之间的关系,求它们的流数之间的关系";以及反过来"已知表示量的流数间的关系的方程,求流之间的关系"。在《流数法》和《分析学》中,牛顿使用的方法并无本质区别,都是以无限小量作为微积分算法的论证基础,不同之处,《流数法》以动力学连续变化的观点代替了《分析学》的静力学不可分量法。

在牛顿最成熟的微积分著述《曲线求积术》中,对于微积分的基础在观念上产生了新的变革,它提出了"首末比方法"。牛顿批评自己过去随意扔掉无限小"瞬"的做法。他说:"在数学中,最微小的误差也不能忽略……,在这里,我认为数学的量并不是由非常小的部分组成的,而是用连续的运动来描述的。"在此基础上,牛顿定义了流数概念,继而认为"流数之比非常接近于尽可能小的等时间间隔内产生的流量的增量比,确切地说,它们构成增量的最初比",并借助几何解释把流数理解为增量消逝时获得的最终比。由此可见,牛顿"首末比方法"相当于求函数自变量与因变量变化量之比的极限,它成为极限方法的先导。

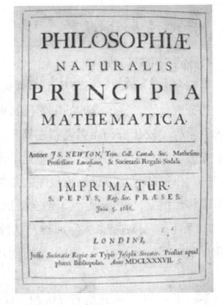

图2-35 《自然哲学的数学原理》拉丁文封面

牛顿对于发表科学著作持非常谨慎的态度。1687年,牛顿出版了力学巨著《自然哲学的数学原理》(图2-35),这部著作包含他的微积分学说,也是牛顿微积分学说最早的公开表述,因此,这部著作成为数学史上划时代的鸿篇巨著。然而,他的微积分论文直到18世纪初才在朋友的再三催促下相继发表。

（二）莱布尼茨的微积分

莱布尼茨（Leibniz，1646—1716）出生于德国莱比锡一个教授家庭，青少年时期受到良好的教育。1672—1676 年，莱布尼茨作为梅因茨选帝侯的大使在巴黎工作。这 4 年成为莱布尼茨科学生涯的最宝贵时间，微积分的创立等许多重大成就都是在这一时期完成或奠定基础的。

在巴黎期间，莱布尼茨结识了荷兰数学家、物理学家惠更斯（Huygens，1629—1695）。在惠更斯的私人影响下，他开始更深入地研究数学，研究笛卡儿和帕斯卡（Pascal）等人的著作。与牛顿的切入点不同，莱布尼茨创立微积分首先是出于几何问题的思考，尤其是特征三角形的研究。特征三角形在帕斯卡和巴罗等人的著作中都曾出现过。1684 年，莱布尼茨整理、概括自己 1673 年以来研究微积分的成果，在《教师学报》上发表了第一篇微分学论文《一种求极大值与极小值以及求切线的新方法》（简称《新方法》），它包含了微分记号以及函数和、差、积、商、乘幂与方根的微分法则，还包含了微分法在求极值、拐点以及光学等方面的广泛应用。1686 年，莱布尼茨又发表了他的第一篇积分学论文，这篇论文初步论述了积分或求积问题与微分或切线问题的互逆关系，包含积分符号，并给出了摆线方程。

莱布尼茨对微积分学基础的解释和牛顿一样，也是含混不清的，有时他用的是有穷量，有时又是小于任何指定的量，但又不是 0。

牛顿和莱布尼茨都是他们所处时代的巨人，两位学者也从未怀疑过对方的科学才能。就微积分的创立而言，尽管二者在背景、方法和形式上存在差异，各有特色，但功绩是相当的。然而，一个局外人的一本小册子却引起了"科学史上最不幸的一章"：微积分发明优先权的争论。瑞士数学家德丢勒在这本小册子中认为，莱布尼茨的微积分工作从牛顿那里有所借鉴，进而莱布尼茨又被英国数学家指责为剽窃者。这就造成了支持莱布尼茨的欧陆数学家和支持牛顿的英国数学家两派的不和，甚至互相尖锐地攻击对方。这一事件使两派数学家在数学的发展道路上分道扬镳，停止了思想交换。

在牛顿和莱布尼茨逝世后很久，事情终于得到澄清。调查证实，两人确实是相互独立地完成了微积分的发明。就发明时间而言，牛顿早于莱布尼茨；就发表时间而言，莱布尼茨先于牛顿。虽然牛顿在微积分应用方面的辉煌成就极大地促进了科学的发展，但这场发明优先权的争论却深深地影响了英国数学的发展。由于英国数学家固守牛顿的传统思想近一个世纪，从而逐渐远离分析的主流，远远地落后于欧陆数学家。

（三）微积分理论的进一步发展

在牛顿和莱布尼茨之后，从 17 世纪到 18 世纪的过渡时期，法国数学家罗尔（Rolle，1652—1719）在论文《任意次方程一个解法的证明》中给出了微分学的一个重要定理，即罗尔微分中值定理。微积分的两个重要奠基者是伯努利兄弟即雅各布·伯努利（Jacob Bernoulli，1654—1705）和约翰·伯努利（John Bernoulli，1667—1748），他们的研究构成了现今初等微积分的大部分内容。其中，约翰给出了求 $\frac{0}{0}$ 型的待定型极限的一个定理，这个定理后由他的学生洛必达(l' Hôpital,1661—1704)编入其微积分著作《无穷小分析》,现在通称洛必达法则。

18世纪,微积分得到进一步发展。1715年,数学家泰勒(Taylor,1685—1731)在著作《正的和反的增量方法》中论述了他研究得出的著名定理,即泰勒定理。后来,麦克劳林(Maclaurin,1698—1746)重新得到泰勒公式在 $x_0=0$ 时的特殊情况,现代微积分教材中一直将这一特殊情形的泰勒级数称为麦克劳林级数。

雅各布、法尼亚诺、欧拉、拉格朗日和勒让德等在考虑无理函数的积分时,发现一些积分既不能用初等函数,也不能用初等超越函数表示,这就是"椭圆积分",他们还对特殊类型的椭圆积分积累了大量的研究成果。

18世纪的数学家还将微积分算法推广到多元函数,建立了偏导数理论和多重积分理论,这方面的贡献主要归功于尼古拉·伯努利、欧拉和拉格朗日等。

另外,函数概念在18世纪得到了进一步深化,微积分被看作建立在微分基础上的函数理论,将函数放在中心地位,是18世纪微积分发展的一个历史性转折。在这方面,贡献最突出的当数欧拉,他明确区分了代数函数与超越函数、显函数与隐函数、单值函数与多值函数等,发现了 B 函数和 Γ 函数,并在《无限小分析引论》中明确宣布"数学分析是关于函数的科学"。18世纪微积分最重大的进步也是欧拉作出的,他的《无限小分析引论》、《微分学原理》与《积分学原理》都是微积分史上里程碑式的著作,在很长一段时间内被当作标准教材广泛使用。

## 四、微积分的严格化

微积分学创立以后,由于运算的完整性和应用的广泛性,很快就成为研究自然科学的有力工具。但微积分学中的许多概念都没有精确的定义,特别是对微积分基础——无穷小概念的解释不明确,在运算中时而为零,时而非零,出现了逻辑上的困境,为此,这一学说从一开始就受到来自多方面的怀疑和批评。最令人震撼的抨击来自英国主教伯克莱,他认为当时的数学家以归纳代替了演绎,没有为他们的方法提供合法性证明。伯克莱集中火力攻击微积分中关于无限小量的混乱假设,他说:"这些消失的增量究竟是什么? 它们既不是有限量,也不是无限小,又不是零,难道我们不能称它们为消失量的鬼魂吗?"伯克莱的许多批评切中要害,客观上揭露了早期微积分的逻辑缺陷,也引起了当时不少数学家的恐慌。这就是数学发展史上的"第二次危机"。

多方面的批评和攻击并没有促使数学家们放弃微积分,相反却激起了数学家们为建立严格的微积分而努力,从此掀起了微积分乃至整个分析的严格化运动。18世纪,欧陆数学家们力图以代数化途径来克服微积分基础的困难,主要代表人物有达朗贝尔(d' Alembert,1717—1783)、欧拉和拉格朗日。达朗贝尔定性地给出了极限的定义,并将它作为微积分的基础。他认为微分运算"仅仅在于从代数上确定我们已通过线段来表达的比的极限";欧拉提出了关于无限小的不同阶零的理论;拉格朗日也承认微积分可以在极限理论的基础上建立起来,但他主张用泰勒级数来定义导数,并由此给出拉格朗日中值定理。欧拉和拉格朗日在分析中引入了形式化观点,而达朗贝尔的极限观点则为微积分的严格化提供了合理内核。

微积分的严格化研究经过近一个世纪的不断尝试,到 19 世纪初开始略见成效。首先,捷克数学家波尔察诺(Bolzano,1781—1848)1817 年发表论文《纯粹分析证明》,其中包含了函数连续性、导数等概念的合适定义、有界实数集的确界存在性定理、序列收敛的条件以及连续函数中值定理的证明等内容。但是,波尔察诺长期默默无闻,他的论文没有引起数学家们的注意。

19 世纪,在分析的严密性方面真正有影响的先驱是伟大的法国数学家柯西(Cauchy,1789—1857)(图 2-36)。柯西关于分析基础的最具代表性的著作是《分析教程》、《无穷小计算教程》以及《微分计算教程》。这些著作以分析的严格化为目标,对微积分的一系列基本概念给出了明确的定义。在此基础上,柯西严格地表述并证明了微积分基本定理、中值定理等一系列重要定理,定义了级数的收敛性,研究了级数收敛的条件等。柯西的许多定义和论述已经非常接近微积分的现代形式,他的研究在一定程度上澄清了微积分基础问题上长期存在的混乱,向分析的全面严格化迈出了关键一步。

图 2-36　柯西

柯西的研究结果一开始就引起了科学界的很大轰动,就连柯西自己也认为他把分析的严格化已经进行到底了。然而,他的理论只能说是"比较严格",不久人们发现柯西的理论实际上也存在漏洞,例如,极限的定义:"当同一变量逐次所取的值无限趋向于一个固定的值,最终使它的值与该定值的差可以随意小,那么这个定值就称为所有其他值的极限",其中"无限趋向于""可以随意小"等语言只是极限概念的、直觉的、定性的描述,缺乏定量的分析,这种语言在其他概念和结论中也多次出现。另外,微积分计算是在实数领域中进行的,但到 19 世纪中叶,实数仍没有明确的定义,对实数系仍缺乏充分的理解,而在微积分计算中,数学家们却依靠这样的假设:任何无理数都能用有理数来任意逼近。当时,还有一个普遍的错误观念,认为凡是连续函数都是可微的。所有这些问题都摆在当时的数学家们面前,基于此,柯西时代就不可能真正为微积分奠定牢固的基础。

另一位为微积分的严密性做出卓越贡献的是德国数学家魏尔斯特拉斯(Weierstrass,1815—1897),他曾在波恩大学学习法律和财政,后因转学数学而未完成博士学业,后来成为一名中学教员(图 2-37)。魏尔斯特拉斯是一个有条理而又苦干的人,在中学教书的同时,他以惊人的毅力进行数学研究,由于他在数学上取得的突出成就,1864 年他被聘为柏林大学教授。魏尔斯特拉斯定量地给出了极限概念的定义:如果给定任何一个正数 $\varepsilon$,都存在一个正数 $\delta$,使得对于区间 $(x_0-\delta,x_0+\delta)$ 内所有的 $x$ 都有 $|f(x)-f(x_0)|<\varepsilon$,则函数 $f$ 在 $x_0$ 处连续;如果

图 2-37　魏尔斯特拉斯

上述阐述中,用 $L$ 代替 $f(x_0)$,则说明函数 $f$ 在 $x_0$ 处有极限,这就是极限论中的"$\varepsilon$-$\delta$"方法。魏尔斯特拉斯用他创造的一套语言重新定义了微积分的一系列重要概念,特别是,他引进了一致收敛性概念,消除了以往微积分中不断出现的各种异议和混乱。此外,魏尔斯特拉斯还认为,实数是全部分析的本源,要实现分析严格化,首先要使实数系本身严格化,而实数又可按照严密的推理归结为整数(有理数)。因此,分析的所有概念便可由整数导出,这就是魏尔斯特拉斯所倡导的"分析算术化"纲领。基于魏尔斯特拉斯在分析严格化方面的贡献,在数学史上,他赢得了"现代分析之父"的赞誉。

1857 年,魏尔斯特拉斯在课堂上给出了第一个严格的实数定义,但他没有发表。1872 年,戴德金(Dedekind,1831—1916)、康托尔(Cantor,1845—1918)几乎同时发表了他们的实数理论,并用各自的实数定义严格地证明了实数系的完备性,这标志着由魏尔斯特拉斯倡导的分析算术化运动宣告结束。

# 习题 2

1. 欧几里得几何在数学史上有什么重要意义?

2. 非欧几里得几何学创立的意义是什么?

3. 几何学是如何实现统一的?

4. 考虑以下公设集,其中蜜蜂、蜂群为原始术语:

P1:每一个蜂群是一群蜜蜂;

P2:任何两个不同的蜂群有且仅有一个蜜蜂共有;

P3:每一个蜜蜂属于且仅属于两个蜂群;

P4:正好存在四个蜂群。

5. 根据公设集设计一个几何模型,并验证以下定理:

T1:正好存在 6 个蜜蜂;

T2:每一个蜂群正好有三个蜜蜂;

T3:任何两个蜂群合并在一起,都缺少 6 只蜜蜂中的 1 只。

(答案:若将蜂蜜编为 1—6 号,则蜂群可以是群 1:1,2,3;群 2:1,4,5;群 3:2,4,6;群 4:3,5,6。)

6. 你是怎样理解"分形"的? 试举出几个自然界中分形的例子。

7. 什么是分形几何? 它与传统几何有何不同?

8. 你能计算分形的维数吗? 请举出一两个分数维的几何实例。

9. 你会用电脑创作分形图案吗？若能,请把作品带来与同学们分享。

10. 你会手工制作分形的工艺品吗？若能,请把作品带来与同学们分享。

11. 微积分产生的条件和背景是什么？

12. 微积分的基本思想是什么？

13. 微积分理论怎样得到严格化的？

# 第三章　数学与艺术

马克思的辩证唯物主义认为,世间的万事万物都是普遍联系的。数学与科学的联系十分紧密,科学离开了数学就不称其为科学,这是众所周知的。然而,音乐、美术、文学等艺术里也有数学吗?数学与这些学科的联系也很紧密吗?接下来,我们就用艺术的眼光来审视数学,并用数学的眼光来审视艺术。

# 第一节　数学与文学

## 一、数学与文学的关系

文学是研究语言的艺术,而数学则是研究模式与结构的科学,它们看似风马牛不相及,实则有着奇妙的同一性。下面,我们先来领略几位著名文学家关于文学与数学的见解。

雨果说:"数学到了最后阶段就遇到想象,在圆锥曲线、对数、概率、微积分中,想象成了计算的系数,于是数学也成了诗。"

福楼拜说:"越往前走,艺术越要科学化;要艺术化,两者从山麓分手,又在山顶汇合。"

哈佛大学阿瑟·杰佛说:"人们把数学对于我们社会的贡献比喻为空气和食物对生命的作用,我们大家都生活在数学的时代——我们的文化已'数学化'。"

文学与数学的同一性来源于人类的两种基本思维方式——艺术思维与科学思维的同一性。文学是以感觉经验的形式传达人类理性思维的成果;而数学则以理性思维的形式描述人类的感觉经验。文学"以美启真",数学"以真传美",尽管方向不同,但实质相同。而文学与数学的统一,归根到底是在符号上的统一。数学揭示的是隐秘物质世界运动规律的符号体系,而文学揭示的是隐秘精神世界的符号体系。一为重建世界的和谐,一为提高人类的素质。

人类文明经历了两次分化——艺术与科学的分化,以及艺术、科学自身内部的分化,如今又在进行两次综合——艺术本身的综合及文学(艺术)与数学(科学)的综合。

## 二、数字入诗诗添彩

我国许多古诗都善于借助数字来表达一定的意境,使诗的表现力大增。例如:

①乾隆皇帝下江南,看到江中一叶渔舟,即命纪晓岚用 10 个"一"字作诗,纪晓岚应声

答道：

> 一篙一橹一渔舟，一个艄公一钓钩；
>
> 一抬一呼一声笑，一人独占一江秋。

在四句诗里总共 28 个字，含有 10 个"一"，但这并不使人觉得重复和累赘，反而觉得轻灵而巧妙。这不十分有趣吗？

②元曲小令《雁儿落带过得胜令》是古今无双的"一"字曲：

一年老一年，一日没一日，一秋又一秋，一辈催一辈。一聚一离别，一喜一伤悲。一榻一身卧，一生一梦里。寻一伙相识，他一会咱一会，都一般相知，吹一回，唱一回。

③青岛崂山钓鱼台的数字对联：

> 上联：一蓑一笠一髯翁，一丈长杆一寸钩；
>
> 下联：一山一水一明月，一人独钓一海秋。

④数字联绝对：

上联（明代一船夫出）：

一孤舟，二客商，三四五六水手，扯起七八页风篷，下九江还有十里。

下联（数百年后李戎翎对）：

十里运，九里香，八七六五号轮，虽走四三年旧道，只两天胜似一年。

⑤宋代理学家邵康节（邵雍）的《山村咏怀》：

> 一去二三里，烟村四五家，
>
> 亭台六七座，八九十枝花。

这首五言绝句描写了风景的优美，作者把数字"一"到"十"嵌入诗中，组成一幅静美如画的山村风景图，质朴素淡，令人耳目一新。

⑥清代郑板桥《咏雪》也十分别致：

> 一片两片三四片，五六七八九十片，
>
> 千片万片无数片，飞入梅花总不见。

全诗几乎是用数字"堆砌"起来的，从一至十至千至万至无数，却丝毫没有累赘之嫌，读之令人宛如置身于广袤天地、大雪纷飞之境，但见一剪寒梅傲立雪中，斗寒吐蕊，雪花融入了梅花之中。人呢，也与这雪花和梅花融为一体了。

⑦相传，我国汉代才女卓文君，其丈夫司马相如进京赶考 5 年多一直杳无音信。一天，她突然接到仅写有"一、二、三、四、五、六、七、八、九、十、百、千、万"的信息，一下子明白了，金榜题名的丈夫，已有弃她之意，于是回了下面这首诗：

> 一别之后，二地相悬；
>
> 说只三四月，却是五六年；
>
> 七琴弦无心弹，
>
> 八行书不可传，

九连环从中折断，

十里长亭望眼欲穿；

百般思，千般恋，

万般无奈把郎怨。

万言千语道不尽，

百无聊赖十依栏，

重九登高看孤雁，

八月中秋月圆人不圆，

七月烧香秉烛问苍天，

六月人人摇扇我心寒，

五月石榴火红偏遭阵雨浇花端，

四月枇杷未黄，我欲对镜心意乱。

急匆匆，三月桃花随水转；

孤零零，二月风筝线儿断。

噫！郎啊郎，

巴不得下一世你为女来我为男。

司马相如读后十分羞愧、内疚，良心受到了谴责，他觉得对不起这位才华出众、多情重义的妻子。后来他用高车驷马，亲自登门接回"糟糠"之妻卓文君，从此过上了幸福美满的生活。

这里，卓文君将"一到十、百、千、万，再从万、千、百、十到一"这组数字巧妙地嵌入诗中，表达了她对丈夫无限思念之情。读完令人荡气回肠，为之扼腕垂泪，这就是"数字"的力量，也正是这些"数字"挽救了她几已失去的婚姻。

⑧诗人哈莱曾对无穷无尽的数发出以下的感叹：

我将时间堆上时间，世界堆上世界，

将庞大的万千数字堆积成山，

假如我从可怕的峰巅晕眩地再向你看，

还是够不着你一星半点。

无穷大本是一个不存在的数，它是看不见、摸不着、难以言表的，然而诗人哈莱却以诗的形式，把它形象、生动、准确地刻画了出来。

## 三、数学问题诗歌化

不仅数字可以入诗，而且用诗歌描述数学题，会使数学问题变得妙趣横生。如：

①印度数学家婆罗摩笈多的诗题：

竹高十八尺，吹折尖抵地。

离根六尺远，两段长几许？

这个问题比较简单,可用勾股定理求得直立段为 8 尺,倾斜段为 10 尺。

②另一位印度数学家婆什迦罗(Bhaskara Ⅱ)也喜欢以诗的形式提出数学问题。他曾出过一道与上述问题类似的题目:

平平湖水清可鉴,面上半尺生红莲。

出泥不染亭亭立,忽被强风吹一边。

渔人观看忙向前,花离原位二尺远。

能算诸君请解题,如何可得水深浅?

结合图 3-1,根据勾股定理可得 $x^2 + 2^2 - 0.5^2 = (x+0.5)^2$,故水深为 3.5 尺。

③商人出身的明代珠算大师程大位在《直指算法统宗》中,用词《西江月》出过一道题:

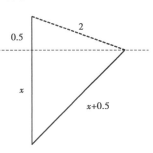

图 3-1　诗题②示意图

平地秋千未起,踏板一尺离地。

送行二步与人齐,五尺人高曾记。

仕女佳人争蹴,终朝笑语欢嬉。

良工高士素好奇,算出索长有几?

这首词生动地描绘了少女荡秋千的欢快场景,也是一道在当时颇具分量的数学题。

这里,一步合五尺。题意如图 3-2 所示:$AC = 1$(踏板一尺离地),$CD = 10$(送行二步),$BD = 5$(五尺人高)。由此可求得索长为 14.5 尺。今天的每个同学都能解答这个问题,堪比当时的"良工高士"。

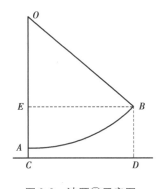

图 3-2　诗题③示意图

④歌剧《刘三姐》有一个精彩片段,即刘三姐与三位秀才对歌,双方以唱山歌的方式相互问难。三位秀才自恃有"学问",趁对歌给刘三姐出难题,罗秀才唱道:

小小麻雀莫逞能,三百条狗四下分,

一少三多要单数,看你怎样分得清?

刘三姐和到:

九十九条打猎去,九十九条看羊来,

九十九条守门口,还有三条狗奴才。

刘三姐把 300 分成 4 个奇数之和:300 = 99 + 99 + 99 + 3。

歌中"三条狗奴才"系指陶、李、罗三个助纣为虐的秀才。对歌既体现了刘三姐的机智,又体现了她对这些秀才的鄙视和嘲弄。

⑤北宋著名文学家苏轼,不仅诗词写得精彩,而且还是绘画高手,如诗的画,如画的诗。有一次,他画了一幅《百鸟归巢图》,广东一位名叫伦文叙的状元,在他的画作上题了一首诗:

归来一只又一只,三四五六七八只。

凤凰何少鸟何多,啄尽人间千石食。

画名既是"百鸟",而题画诗中却不见"百"字踪影。开始诗人好像是在漫不经心地数数:一只,两只,三只,四只,……,七只,八只;数到第八只,诗人好像不耐烦了,突然感慨横生,笔锋一转,发了一通议论。

议论声中,诗人感叹官场中廉洁奉公、洁身自好的"凤凰"太少;而贪污腐化的"害鸟"太多,他们巧取豪夺,把老百姓赖以活命的千石(dàn)、万石粮"啄尽"了。

那么,诗人完全没有顾及百鸟,仅仅是在抒发感情吗? 我们先把诗中的数字按顺序写下来:

1,2,3,4,5,6,7,8;然后,再用诗中暗示的运算关系将它们连接起来,便可得到一个算式:

$1×2+3×4+5×6+7×8$,结果恰好等于100。原来,诗人巧妙地将数字100拆分成了2个1,3个4,5个6,7个8,又用诗"画"了一幅"百鸟图"。"百"字在诗中藏而不露,妙趣横生。

⑥唐代著名诗人王之涣,挥毫写就一首脍炙人口的五言绝句《登鹳雀楼》:

白日依山尽,黄河入海流。

欲穷千里目,更上一层楼。

千年以来,这首五言绝句几乎家喻户晓,人人都能背诵。人们从未怀疑过它有什么问题。

但是,1999 年一位数学教师对此表示怀疑,他写了一篇文章,题目是《欲穷千里目,需上几层楼》。文中提出,想看到千里之外的景物,更上一层楼,显然是不可能的,那么究竟需要上多少层楼呢? 这就变成一个有趣的数学问题,数学家将怎样解决这个问题呢?

一千里就是500 km,在这么大的范围考虑问题,就不能把地球表面看作是平面了,而要把它看作球面。经计算,欲穷千里目,需要有 19.6 km 的高度;若以每层楼 4 m 计算,则要上升4 900 层楼。

如果诗人站在第 4 899 层楼上说这句话,他就是对的。但是,到目前为止,人类还没有建成这么高的楼,因此,作者站在任何楼上都不可能更上一层楼后目及千里之外。不仅如此,即使把楼修到珠穆朗玛峰(8 844.43 m)顶,也不可能"更上一层楼,去穷千里目"。

不过,笔者认为,这里的"千里"和"一层楼"都是泛指,甚至是借"千里"和"楼层"来隐喻站得高(角度高、观点高)看得远(时间久远、意义深远)。因此,从文学角度看,这首诗无可非议。

## 四、数学在文学研究中的应用

《数学:科学的女王和仆人》一书的作者,美国著名数学家贝尔的"倍尔数"与诗词有着奇妙的联系。应用倍尔数可以算出诗词的各种押韵方式,这在大诗人雪莱的《云雀》及其他名家的许多诗篇中得到验证。

美国大数学家伯克霍夫曾发表《美学的数学原理及其在诗歌和音乐中的应用》演讲集,表现了数学家对诗和音乐的关注。

我国律诗的平仄变化错综复杂,难以掌握,但如果从数学角度去认识,却是一种具有简单运算规则的数学模式,蕴含着数学之美。任何一种平仄格式都可化为一个数学矩阵,律诗和绝句的平仄矩阵共有 16 个,可归纳为一个律诗平仄的数学公式,为学习和掌握律诗与绝句的各种平仄格式提供了一个可行的方法。遗憾的是,我国既懂律诗又懂数学的诗人太少,而数学工作者中懂律诗的人也不多。

复旦大学数学家李贤平为了考证《红楼梦》的作者,把《红楼梦》120 回当作一个整体,以回为单位,看每回中 47 个虚字(之、其、或、亦、呀、吗、咧、罢……;的、着、是、在……;可、便、就、但、儿……;等)出现的次数(频率)作为《红楼梦》各个回目的数字标志,将其输入电脑,并将其出现的频率绘成图形,从而分析不同作者的创作风格。据此,他提出了《红楼梦》成书新说:

①前 80 回与后 80 回之间有交叉;

②前 80 回是曹雪芹根据佚名作者的《石头记》"批阅十载,增删五次"而成,中间插入了自己写的《风月宝鉴》,还增加了一些其他成分,并定名为《红楼梦》;

③后 40 回是曹雪芹的亲友将其草稿整理而成,宝黛故事为一人所写,贾府衰败情景为另一人所写;

④程伟元、高鹗是全书整理的功臣。

这些结论是通过计算机分析得来的,完全是数学应用于文学的一种全新尝试,值得文学工作者重视和学习。

# 第二节　数学与美术

美术与数学之间似乎没有明显的相似之处,但它与文学一样,和数学也有着深刻而紧密的联系。

## 一、美术家对美术中数学原理的探索

怎样在二维平面画布上反映三维空间的实体问题,自古以来都是画家的难题。经过千百年的探索与实践,画家们终于摸索出了一套用数学透视原理来解决问题的方法。第一位将此方法上升为理论的画家是阿尔伯蒂,他于 1435 年写成《绘画论》一书,这本书的理论基本是论述绘画的数学基础——透视学,从而得出"近大远小,近宽远窄,近浓远谈,近高远低"的论断。他的主要观点是,艺术的美应与自然相符,数学是认识自然的钥匙。因此,他希望画家通晓全部自然艺术,更希望画家精通几何学。

绘画大师达·芬奇,是整个文艺复兴时期最卓越的代表人物之一,他利用数学原理,通过对透视理论的研究,使绘画艺术达到前所未有的高度。他创作了许多精美的透视学作品,其中最优秀的作品都是透视学的典范。例如,"最后的晚餐"(图 3-3)就是这样的代表作之一。

图 3-3　达·芬奇油画《最后的晚餐》

达·芬奇不仅是一位天才的艺术家,而且还是一位数学家,他在绘画以外的许多领域都有重要的思想与发现。他在《艺术专论》中说:"欣赏我的作品的人,没有一个不是数学家。"他坚持认为,绘画的目的是再现自然世界,而绘画的价值就在于精确地再现。因此,和其他科学一样,绘画是一门科学,其基础是数学。他还说,任何人的研究,如果没有通过数学表达方式和经过数学证明为自己开辟道路,就不能成为真正的科学。

另外,从抽象派艺术大师毕加索的不少作品中,也可以看到,他用几何图形描绘对象的手法,把形体变成由重叠的或透明的几何面块所组成的抽象构图。

世界最著名的荷兰视错觉画家埃舍尔(Escher,1898—1972),尽管没有受到中学以外的正式的数学训练,但在他的作品中,数学的原则和思想得到了非同寻常的形象化。因此,数学家、晶体学家和物理学家对他的作品表现出极大的兴趣,尤其是数学家更是赞不绝口。

埃舍尔从接触到的数学思想中获得了巨大灵感,围绕"空间几何学"和"空间逻辑学"这两个广阔的领域,他在创作中直接运用平面几何和射影几何的结构,使其作品深刻地反映了非欧几何学的精髓。

埃舍尔说,仅仅是几何图形是枯燥的,如果赋予它生命就会其乐无穷。因此,他的作品在规整的三角形、四边形或六边形中,鱼、鸟和爬行动物们互为背景,在二维空间和三维空间相互变换,成为他一个时期热衷的创作主题,并成为他终身百玩不厌的游戏。另外,他也被悖论和"不可能"的图形结构所迷住,那些变形系列、循环系列和他的《昼与夜》令他闻名世界。

《昼与夜》(图 3-4),不仅将白昼和黑夜融为一体,使白昼与黑夜的鸟互为背景,而且白昼和黑夜左右对称,这幅画可以说是作者匠心独运之作。此外,他还有许多脍炙人口的佳作,这些将在后面介绍。

图 3-4　昼与夜

## 二、数学在美术中的广泛应用

美术作品按材料和制作方法,大体上分为绘画、雕塑、工艺美术、建筑艺术等门类。无论哪种美术作品,材质和色彩可以千变万化,却始终离不开形状和尺寸。形和数是数学的研究对象,数形和谐带来美的感受。许多优秀美术作品将算术、代数、平面几何、立体几何、解析几何、拓扑学、透视方法、对称性质和旋转变换等运用其中。数学使美术更易掌握,美术使数学更加平易近人。可以说,数学是没有上色的美术,美术是数学的形象表达。因此,数学在美术中的应用比比皆是。

（一）黄金分割在美术中的运用

黄金分割在美术中的运用十分普遍,详情将在第五章第二节展开,这里仅举两例加以说明。

众所周知的维纳斯雕像（图 3-5）令无数人惊叹、赞美。这座雕像虽不见双臂,却仍显得美丽动人,仪态万方,充满青春活力。此雕像为何如此迷人? 古希腊人认为,如果形体符合数学上的黄金比,就会显得更加美丽。这座雕像的尺寸在诸多地方符合黄金比。维纳斯的美,既是艺术的美,更是数学美的体现。

图 3-5　维纳斯雕像

法国画家米勒创作的《拾穗者》(图3-6)画面也很美。金色的阳光斜照在三位劳动妇女身上,清新明亮,她们的瞬间姿态如雕像般高贵尊严。《拾穗者》的画面能够这么美,不仅因为作者拥有高超的绘画技巧和坚实的生活基础,而且也因为画中隐藏着黄金比。

图3-6 米勒油画《拾穗者》

图3-7 几何镶嵌图案

(二)旋转、对称、几何镶嵌在美术中的应用

把平面上(或者空间里)每一个点按照同一个方向移动相同的距离,叫作一个平移。而对称则有轴对称、中心对称、旋转对称和平移对称。如果两个图形沿着一条直线对折,两侧的图形能完全重合,那么这两个图形就关于这条直线轴对称。中心对称是指,若两个图形绕某一个点旋转180°后,能够完全重合,则称这两个图形关于该点对称,该点称为对称中心。如果将某个图形绕一个定点旋转定角后,仍与原图形重合,那么这个图形就是旋转对称的,定点叫作旋转中心。其中,平移对称图案是一个单元图案沿直线平行移动产生的。

几何图形大量应用于平面镶嵌画面中。用多边形镶嵌出来的精美图案,让人感觉赏心悦目,心旷神怡。

在正多边形中,只有正三角形、正方形、正六边形才能镶嵌整个平面;在非正多边形中,三角形、任何非凸四边形可以镶嵌整个平面;对于凸五边形,只有特定的凸五边形才能镶嵌一个平面;对于凸六边形,也只有特定的凸六边形(三组对边平行)才可以平面镶嵌。图3-7是多边形镶嵌的花卉图案,画面显得素雅而活泼。

大量的绘画、剪纸、雕塑等美术作品都运用了数学中的旋转、对称变换。如图 3-8 是一幅"喜"字剪纸,它是十分对称、喜庆和优美的;图 3-9 是一幅装饰图案,它既是一个旋转图形,又是一个对称图形,看起来既端庄又华贵。

图 3-8　中国剪纸图案

图 3-9　装饰画图案

将点、线、面、立体图形用于绘画的情形多如过江之鲫,这里不再赘述。

## 三、美术使抽象的数学思想形象化

不仅美术要用到数学知识和数学思想,而且许多抽象的数学思想也可以通过美术作品形象地表达出来。如图 3-10 是一个彩蝶纷飞的循环图案,它是埃舍尔创作的一幅作品。在一个圆面里,众多不同朝向的精美蝴蝶由外向内层层排列,蝴蝶逐层变小,以致最后缩小为一点(圆心)。这体现了数学中的极限思想,并且每四分之一圆面的图案绕圆心旋转 90°,就得到相邻四分之一圆面的图案。因此,其中又包含数学中的旋转变换;同时,每个蝴蝶自身还是对称的。

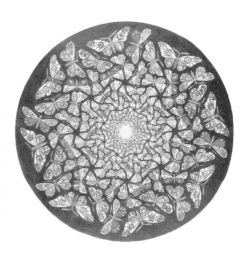

图 3-10　彩蝶纷飞

图 3-11 是埃舍尔创作的另一幅作品,它是数学中莫比乌斯带的艺术表达。数学中的莫比乌斯带是一个单侧曲面,具有许多十分有趣的性质。

图 3-12《瀑布》仍是埃舍尔的作品,它是一个不可能图形。沿着逆时针方向,从瀑布最下端起,每段水渠中的水都是从高到低流动,直到瀑布最顶端。即从水渠中的水来看,瀑布顶端

水位低于底端水位,这是不可能的,也是给人的一种错觉。

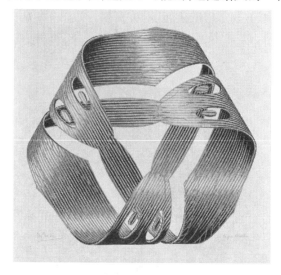

图 3-11　莫毕乌斯带

图 3-12　倒流的瀑布

　　不可能图形,是画家或数学家故意利用透视与错觉原理,以使画中错误百出引人发笑而创造的。这些图形中,局部线条在认知上都是合理的,但整体来看,却是一幅不可能图形。目前人们已创作了许多不可能图形,如不可能的三角形(图 3-13)、不可能的拱门(图 3-14)、疯狂的螺丝帽(图 3-15)、疯狂的木箱(图 3-16)等。其中不可能的三角形,最初是数学物理学家彭罗思受到一位艺术家的启发而构想出来的,因此,又称"彭罗思三角";"疯狂的木箱"是埃舍尔在比利时数学家马蒂厄·哈默克尔斯创造的原型基础上设计的,后来还被奥地利选中作为纪念邮票图案。这些作品无一不以其深刻的数学、物理含义而受到人们的普遍喜爱。

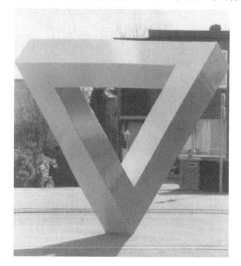

图 3-13　不可能的三角形

图 3-14　不可能的拱门

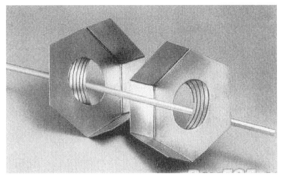

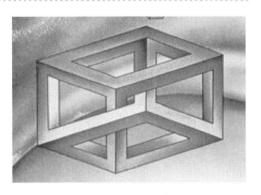

图 3-15 疯狂的螺丝帽

图 3-16 疯狂的木箱

画家们除了用美术的形式表现抽象的数学思想外,还把许多趣味数学问题也融入他们的画作中,杜勒就是其中之一。

杜勒(Dürer,1471—1528)是德国宗教改革运动时期著名的油画家、版画家、雕塑家、建筑家,也是一位著名的数学家。在 1514 年,杜勒创作了一幅名为《忧郁》(图 3-17)的铜版画。画中每一个细节都有其深刻的含义。例如,画中右上角的数字表格十分引人注目,因为它是一个特别的四阶幻方(表 3-1)。

图 3-17 杜勒的铜版画《忧郁》

表 3-1 《忧郁》中的幻方

| 16 | 3 | 2 | 13 |
|----|----|----|----|
| 5 | 10 | 11 | 8 |
| 9 | 6 | 7 | 12 |
| 4 | 15 | 14 | 1 |

经研究,四阶幻方共有 880 种,杜勒能构造出其中一种,似乎不足为奇;然而,只要我们仔细地观察这个幻方,就会发现它的特别之处:

①幻方每行、每列、每条对角线(10 组)上 4 个数之和都是 34;

②幻方 4 个角上数字之和、正中间 4 个数字之和也都是 34;

③幻方中,包含 4 个角之一的每个(8 个)正方形的 4 个角上的数字之和还是 34;

④更令人惊奇的是,关于幻方中心点对称的任意两个数字之和(共 8 个)都是 17,于是关于中心点对称的任意两组 4 个数字之和(共 28 个)仍是 34;

⑤最后一行中间两个数 15、14,合在一起恰好为杜勒创作这幅画的年份;

⑥为纪念 1514 年 5 月 17 日逝去的母亲,杜勒在幻方中隐藏了这个日期:第一行 3+2=5,代表月份;关于中心点对称的任意两个数字之和都是 17,这代表日子;最后一行 1514 代表年份。

这个幻方确实是杜勒独具匠心创造出来的稀世珍品。由此看出,杜勒不愧为艺术家中最杰出的数学家之一。

数学对绘画艺术做出了贡献,绘画艺术也给予数学丰富的回报。其中最突出的是,画家们在发展聚焦透视体系的过程中,引入了新的几何思想,并促进了数学一个全新方向的发展,这就是射影几何。射影几何集中表现了投影和截影的思想,并论述了同一物体的相同投影或不同射影的截景所形成的几何图形的共同性质。这门诞生于艺术的科学——射影几何,如今成为最美的数学分支之一。

## 四、现代数学技术促成了美术创新

近代计算技术已将数学与美术两门学科紧密地结合起来,从而形成一门崭新的边缘学科——数学美术学。1980 年,当计算机的图形功能日趋完善时,数学公式所具有的美学价值被分形几何的创立者蒙德尔布罗特发现,从此打开了数学美术宝库的大门,使常人也有机会目睹数学公式所蕴藏的美学内涵。由一些简单的数学公式经过上亿次迭代计算所产生的数学美术作品,它们美在似与非似之间,从而为欣赏者留下了丰富的想象空间。如图 3-18 所示《水果》,就是这样的作品。

图 3-18　电脑画作之《水果》

　　如今,电脑还可以当场临摹实物或作品,并可根据实物自行改变大小进行组合,形成局部图案,再自动拓展设计出复杂的图案,广泛用于印染、针织、装潢。这些图案的精巧与鲜艳,为一般画家、调色板所望尘莫及。20 世纪末,一门新的艺术形式——电脑美术出现了,它的产生为许多领域的艺术创作拓宽了新的空间。许多复杂的绘制过程和难以达到的视觉效果,在电脑的帮助下变得轻而易举,这不仅极大地丰富了当代视觉艺术,而且有助于人类精神与人类情感的沟通。

# 第三节　数学与音乐

　　数学是研究数与形的一门科学,是对事物在量上的抽象,是逻辑思维的产物。而音乐则是研究现实世界音响形式及对其控制的艺术,是对自然音响的抽象,是心灵和情感在声音方面的外化。那么,这是否说明"冷酷"的数学与"多情"的音乐之间没有任何关系呢?

## 一、数学与音乐的关系

　　千百年来,研究音乐和数学的关系在西方一直是一个热门课题。从古希腊毕达哥拉斯学派到现代的宇宙学家和计算机科学家,都或多或少受到"整个宇宙即是和声和数"观念的影响。欧几里得、开普勒、伽利略、笛卡儿、欧拉、傅里叶、哈代等人都潜心研究过音乐与数学的关系。

　　德国数学家、哲学家莱布尼茨说:"音乐是数学在灵魂中无意识的运算;音乐,就它的基础来说,是数学的;就它的出现来说,是直觉的。"数学家西尔威斯特说,可以把音乐描述为感觉的数学,把数学描述为理智的音乐。圣奥古斯汀则留下"数学还可以把世界转化为和我们心灵相通的音乐"的名言。

代表理性的数学,其规律、和谐与秩序所产生的美感,虽无声音的传递,但与音乐是根本相通的;而代表感性的音乐,其音强、音高、音色、节奏、旋律、曲式及风格,虽无明显的数字表达,但数学的踪影却处处可见。因此,可以说,数学与音乐是相互融合、交相辉映的。

## 二、乐谱和乐器中的数学

(一)乐谱中的数学

如今,人们记录音乐最常用的方法是简谱和五线谱,它们都与数学有着密切的联系。

1. 数字表示音符

简谱中的 1,2,3,4,5,6,7 表示 do,re,mi,fa,so,la,si 七个音;0 是休止符,表示休止与停顿;五线谱中的 8 表示上移或下移 8 度。

2. 数字表示音乐速度

乐谱上诸如 ♩ =60, ♩ =96, ♩ =132 表示音乐进行的快慢,即音乐的速度。例如,♩ = 132 表示以四分音符为单位拍, 每分钟 132 拍。

3. 数字表示节拍

在每一首乐曲的开头部分,我们总能看到一个分数,如 2/4,3/4,3/8,6/8 等,这些分数表示不同拍子的符号,即拍号。拍号的分子表示每小节的单位拍数,分母表示单位拍的音符时值,即表示以几分音符为一拍。拍号一旦确定,每小节内的音符就要遵循由拍号所确定的拍数,这可以通过数学中的分数加法法则来检验。作曲家在创作乐曲时需将全音符、二分音符、四分音符、八分音符、十六分音符等适当地组合在一起,使它们既符合节拍要求,又美妙动听,这是作曲的基本要求。

4. 音乐中的数学变换

数学中有对称变换和平移变换,音乐中也存在着反射和平移变换。图 3-19 中两个音节就是音乐中的反射变换。如果从数学角度考虑,把这些音符放进坐标系中,那么音乐中的反射就是我们常见的对称变换,如图 3-20 所示。

图 3-19　乐谱中的反射变换(1)

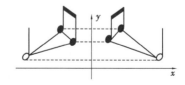

图 3-20　乐谱中的反射变换(2)

图 3-21 是音乐中的反复现象,它是把第一个小节的音符平移到第二个小节得到的,这就

是音乐中的平移。若将这两节音符移到直角坐标系中，那么它就表现为图 3-22 的形式，这正是数学中的平移。众所周知，作曲者创作音乐作品的目的在于抒发自己的内心情感，可是内心情感的抒发是通过整个乐曲来表达，并在主题处得到升华的，而音乐的主题有时正是以某种形式的反复来实现的。比如，图 3-23 就是乐曲 *When the Saints Go Marching In* 的主题，它可以看作是通过平移得到的。

图 3-21　乐谱中的平移变换(1)　　图 3-22　乐谱中的平移变换(2)

图 3-23　乐谱中的平移变换(3)

由此可见，通过对乐曲中的部分内容进行类似于数学中的对称、平移等变换，可以大大增强乐曲的表现力和感染力。

5. 乐曲中的数学函数

如果我们把五线谱中的一条横线作为时间轴，与时间轴垂直的直线作为音高轴，那么我们在五线谱中就建立了时间-音高的平面直角坐标系。此时，五线谱相当于一个坐标系，其中的音符相当于坐标系中的点，两个相邻点横坐标的差就是前一个音符的音长，而一首乐曲就是音高 $y$ 关于时间 $x$ 的函数 $y=f(x)$。例如，若以时间为横轴，音高为纵轴，一拍的时间为横坐标的一个单位长度建立平面直角坐标系，那么贝多芬"欢乐颂"的一个片段(图 3-24)在五线谱中的音符，通过函数关系，就变成了坐标系中的一系列点(图 3-25)。

图 3-24　乐曲《欢乐颂》片段　　图 3-25　音高关于时间的函数图像

此外，黄金分割在音乐中的运用也十分常见，这部分内容将在第五章详细讨论。

(二)乐器中的数学

1. 钢琴键盘上的数学

乐器之王——钢琴的键盘(图 3-26)上，从一个 C 键到下一个 C 键的八度音程中共有 13 个键，其中有 5 个黑键和 8 个白键。5 个黑键分成两组，一组有 2 个，另一组有 3 个，这里的数字 2,3,5,8,13 恰好是著名的斐波那契数列的前几个数。

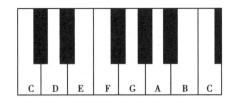

图 3-26　钢琴键盘

另外,斐波那契数列在音乐中也有其他应用。例如,常见的曲式类型就与斐波那契数列前几个数字相符,它们是简单的 1 段式、2 段式、3 段式和 5 段回旋曲式。大型奏鸣曲式也是 3 部性结构,若再增加前奏及尾声,则又从 3 部发展到 5 部结构。

2. 乐器外形与数学

或许大家已经注意到,乐器的外形隐藏着大量的数学元素和数学原理。例如,大型钢琴外边沿是一条优美的曲线——指数曲线。又如,二胡的琴筒截面是正六边形,锣鼓是圆形,小号的侧面是旋转曲面等。

数学除了与音乐的乐谱和乐器外形等表层特征有明显关系外,还与音乐中的律学与和声学等内部机理有着更为密切的联系。

## 三、律学中的数学

(一)律学理论的产生

人们对数学与音乐之间联系的研究和认识,可以说源远流长,最早可以追溯到公元前 6 世纪。当时毕达哥拉斯学派用比率将数学与音乐联系起来。毕达哥拉斯发现,声音是否悦耳动听,与琴弦的长短有关。弹琴时,手指在琴弦上移动,不断改变弦的长度,琴就会发出高低起伏、抑扬顿挫的声音。当长度比是 3:4:6 的三根弦同时发音时,声音才最和谐、最优美,因此就把这里的 3,4,6 叫作"音乐数"。同时,他还进一步发现,只要按比例划分一根振动着的弦,就可以产生悦耳的音程,如 1:2 产生八度,2:3 产生五度,3:4 产生四度等。继而发现弦的每一和谐组合都可表示成整数比,按整数比增加弦的长度,就能产生整个音阶。于是,毕达哥拉斯的音阶和调音理论由此诞生了,而且很快在西方音乐界占据了统治地位。

后来,虽然托勒密对毕达哥拉斯音阶的缺点进行了改造,得到了较为理想的纯律音阶及相应的调音理论,但是毕达哥拉斯音阶和调音理论的这种统治地位,直到十二平均律音阶及相应的调音理论出现,才被彻底动摇。

在我国,最早产生的完备的律学理论是三分损益律。时间大约在春秋中期,《管子·地员篇》和《吕氏春秋·音律篇》均有记述。到了明代,朱载堉著有《律学新说》,其中对十二平均律的计算方法作了概述,后来他又在《律吕精义·内篇》中对十二平均律理论作了论述,并把十二平均律计算得十分精确,与当今的十二平均律完全相同,这在世界上属于首次。

由此可见,在古代,当音乐理论开始产生和形成时,就与数学紧密联系在一起了。

(二)律制中的数学

乐音体系中各音的绝对准确高度及其相互关系叫作音律,研究音律的学问叫律学。律学曾一度被学术界称为绝学,它是音乐声学、数学和音乐学相互渗透的一门交叉学科。

律学中,调的推算以及音律、音程的计算,使用的是五度相生法、隔八相生法、三分损益法等数学方法。音律的方法有三种:古代是通过发音体的长度比例关系来计算,近代是通过音程的频率比来计算,现代则是由音高的音程值来计算。无论哪种方法,都与数学知识分不开。因此,《隋书·律历志》有"数因律起,律以数成"的记载。

古今中外,律制包括三分损益律、新律、纯律、十二平均律等,目前为世界各国所广泛采用的是"十二平均律"。接下来,我们介绍其中的三分损益律、七音纯律和十二平均律与数学的联系。

1. 三分损益律

弦乐器的发声是因为琴弦的振动,而音高,也就是振动的频率,是与琴弦的长度成反比的。我国的《管子·地员篇》和《吕氏春秋·音律篇》中,分别记述了计算音高的一种独特方法——三分损益法:以一条弦长为基数,将其平均分成三段,舍一取二,三分损一,便发出第一个上五5度音;将其均分的三段再加一段,三分益一,便发出第一个下五4度音;用这种方法继续推算下去,便可得到全部7个音。

用"三分损益法"计算频率的方法:设弦的全长音是"1",则去掉弦长的$\frac{1}{3}$后,剩下$\frac{2}{3}$部分的频率就变成"1"的$\frac{3}{2}$,即"5"音的频率;以"5"音为基础,弦长增加$\frac{1}{3}$而成为"5"音弦长的$\frac{4}{3}$,则频率变成"5"音的$\frac{3}{4}$,即"1"的$\frac{9}{8}$,这就是"2"音的频率;再在此基础上三分损一就得"6"的频率,三分益一得"3"的频率,……,如此交替损益下去,便可得到全部7个音。此方法得到的七音频率与纯律七声音阶频率之间的误差小于2.5%。因此,这种方法被誉为是音乐史上的惊人发现。

2. 七声音阶纯律

产生纯律七声音阶的方法是毕达哥拉斯发明的。他在研究弦长与音高的关系时发现,两个音的频率之比越简单,它们就越和谐,并由这些最简单的比定出了音乐中的7个基本音阶。

1:2是最简单的比,因此当两个音的频率之比为这个数时,它们最和谐,若以"1"音的频率为基准,则频率2倍于它的音就是与它相差8度的同名音"i";当两个音的频率比为2:3时,其和谐度次之,并由"1"音频率的$\frac{3}{2}$倍得到"1"上方纯五度的"5"音;当两个频率比为3:4时,其和谐度更次之,并由"1"音频率的$\frac{4}{3}$倍得到"1"上方纯四度的"4"音;……一直下去就得到7个基本音阶(表3-2)。纯律与十二平均律算出的七声音阶的频率误差在0.8%以内。

表 3-2　纯律中七音的频率关系

| 音阶 | 1 | 2 | 3 | 4 | 5 | 6 | 7 | 8 |
|---|---|---|---|---|---|---|---|---|
| 与"1"的频率比 | 1 | $\dfrac{9}{8}$ | $\dfrac{5}{4}$ | $\dfrac{4}{3}$ | $\dfrac{3}{2}$ | $\dfrac{5}{3}$ | $\dfrac{15}{8}$ | $\dfrac{1}{2}$ |

　　纯律七声音阶虽然很好地解决了音的协调问题，但却不能解决转调问题，因为转调后出现的另外一组音阶的某些音的频率与原调音阶中音高相近的音的频率之间存在微小差别。为了既能解决转调问题，又能基本保持纯律七声音阶各音的频率，人们发明了"十二平均律"。

　　3. 十二平均律

　　十二平均律是各相邻律（即半音）之间其频率比都相等，即把一个八度音程平均分成十二个相等的半音的一种律制。朱载堉的算法是将 2 开十二次方得到的弦长倍数，即"频率倍数"，再把这个数连续自乘十二次，就分别产生十二平均律各律的频率倍数（表 3-3）。当乘到第十二次时，就达到 2 倍（八度），即黄钟还原了。朱载堉将十二平均律转化成了一个等比数列求公比的数学问题，彻底解决了我国律学史上长期不能解决的黄钟还原这一难题。朱载堉用等比数列推算十二平均律的具体做法是：将八度分为 12 个律，并使 12 个律构成以 1 为首项，$\sqrt[12]{2}$ 为公比的等比数列，精确地计算出"十二平均律"的每一个音，将十二个数目算到 25 位小数。

表 3-3　十二平均律各半音之间的频率比较

| 音阶 | 1 | #1 | 2 | #2 | 3 | 4 | #4 | 5 | #5 | 6 | b7 | 7 | 8 |
|---|---|---|---|---|---|---|---|---|---|---|---|---|---|
| 频率比 | 1 | $2^{\frac{1}{12}}$ | $2^{\frac{2}{12}}$ | $2^{\frac{3}{12}}$ | $2^{\frac{4}{12}}$ | $2^{\frac{5}{12}}$ | $2^{\frac{6}{12}}$ | $2^{\frac{7}{12}}$ | $2^{\frac{8}{12}}$ | $2^{\frac{9}{12}}$ | $2^{\frac{10}{12}}$ | $2^{\frac{11}{12}}$ | 2 |

　　十二平均律的发明和推广在音乐史上具有重大意义。有了这个新的音律，从一个音弹出的旋律可以复制到任何一个其他音高上，而对旋律并不产生影响；同时，所有乐器也都可以在一个音律标准下制造。这一发明直接打破了古乐器"单打独奏"的局面，从而产生了规模庞大、分工精细的交响乐队。

　　钢琴、竖琴等乐器都是按照十二平均律设定音高，铜管乐器则是按照纯律设定音高。由于两者之间误差甚小，因此这些乐器在乐队中都能和平共处，演奏出美妙的乐曲。

## 四、和声中的数学

　　为什么有的乐声组合在一起能够成为美妙动听的音乐，而另一些组合在一起则是难听的噪声呢？这就需要从和声的数学机理中寻求答案。

　　对乐声性质的研究达到顶峰的是 19 世纪法国数学家傅里叶（Fourier，1768—1830）。他发现，每一个乐声，不管是器乐还是声乐，都可以用数学式来表示和描述，这些数学式是简单的周期正弦函数的和。因此，乐声的音调、音量和音质都可通过图解加以描述并区分，其中音调、音量和音色分别与曲线的频率、振幅和形状有关。

根据傅里叶原理，任何乐声产生的周期函数都可以表示为三角级数的形式，即 $f(t) = \dfrac{a_0}{2} + \sum_{n=1}^{\infty}(a_n\cos nt + b_n\sin nt)$，其中频率最低的一项叫基本音，其余的叫泛音。由公式可知，所有泛音的频率都是基本音频率的整数倍，称为基本音的谐波。因此，每个乐音都可看成是一次谐波与一系列整数倍频率谐波的叠加。

下面，我们就从数学角度来解释，为什么当两个音的频率比为 $1:2,2:3,3:4$ 等简单比时，它们组成的和声最"和谐"。

假设 do 的频率是 $f$，那么它就可以分解为频率为 $f,2f,3f,4f,\cdots$ 的谐波的叠加，即 $f_1(t) = \sin t+\sin 2t+\cdots+\sin nt+\cdots$；同样，由于 do（表示高音 do）的频率是 $2f$，因此它可以分解为频率为 $2f,4f,6f,8f,\cdots$ 的谐波的叠加，即 $f_2(t) = \sin 2t+\sin 4t+\cdots+\sin 2nt+\cdots$。

这两列谐波的频率有一半是相同的，这是所有两列谐波中相同频率最多的。由此可以推断：要使几个乐音的和声最和谐，就要使这些乐音相同频率的"谐波"尽量多。因此，和声的和谐程度可以进一步通过建立数学模型来计算。

设 $m:n$ 是和声中两音符的频率比，且令 $P = \{m,2m,\cdots,km,\cdots\}$，$Q = \{n,2n,\cdots,kn,\cdots\}$，其中常数 $k$ 为正整数。问 $m$ 和 $n$ 是什么关系时，$P\cap Q$ 含有最多元素？通过穷举法可知，除 $1:2$ 外，当两音的频率比是 $2:3$ 时，这两列谐波含有相同频率谐波的数量是最多的，其次是频率比为 $3:4$ 的情况。这就是为何在一个八度中，do—do，do—so，do—fa 听起来是最"和谐"的数学原理。

在音乐创作中，特别是多声部演奏中，音程是表现整个旋律感情色彩的主要因素，所以音程的合理使用非常重要。而音程的选取又建立在数学计算基础之上，因此数学对和声学的发展起着很大的作用。

由此可见，音乐的规律性不是偶然的。从音符 do，re，mi，fa，so，la，si 的选取，到乐音的数学公式表示，从和声的运用，到曲式结构的搭建，都需要经过严密的数学推理和计算。而音乐创作中的平移、对称，甚至黄金分割的应用，更加直观鲜明地证实了数学在音乐中的广泛应用。

## 五、数学与音乐交相辉映

从前面的论述可知，古今中外，许多数学家，甚至不少杰出的数学家都曾用数学手段研究过音乐，并在音乐领域取得了许多辉煌的成就。同样，也有许多音乐家用数学方法来研究和创作音乐，并因此创作出更高艺术水平的音乐作品。

现代作曲家巴托克、勋伯格、凯奇等人都对音乐与数学的结合进行过大胆的实验。希腊作曲家克赛纳基斯（Ιάννης Ξενάκης，1922—2001）创立"算法音乐"，以数学方法代替音乐思维，创作过程即演算过程，作品名称类似于数学公式，如《S+/10-1.080 262》为 10 件乐器而作，是 1962 年 2 月 8 日计算出来的。马卡黑尔发展了施托克豪森的"图表音乐"思想,以几何图形的轮转方式作出"几何音乐"。

我国也有不少音乐家运用数学原理进行音乐创作与研究。例如,武汉音乐学院童忠良的论文《论义勇军进行曲的数列结构》就是建立在数学理论基础之上的。该论文先后讲述了黄金分割和菲波那契数列,并据此分析了《义勇军进行曲》的曲式结构,从而提出了一种突破传统结构理论的观点,即该文所称的"长短型数列结构"体制。又如,著名琵琶演奏家刘德海在华罗庚的帮助下,运用"优选法"发现,琵琶每根弦的弦长 1/12 处是发音的最佳点,在这里弹出的声音格外优美动听。后来,在全国琵琶演奏会上,几十位演奏家听了"最佳点"的演奏后,都感受到了数学与音乐之间的内在联系。

人们不仅能像匈牙利作曲家巴托克那样利用黄金分割来作曲,而且也可以从纯粹的函数图像出发来作曲,这正是傅里叶的后继工作,也是其工作的逆过程。其中最典型的代表人物就是 20 世纪 20 年代的哥伦比亚大学的数学和音乐教授希林格(Schillinger),他曾经把纽约时报的一条起伏不定的商务曲线描述在坐标纸上,然后把这条曲线的各个基本段按照适当的、和谐的比例和间隔转变为乐曲,最后在乐器上进行演奏。结果表明,这竟是一首曲调优美、与巴赫的音乐作品极为相似的乐曲!这位教授甚至认为,根据一套准则,所有的音乐杰作都可以转变为数学公式。他的学生乔治·格什温更是推陈出新,创建了一套用数学作曲的系统,据说著名歌剧 *Porgy and Bess* 就是他使用这样一套系统创作的。

日本一位中学数学教师,从中学时代起就从圆周率的无限不循环小数中感觉到一种莫名的音乐韵律,他根据曲子的抑扬顿挫来确定相对应音符节拍的长短,然后将这一乐谱输入电脑对曲调进行加工,这样得到了小数点后 113 位数字组成的一首优美乐曲。

以上例子说明,数学与音乐的联系十分紧密,我们不仅需要用数学来研究音乐,而且可以用数学来创作音乐。

在计算机和信息技术飞速发展的今天,音乐和数学的联系更加密切,在音乐理论、音乐作曲、音乐合成、电子音乐制作等方面,都需要大量的数学知识。

既然数学与音乐有如此密切而美妙的联系,为何不让我们沉浸在《命运》《田园》《梁祝》《幻想交响曲》《蓝色多瑙河》等优美动听的旋律中,或置身于昆虫啁啾鸣唱的田野,静下心来学习数学,感受音乐,思考和探索数学与音乐的内在联系呢?

# 习题 3

1. 三角几何共一圆,三角三角,几何几何?

2. 远看巍巍塔七层,红光点点倍加增,共灯三百八十一。请问塔尖几盏灯?(答:这是一个公比为 2 的等比数列问题。答:3 盏。)

3. 不深不浅一口井,不长不短一根绳,单股下去多三尺,双股下去少三尺。先算井深是几尺,再答绳长有几许?(答:井深 9 尺,绳长 12 尺。)

4.请列举 1~3 个数学与文学有关的例子。

5.请列举 1~3 个数学与音乐有关的例子。

6.请列举 1~3 个数学与美术有关的例子。

7.通过本章的学习,你受到了哪些启发?

# 第四章　例谈数学思想方法

　　数学思想方法是数学的精髓与灵魂，其内容博大精深。了解数学思想方法，是了解数学以至数学文化的重要途径；对数学思想方法的掌握程度和运用水平，是衡量一个人数学素养的重要标志。

　　数学最基本的思想方法有量化思想方法、逻辑化思想方法、递归化思想方法和结构化思想方法。

　　量化思想方法，可以简单地描述为"追求定量、讲究精确的态度与思维操作方法"，即在解决问题时追求了解与运用对象及它们之间的关系在数量上的精确性。在运用数学研究某类事物的过程中，首先我们关注这类事物各元素"量"的属性，然后把这些量及它们之间的关系抽象为数及各数之间的大小、多少、顺序等关系，接着创设数与数之间的运算方式（四则运算、乘方开方直至更复杂的运算），进而创设这些运算应遵守的各种算律（运算顺序、交换率、结合律等），最后根据这些算律推断出各种简便运算方法（含简便运算及代数与几何中的各种定理）。

　　逻辑化思想方法，可以简单地描述为"追求严谨、讲究逻辑的态度与行为方式"，即追求思维与行为过程及知识系统的严谨性。逻辑化思想方法的主要特征是：第一，追求思维过程符合形式逻辑法则（同一律、矛盾律、排中律、充足理由律，概念、判断、演绎推理各法则，归纳法则、类比法则——合情推理必须遵守的法则等）；第二，追求一个知识体系的公理化结构，即知识系统应以某些原始定义和公理为逻辑起点，只运用它们并只通过演绎推理逐步定义其他所有概念和证明所有定理。

　　递归化思想方法，可以简单地描述为"追求简约、讲究递归的态度与行为方式"。人类出于"思维经济化"即提高思维效率的本能倾向，总是尽力把通过长期积累已经丰富起来但繁多与杂乱的知识集合整理成一个可以递归、还原的系统——每项新知识总可以用旧知识来生成，即把新的递归（还原）为旧的，把复杂的递归（还原）为简单的。递归化思想方法虽然可以看作是逻辑化思想方法的派生与拓展，但由于它只在知识系统发展的更后期才出现，并比一般的"逻辑严谨性"更关注知识系统的整体结构性质，所以我们把它归结为一种独立的思想方法。递归化思想方法的宗旨是追求知识体系的简约递归性。

　　结构化思想方法，可以简单地描述为"追求整体、讲究结构的态度与行为方式"。至20世纪中期，人们逐渐达成一种共识：数学所研究的主要是各类事物集合中诸元素之间的结构关系,并用数量的、逻辑的语言来描述这种关系结构。这就是当代数学特别重视的结构化思想,它追求的是研究结果的整体结构性。对结构化思想方法需补充说明两点:首先,数学运用结构化思想方法得出的研究结果("产品")便是各种数学模型(不同于工程中的实物模型、语言中的语词模型、物理模型或化学模型等),运用这些模型可以通过"数学模拟"方法来解决各种应用性问题,而"数学模拟"在当代科学(包括各门科学)、技术、工程研究中已成为几乎处处可用的方法;其次,广义地说,每一个数学概念、原理、法则、公式、图形、图表,直至某个数学理论体系都是一种数学模型。

数学思想方法,从大的方面分为以上四类,每一类又包含许多具体的思想和方法,下面就举例说明几个具体的数学思想方法。

# 第一节　无限的思想方法

高等数学与初等数学的显著区别,在于从研究有限发展到研究无限。高等数学不但研究范围扩大到无限,而且研究手段也常常采用无限。例如求极限、求导数、求积分都是无限手段,它既能研究无限,也能研究有限。著名数学家外尔(Weyl,1885—1955)说:"数学是关于无限的科学。"可见,一部数学史,就是一部人类认识无限的历史,随着人类对无限认识的不断深入,数学的发展也变得更加成熟和深刻。

了解无限与有限有哪些本质区别又有哪些联系,是大学生的一种基本数学素养。下面我们就以无穷旅馆能否继续接待客人入住为例,谈谈无限与有限的本质区别,这里假定无限是最简单的一种,即可数无限,它等价于正整数的无限。

我们知道,一个客观世界的旅馆只有有限个房间,只能接待有限个客人入住,一旦客满,老板就不能再安排客人入住了。为说明有限与无限的本质区别,我们假设旅馆有可数无穷多个房间,地球上也有可数无穷多个人,一个房间只住一个客人,并把通常的客满概念进行推广,即可数无穷多个房间构成一个旅馆,又有可数无穷多个人,若每个房间都住了客人,则旅馆就是客满状态。

有无推广意识是数学素养高低的体现,如何推广呢?要真正抓住客满的本质进行推广,客满的本质是什么呢?客满的本质是"每个房间都住了客人"。在前面的假定下,即使旅馆客满了再有客人来,老板也能安排客人入住,这就颠覆了通常意义上"客满"的概念。

**问题1** 若某无穷旅馆客满后,又来了一个客人,老板能否安排他入住?若能,又该怎么安排?

这时,老板只需重新安排原来住进旅馆的客人,让住 1 号房的客人去住 2 号房,原来住 2 号房的住 3 号房,原来住 $n$ 号房的住 $n+1$ 号房,原来住 $n+1$ 号房的住 $n+2$ 号房等,无限继续下去。这样,原来的客人都有房间住了,且新来的客人可安排住进空出的 1 号房。

同样,这个旅馆客满后,来了一个有任意有限多个客人的旅游团,老板也能安排他们入住。例如,若来了有 $k$ 个客人的旅游团,则只需将已入住客人的房号加上 $k$,就是他们的新房号,且新来的 $k$ 个客人就可安排在空出的 $k$ 个房间住下(图 4-1),这里的 $k$ 代表任意正整数。所以,对于一个无穷旅馆,在客满后,再来一个有任意有限多个客人的旅游团,不管该团有多少人,老板都可以安排他们住下。

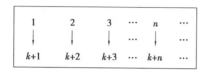

图 4-1　空出 $k$ 个房间

图 4-2　空出奇数号房间

**问题 2**　现在客满后,又来一个有可数无穷多个客人的旅游团,老板还能安排客人入住吗?若能,又该怎样安排呢?

令人不可思议的是,老板还可以安排。操作如下:让原来住 1 号房的客人去住 2 号房,原来住 2 号房的住 4 号房,原来住 3 号房的住 6 号房,继续下去,即原来住 $n$ 号房的客人去住 $2n$ 号房。于是,先住进旅馆的客人都有房间住,且只占用了偶数号房间,却空出了奇数号可数无穷多个房间,这样,新来的客人正好可以安排在奇数号房间住下(图 4-2)。

**问题 3**　还是那个旅馆,还是客满,现在不是来 $k$ 个客人,也不是来 1 个有可数无穷多个客人的旅游团,而是来了 1 万个旅游团,每个团都有可数无限多个客人,老板说他还能安排。他是怎么安排的呢?

他可以让 1 号房的客人搬到 10001 号房,2 号房的客人搬到 20002 号房,3 号房的客人搬到 30003 号房,$n$ 号房的客人搬到 10001 乘以 $n$ 号房,继续下去。这样,已入住的客人都有房间住下,并且原来每两个相邻房间之间都空出了 10 000 个房间,因此就有可数无穷多的 10 000 个空房间。然后将新来的 10 000 个旅游团中每个团的 1 号客人安排入住第一个 10 000 个房间,每个团的 2 号客人安排入住第二个 10 000 个房间,即每个团的第 $n$ 号客人安排在空出的第 $n$ 个 10 000 个房间。这样,老板就把新来的、每个团都有可数无穷多个客人的 10 000 个旅游团的客人全部安排住下(图 4-3)。

图 4-3　相邻房间之间空出 10 000 个房间

此时,我们感觉到,问题 3 解决起来有点困难了。但是,如果我们对它进行全面、深刻、揭示本质的回答,那么这个问题就没啥难度了。因为全面、深刻、揭示本质的回答是容易推广的,这是否意味着,前述回答虽然正确,但它却不是一个揭示本质的回答呢?事实确实如此。

我们不妨回顾一下问题 2。对问题 2 的回答的关键是:让原来第 $n$ 号房的客人搬到第 $2n$ 号房去住,就占用了偶数房,空出了奇数房。这个回答是正确的,但并未抓住问题的本质。这里的偶数只是一个巧合,关键要明白 $2n$ 中的"2"是怎么来的。其实,从本质上看,"2"是这样来的:就是把原来客满的可数无穷个客人看成一个旅游团,现在又来一个旅游团,也有可数无限个客人,于是有可数无穷个客人的旅游团的总数就是 $1+1=2$。因此,问题 2 的实质就变成要把 2 个可数无穷多个客人安排在 1 个有可数无穷多个房间的旅馆里,这在有限时是做不到的。例如,要将 2 个各有 100 人的旅游团安排住进只有 100 个房间的旅馆,一人一个房间是办不到的,但是对于无穷多的情况就能办到。揭示本质的做法如下:把一个有可数无穷个房间的旅馆中的房间 2 个一组进行分组,由于有无穷个房间,所以可以无穷次地分下去。第一组的 2 个房间让 2 个旅游团的 1 号客人入住,第二组的 2 个房间让 2 个旅游团的 2 号客人入住……这样就把所有客人全部安排住下了。以上就是揭示本质的回答,因为它易于推广。

将问题 2 推广到新来 $k$ 个旅游团的情况,就是问题 3。对于问题 3,我们将已入住的第 $n$ 号客人搬到第 $10001n$ 号房,这里的 10 001 是怎么来的? 就是把已入住的可数无穷多个客人看成是 1 个旅游团,现在又来了 10 000 个这样的旅游团,于是,总共有 $1+10\,000=10\,001$ 个旅游团,所以这里的 10 001 是指旅游团总数。因此,这个问题的本质是,要将 10 001 个拥有可数无穷多个客人的旅游团安排住进拥有 1 个可数无穷多个房间的旅馆。这在有限的情况下是做不到的,但在无限的情况下我们已经做到了。我们的做法是:把旅馆的可数无穷个房间按 10 001 个一组进行分组,就分出了可数无穷多个这样的房间组,然后将每个旅游团的 1 号客人安排入住第一组的 10 001 个房间,将每个团的 2 号客人安排入住第二组的 10 001 个房间,继续下去。这样,所有客人都有房间住下了。

揭示本质的解答是否可以推广呢? 可以。例如,在客满后,来了 99 个有可数无穷多个客人的旅游团,怎么安排呢? 我们只需将已入住的客人看成一个旅游团,于是总的旅游团就有 100 个。因此,我们首先将旅馆的房间按 100 个一组进行分组,然后将每个团的第 $n$ 号客人安排到第 $n$ 组的第 100 个房间,这样就把所有客人安排住进旅馆了。同样,如果来了 1 亿个这样的旅游团,那就将已入住的客人看成一个旅游团,并将所有房间进行 1 亿零 1 个一组的分组,然后将每个旅游团的第 $n$ 号客人安排到第 $n$ 组的第 1 亿零 1 个房间去住,这样就能将所有客人安排住进旅馆了。这就是易于推广的、抓住本质的回答。似乎我们可以得到以下结论:不论新来多少个这样的旅游团,我们都能照此办法安排住下。于是,读者自然会提出如下的问题:

**问题 4** 假如客满后,又来了可数无穷个旅游团,且每个旅游团都有可数无穷个客人。请问能否安排? 若能,又该怎么安排呢?

假设我们认为上述回答是揭示本质的、可以推广到任意多个旅游团的解答,那么我们就继续采用这种方法,把已入住的客人看成一个旅游团,现在新来了可数无穷多个有可数无穷个客人的旅游团,那么旅馆里已入住的第 1 个客人就应该安排到第可数无穷加 1 个房间去住,由于无穷加 1 还是无穷,而且第可数无穷个房间不是一个确定的、具体的房间。因此,这个客人就没有具体的房间可住,安排无法进行。由此可见,前述关于"无论来多少个这样的旅游团都可照此安排下去"的结论是错误的,应该纠正为"来任意有限多个这样的旅游团,我们都可照此安排下去"。

通过分析,我们不仅发现前述结论的错误,而且这个错误恰好在证明前面的两个论点:一是"无限和有限有着本质的区别";二是"揭示本质的解答易于推广,若不易于推广,则说明我们还没有找到揭示本质的解答"。对于结论一,一方面,旅馆客满后,在拥有有限个房间的旅馆做不到的,在拥有无穷个房间的旅馆就可能做得到;另一方面,在新来有限个旅游团时能做到的,在新来可数无穷个旅游团时,又无法做到了。这两点都恰巧说明了有限与无限有着本质的区别。对于结论二,既然前面我们说已经找到了揭示本质的解答,为什么对于新来可数无穷个旅游团的情况就不能应付了呢? 这表明我们还没有找到真正揭示本质的解答,或者揭示本质的解答具有层次高低之分,目前我们只找到低层次的揭示本质的回答。对于问题4,更高层次揭示本质的解答又是什么呢?

为了解决问题4,我们有必要揭示它的本质。问题4的本质是:把可数无穷个可数无穷的客人安排到1个有可数无穷个房间的旅馆入住。因此,解决它的更高层次揭示本质的办法是:对所有客人进行编号,然后将拥有唯一编号的客人与具有自然数编号的房间一一对应。因此,一一对应的思想方法才是揭示无穷旅馆问题本质的解决方法。

首先,将旅馆原有的客人看成一个旅游团,现在新来了可数无穷个旅游团,每个团的客人也是可数无穷多个,这样,旅游团的总数还是可数无穷个。因此,不仅每个团内部可以给每个客人进行编号,而且还可以对旅游团进行编号。

其次,给客人编号。一个客人的编号由他所在旅游团的编号和他在团内部的编号组成。在给旅游团编号时,可以将已住进旅馆的客人整体编为1号团,新来的团从2号开始编排,因此所有旅游团的编号就是$1,2,\cdots,m,\cdots$;同样,各旅游团内部的客人也是$1,2,\cdots,n,\cdots$的编号。于是,可数无穷个团的可数无穷个客人,每个人都有唯一编号"$m.n$",其中第一个数字表示旅游团的编号,第二个数字表示旅客在旅游团内部的编号。

第三,将分配了唯一编号的所有客人进行排序。排序规则很多,可以是:按$(m+n)$的值从小到大的顺序排列,且对于$(m+n)$的值相同的客人,再按旅游团的编号$m$的值从小到大的顺序排列(图4-4)。按此规则,所有客人的编号和排序就是$1.1,1.2,2.1,1.3,2.2,3.1,\cdots,m.n,\cdots$,且每个客人对应的序号就是他入住的房间号。这样,任何一个客人都有唯一的房间与之对应。例如,编号为"12.34"的客人,他在上述排序中的序号为

$$1 + 2 + 3 + \cdots + 44 + 12 = 1\ 002$$

因此,他住1002号房间。同样,编号为"34.12"的客人应住

$$1 + 2 + 3 + \cdots + 44 + 34 = 1\ 024(号房间)$$

一般地,编号为$m.n$的客人应该住$1+2+3+\cdots+(m+n-2)+m=\frac{1}{2}(m^2+n^2+2mn-m-3n+2)$号房间。由于这里的$m$和$n$可以是任意正整数,因此,每个客人都有唯一的房间可住,且他们

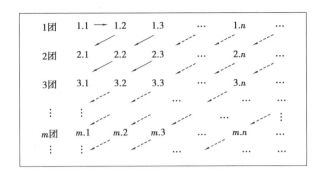

图 4-4 可数无穷个团的可数无穷个客人的排序

住满了所有房间。

从问题 3 和问题 4 可以看出,我们不仅能将任意有限多个有可数无穷个客人的旅游团安排住进 1 个有可数无穷个房间的旅馆,而且还能将可数无穷多个有可数无穷个客人的旅游团安排住进 1 个有可数无穷个房间的旅馆。这正好反映了无穷集合的本质,即"一个无穷集合中能找到一个真子集,使得其中元素可以和全集的元素建立一一对应关系;反之,若一个集合的真子集的元素能和全集的元素建立一一对应关系,那么这个集合一定是无穷集合"。也就是说,一个集合是无穷集的充要条件是,该集合中存在一个真子集,从而使全集与该真子集的元素之间存在一一对应关系。欧几里得几何原理中有一条公理说:部分小于全体,但这个公理只在有限集里成立,在无穷集里,部分可能等于全体,这里的"等于"是以一一对应为前提条件的。

在问题 4 的基础上,我们还可以证明有理数集的元素个数和它的真子集自然数集的元素个数相等。

首先,将问题 4 中每个客人的编号中间的"."看成除号,则得到可数无穷多个商。若将这些商值的集合看成有理数集,则还有三个不足:第一是缺少数"0",第二是缺少负有理数,第三是有重复出现的值。为此,我们可作如下处理:将单独的数"0"看成一个旅游团;将分子为 1 的有理数看成第二个旅游团;将分子为 2,且不包括分子分母能约分的(能约分的分数值,在前面的"旅游团"中一定出现过)有理数看成第三个旅游团;将分子为 3,且不包括分子分母能约分的有理数看成第四个旅游团,一直下去。这样,该问题就相当于是"1 个有 1 个客人的旅游团和可数无穷多个有可数无穷个客人的旅游团一起住进 1 个有可数无穷多个房间的旅馆"问题。

其次,仿照问题 4 的解决办法,可将全体有理数排序为 $0, \frac{1}{1}, -\frac{1}{1}, \frac{1}{2}, -\frac{1}{2}, \frac{2}{1}, -\frac{2}{1}, \frac{1}{3},$ $-\frac{1}{3}, \frac{3}{1}, -\frac{3}{1}, \frac{1}{4}, -\frac{1}{4}, \frac{2}{3}, -\frac{2}{3}, \frac{3}{2}, -\frac{3}{2}, \frac{4}{1}, -\frac{4}{1}, \cdots$(图 4-5)。

以上数列包含所有有理数,且无重复值,各有理数的序号就是客人要住的"房间"号(自然数)。这样,有理数集与自然数集的元素之间就建立起了一一对应关系。因此,从这个意义

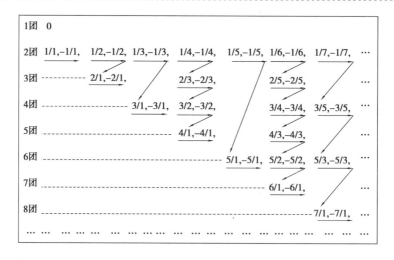

图 4-5　所有有理数的排序

上说,有理数集与自然数集的大小是相等的。

总之,通过对无穷旅馆问题的讨论,我们得到下列结论:

①在解决问题时,我们不仅要追求答案的正确性,更要追求揭示本质的解答。

②揭示本质的解答是有层次高低之分的,在解决问题时,我们要尽量找出高层次揭示本质的解答。

③无限与有限有着本质的区别。在有限的情况下办不到的,在无限时有可能办到;在有限时使用的方法、规则,在无限时可能不再适用。

④一个集合是无穷集的充要条件是,该集合中存在一个真子集,从而使它的元素与该真子集元素之间存在一一对应关系,即这两个集合大小相等。

# 第二节　类比的思想方法

数学是特别讲究逻辑推理的,大家在平时训练较多,而与之相对应的合情推理,则训练较少,有加强的必要。合情推理不同于逻辑推理,逻辑推理是用于证明某种观点、命题、结论的一种推理形式;而合情推理则是不完整、不严密的一种推理形式,它包括类比、归纳、联想、猜测等。合情推理可用于发现新的结论,但经合情推理发现的新结论不一定正确,还要依靠逻辑推理来证明或证否,下面,我们通过"类比"来说明这个问题。

类比是根据两个(两类)对象之间在某些方面的相似或相同,推出它们在其他方面也可能相似或相同的一种推理方法,类比也是一种思想观念。

类比推理是一种"合情推理",不是证明,它无法保证已知相同的属性与推出属性之间具有必然联系,但是,它是获得新思路、新发现的一种观念、手段和方法。所以它对提升创新思维很重要。树立"类比"观念,学会"类比"方法,掌握"类比"思想,是提高创新能力的重要途径。

人类历史上的许多发明创造都是运用类比的思想方法所获得的,例如鲁班就是用"类比"法发明锯子的。相传,有一天,鲁班上山寻找木料,突然脚下一滑,手一挥,手背不小心被茅草划破,渗出了不少血来。鲁班想:"这不起眼的茅草怎么这么锋利呢?"原来,小草的叶子边缘长着许多锋利的小齿,他用这些小齿在自己手背上轻轻划拉了一下,居然又割了一道口子。于是鲁班大胆推测,如果用带有小齿的工具来砍伐树木,效果可能会很好。于是,他请铁匠打造了几十根边缘带有锋利小齿的铁皮,拿到山上做实验,果然,山上的树木很快就被锯断了。鲁班发明的这种新型砍树工具就是今天的锯子,此处鲁班发明锯子就采用了"类比"的思想方法。

在解决数学问题时,如果我们能巧妙地使用类比的思想和方法,或许能产生神奇的功效。

**问题1**　一个固定的正四面体内任意一点到 4 个面的距离之和是否为一定值,为什么?

(1)寻求类比问题

直接解题,有很大的难度。但是,如果用类比的方法,将其与平面几何中某个类似问题进行比较,或许会变得很简单。平面几何中与之最接近的类似问题是:

**问题2**　证明正三角形中任一点到三边的距离之和是一定值。

(2)对类比问题的解决

对于问题2(图 4-6),因为

$$S_{\triangle ABC} = S_{\triangle ABP} + S_{\triangle BCP} + S_{\triangle CAP}$$

$$= \frac{1}{2}AB \times l + \frac{1}{2}BC \times m + \frac{1}{2}CA \times n = \frac{1}{2}AB(l + m + n)$$

所以,$l+m+n = \dfrac{2S_{\triangle ABC}}{AB}$ 为定值。

(3)将已解决问题的方法和结论与拟解决的问题进行类比

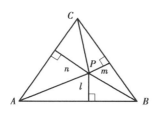

图 4-6　P 点到三边的距离

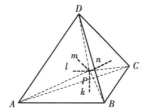

图 4-7　P 点到四面的距离

对于问题1,如图 4-7 所示,因为

$$V_{ABC-D} = V_{ABC-P} + V_{ABD-P} + V_{ACD-P} + V_{BCD-P}$$

$$= \frac{1}{3}S_{\triangle ABC} \times k + \frac{1}{3}S_{\triangle ABD} \times l + \frac{1}{3}S_{\triangle ACD} \times m + \frac{1}{3}S_{\triangle BCD} \times n = \frac{1}{3}S_{\triangle ABC}(k+l+m+n)$$

所以,$k+l+m+n = \dfrac{3V_{ABC-D}}{S_{\triangle ABC}}$ 为一定值。

由此可见,我们用类比的思想方法,可以很容易地解决复杂问题。

**问题3** 五个平面最多把空间分成几部分?

平面互相尽可能多地相交,才能将空间分割出最多的区域。如果5个平面全部平行,那么空间将被分成6部分,这是最少。但5个平面如何相交最多,才能使分割出的空间区域最多? 我们不妨先将问题一般化,再将问题特殊化,逐渐找出规律,最后解决问题。

(1)问题一般化

先将问题一般化,设 $n$ 个平面最多把空间分为 $F(n)$ 个部分,其中 $n=1,2,3,\cdots$,然后把问题特殊化。

(2)问题特殊化

从简单情形开始,得到一些可靠结论,以便进行"类比"。1个平面最多把空间分为2个部分;2个平面最多把空间分为4个部分,3个平面最多把空间分为8个部分,这些都是可靠的结论,即有

$$F(1)=2,F(2)=4,F(3)=8$$

4个平面最多把空间分为几个部分的情况,比较复杂。但要考虑一点,平面相交最多,才能把空间分割出的区域最多。平面相交最多有两层含义:一是每个平面都要和其他所有平面相交,且任意三个平面都只相交于一点;二是每个平面都不过它以外的任意三个平面的交点,即不能有4个平面交于一点。

由此,我们想到了空间的四面体(图4-8),这大概是四个平面相交最多(从而分割空间最多)的情况。把四面体的四个面延展成四个平面,几乎就能把空间分为最多的部分了。那么它把空间分成了几个部分呢? 这个问题暂时难以想象。不过,我们可以把问题降低一维,从三维"空间"降低到二维"平面",去类比"直线分割平面"的情形。

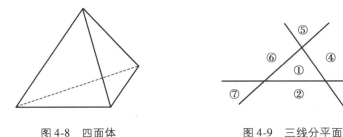

图4-8 四面体          图4-9 三线分平面

(3)类比3条直线分割平面的情形

现在,我们分析"3条直线最多把平面分为几个部分"的问题。这个问题可以看成把三角形的三条边均延长为直线,观察这3条直线把平面分为几个部分。平面的情形总是直观的,从图4-9可以看出,3条直线最多把平面分为7个部分。

为了更好地进行类比,我们分析一下这7部分的特点。一个是有限的部分,在三角形内部;其余6个部分是无限部分,其中③⑤⑦与三角形①有公共顶点,②④⑥与三角形①有公共边,把它们加起来,即为 $1+3+3=7$。7个部分就是这样来的。

（4）类比得到 $F(4)$

在上面推理的基础上进行类比。将四面体的 4 个面延展成 4 个平面，就把空间分成这样几个部分：有限部分（四面体内部）数为 1；无限部分与四面体或有一个公共顶点（有 4 个部分），或有一条公共棱（有 6 个部分），或有一个公共面（有 4 个部分），于是分得空间总数为

$$F(4) = 1+4+6+4 = 15$$

下面考虑 $F(5)$，即最开始提出的"5 个平面最多把空间分为几个部分"的问题。

这一问题在平面上的类似问题是什么，是 5 条还是 4 条直线分割平面？又该如何类比呢？思考起来比较复杂。我们不妨在"一般情形"下考虑：$n$ 个平面分割空间和 $n$ 条直线分割平面之间的类比。

（5）类比一般化

$n$ 条直线"处于一般位置"的要求，也可以说成是"任何两条直线都相交，任何 3 条直线都不共点"。

$n$ 个平面"处于一般位置"的要求，任何两个平面相交，且任意 3 个平面都只交于一点，每个平面都不过它以外任意 3 个平面的交点。

进而，我们再把问题降低一维，类比直线上的情形：$n$ 个一般位置的点分割直线的问题。这一问题的结论比较清楚：$n$ 个点最多把直线分为 $n+1$ 个部分，这一结论给予我们相当的启发。

如果我们把极端情况（有 0 个分割元素的情况）也考虑在内，那么线、面、空间被"分割"成的部分都是 1：0 个点最多把 1 条直线分为 1 个部分；0 条直线最多把 1 个平面分为 1 个部分；0 个平面最多把 1 个空间分为 1 个部分。

表 4-1 列出了点分割直线、线分割平面、面分割空间的部分数。记号 $L(n)$,$f(n)$,$F(n)$ 分别表示 $n$ 个点分直线，$n$ 条直线分平面，$n$ 个平面分空间最多分得的部分数。

于是得到一系列待解决的问题，原来只需要求 $F(5)$ 是多少，现在需要解决的问题似乎更多了，事情变得更加复杂了。其实不然，解决孤立的问题或许比较难，但是解决系列问题有时比解决孤立问题更好入手。现在，"$F(5) = ?$"已处于系列问题当中，与原来的孤立情形相比，其求解已经颇有进展了。

表 4-1　点分线、线分面、面分空间的分割数比较

| 分割元素 | 被分成的部分数 | | |
|---|---|---|---|
| | 点分直线 | 线分平面 | 面分空间 |
| 0 | 1 | 1 | 1 |
| 1 | 2 | 2 | 2 |
| 2 | 3 | 4 | 4 |
| 3 | 4 | 7 | 8 |

续表

| 分割元素 | 被分成的部分数 | | |
|---|---|---|---|
| | 点分直线 | 线分平面 | 面分空间 |
| 4 | 5 | | 15 |
| 5 | 6 | | |
| … | … | … | … |
| $n-1$ | $L(n-1)=n$ | $f(n-1)$ | $F(n-1)$ |
| $n$ | $L(n)=n+1$ | $f(n)$ | $F(n)$ |

（6）（用类比的观点）猜想

观察表 4-1 中已得到的结果，仔细分析表中的数字之间有何联系，有何规律？

从最右一列看，似乎有"2 的方幂"的规律，但 8 后边的 $15 \neq 2^4 = 16$ 表明，这个猜想不对。反复求索，还可看到表中有

| 3 | 4 | |
|---|---|---|
| | 7 | 8 |
| | | 15 |

以及联想到 $3+4=7, 7+8=15$。这是一个独特的联系，再仔细检验一下表中其他数字，结果发现，三列已出现的所有数字都符合这一规律：从第二行起，每个数字都由其"头上"的数与"左肩"上的数相加得到。这是我们解决原始问题的钥匙吗？

如果我们再把表 4-1 按此规律延伸到 $n=5$，则推导出原始问题的解就是 $F(5)=26$（表 4-2）。

前面说过，类比不是证明，只是合理的猜测、合情推理；下一步还要用逻辑推理分析这一猜测，然后肯定或否定这一结论。这才是用类比法进行归纳猜测、进行研究的完整步骤。

表 4-2　直线、平面和空间的分割数的比较

| 分割元素 | 被分成的部分数 | | |
|---|---|---|---|
| | 点分直线 | 线分平面 | 面分空间 |
| 0 | 1 | 1 | 1 |
| 1 | 2 | 2 | 2 |
| 2 | 3 | 4 | 4 |
| 3 | 4 | 7 | 8 |
| 4 | 5 | (11) | 15 |

续表

| 分割元素 | 被分成的部分数 | | |
| --- | --- | --- | --- |
| | 点分直线 | 线分平面 | 面分空间 |
| 5 | 6 | （16） | （26） |
| … | … | … | … |
| $n-1$ | $L(n-1)=n$ | $f(n-1)$ | $F(n-1)$ |
| $n$ | $L(n)=n+1$ | $f(n)$ | $F(n)$ |

（7）逻辑分析

我们从分析"$n=4$ 时,直线分平面"入手。上面已经通过延伸表 4-1 猜测:4 条直线最多把平面划分为 11 个部分。这是正确的吗? 我们在"3 条直线分平面为 7 个部分"的基础上再添加一条直线(用虚线),这条直线与原来的每条直线都相交,但又不过任意两条直线的交点,如图 4-10 所示。从图上看,4 条直线确实把平面分成了 11 个部分,猜测看来是对的,但它为什么对呢? 我们对此进行分析,增加一些理性认识,也许还能从中找到解决一般问题的线索。

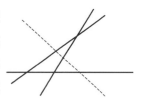

图 4-10　四线分平面

3 条直线分平面为 7 部分;4 条直线分平面为 11 部分,即增加了 4 个部分;在 3 条直线的基础上添加一条直线,为什么分割平面正好多出 4 部分呢? 原因如下:新添的直线与原来的 3 条直线每条都相交,且交在与已有的交点不同的位置,这就出现了 3 个新交点,这 3 点把新添的直线分成 4 段,每一段把它穿过的(由前 3 条直线分成的)那个区域一分为二,因此,"平面分割"增加了 4 个部分,这就是"4"的来历。分析表明,这个"4"正是 3 个点把直线分成 4 段中的"4",也就是"11"左肩上的"4"。11＝4+7 就是这样产生的。这种分析就是能令人信服的逻辑推理。这极大地增强了我们对发现规律的信心。

读者可以仿照这样的推理,自行分析 5 条直线分平面的情况。

我们再来类比分析 $n=4$ 时,平面分空间的情况,即求 $F(4)$ 的情况。这时在平面的纸张上作立体图就不容易了,只能借助四面体延展图来想象。但是可以从思维上、语言上与前述情形进行类比。

我们在 3 个平面分空间为 8 个部分的基础上,再添加一个平面,这个平面与原来的 3 个平面都相交,并且又不过原来 3 个平面的交点,从而不经过原来任意两个平面的交线,这就产生了 3 条新交线,这 3 条新交线把新添加的平面分为 7 个部分(即表 4-2 中的"7"),每一部分把它穿过的(由前 3 个平面分成的)区域一分为二。于是,"空间分割"增加了 7 个部分,加上原来已有 8 个部分,因此总的空间部分数就是 8+7＝15,这就是数字"15"的来历。

（8）类比得出 $f(n)$ 和 $F(n)$ 的递推公式

由上述知,从 $n=3$ 到 $n=4$ 的过渡,并无任何特殊之处。我们完全可以照此分析由 $n-1$ 向

$n$ 过渡时发现的情况,得到一般表达式。

根据(7)的结论,我们可以类比猜测得出下面两个递推公式:

$$f(n) = L(n-1) + f(n-1)$$
$$F(n) = f(n-1) + F(n-1)$$

这两个递推公式与斐波那契数列的递推式有区别,但数学思想是相通的。

现在,我们仅分析较为复杂的公式 $F(n) = f(n-1) + F(n-1)$ 获得的过程。实际上,只要在前面的叙述中,把"3 个平面"换为"$n-1$ 个平面",把"8 个部分"换为"$F(n-1)$ 个部分",把"3 条新直线"换为"$n-1$ 条新直线",把"7 个部分"换为"$f(n-1)$ 个部分",把"15"换为"$F(n)$"就完成了。

$n$ 个平面把空间最多分成 $F(n)$ 个部分,求 $F(n)$。下面,我们详细介绍其推理过程。

我们在 $n-1$ 个平面分空间为 $F(n-1)$ 个部分的基础上,再添加一个平面,这个平面与原来的 $n-1$ 个平面都相交,并且又不过原来任意 3 个平面的交点,从而不过原来任意两个平面的交线,这就交出了 $n-1$ 条新直线,这 $n-1$ 条新直线把新添的平面分为 $f(n-1)$ 个部分,每一部分把它穿过的(由前 $n-1$ 个平面分成的)区域一分为二。因此,"空间分割"增加了 $f(n-1)$ 个部分,而原来已有 $F(n-1)$ 个部分。所以现在空间共被分割成的"部分数"是 $F(n) = f(n-1) + F(n-1)$,这就是推导递推公式的逻辑推理过程。

另一公式 $f(n) = L(n-1) + f(n+1)$ 的逻辑推理过程,读者可自行推导。

(9)推出 $f(n)$ 和 $F(n)$ 的显式表达式

上述还只是递推关系式,我们希望进一步得到像 $L(n) = n+1$ 那样的、关于 $f(n)$ 和 $F(n)$ 的显式,即直接用 $n$ 的解析式来表达 $f(n)$ 和 $F(n)$,下面的技巧是常用的。

利用 $f(0) = 1$ 及递推公式 $f(n) = L(n-1) + f(n-1)$ 得到表 4-3 中"直线分平面"的一系列等式,将这些等式的等号两边分别相加,消去等号两边相同的项,再化简,便得到结果:

$$f(n) = 1 + \sum_{i=0}^{n-1} L(i) = 1 + \sum_{i=0}^{n-1} (i+1) = 1 + \sum_{i=1}^{n} i = 1 + \frac{n(n+1)}{2}$$

同样,对表 4-3 中最右一列"平面分空间"的等式作相同处理,可得如下结果:

$$F(n) = 1 + \sum_{i=0}^{n-1} f(i) = 1 + \sum_{i=0}^{n-1} \left[ 1 + \frac{i(i+1)}{2} \right] = \frac{1}{6}(n^3 + 5n + 6)$$

另外,我们用不完全归纳法也可以得到以上两个计算公式,读者可自行尝试。

表 4-3　直线、平面和空间的分割数之间的关系

| 分割元素个数 | 被分成的部分数 | |
|:---:|:---:|:---:|
| | 直线分平面 | 平面分空间 |
| 0 | $f(0) = 1$ | $F(0) = 1$ |
| 1 | $f(1) = L(0) + f(0)$ | $F(1) = f(0) + F(0)$ |
| 2 | $f(2) = L(1) + f(1)$ | $F(2) = f(1) + F(1)$ |

| 分割元素个数 | 被分成的部分数 | |
|:---:|:---:|:---:|
| | 直线分平面 | 平面分空间 |
| 3 | $f(3)=L(2)+f(2)$ | $F(3)=f(2)+F(2)$ |
| … | … | … |
| $n-1$ | $f(n-1)=L(n-2)+f(n-2)$ | $F(n-1)=f(n-2)+F(n-2)$ |
| $n$ | $f(n)=L(n-1)+f(n-1)$ | $F(n)=f(n-1)+F(n-1)$ |

（10）用数学归纳法证明显式

以上两个计算公式，不管是按照比较严格的逻辑推导得来，还是用不完全归纳法猜测得来，它们都不是严格的证明。为此，我们还要用数学归纳法去证明它们，此处从略，读者可自行完成。

至此，我们用类比的思想方法，不但解决了"5 个平面最多把空间分为多少个部分"的问题，而且还解决了"$n$ 个平面最多把空间分为多少个部分"的问题。由此，我们见识了类比的无限可能，它是解决许多数学问题的有力武器。

# 第三节 抽象的思想方法

学会数学"抽象"是一种基本的数学素养，有的同学却因数学的抽象而感到数学枯燥、难学。其实，"抽象"是数学的一大武器，也是数学的优势，我们应该喜爱"抽象"，学会"抽象"的思想方法。

抽象是数学的一个突出特点，可以说没有抽象，就不可能有数学。数学中大量的概念、问题都是由现实的、具体的、众多的事物中抽象得来的。

例如，最简单的自然数，就是根据万事万物在"多少个"这个量方面的本质特征，经过人类若干万年的过程抽象得来的。客观世界里可能有 5 条鱼、5 棵树、5 个人、5 个果子等，但是却找不到数学中的这个"5"。5 是从众多的这种 5 个事物里抽象出来的。其他自然数与"5"一样，也是从众多的客观事物中抽象得来的。

大量的数学运算、法则、公式等，也是从客观世界的具体事物之间的运算中抽象得来的。例如，从 2 条鱼加 3 条鱼等于 5 条鱼，2 个苹果加 3 个苹果等于 5 个苹果，2 个人加 3 个人等于 5 个人中，抽象出一个加法运算的式子，就是 2+3=5。现在要问：2 个桃子加 3 个苹果，等于什么？应该怎么回答呢？

等于 5 个桃子，不对；等于 5 个苹果也不对，那么能不能说这里的加法就没有意义呢？不能，因为这里的不能相加只限于在低层次抽象背景下，如果将"桃子"和"苹果"进一步抽象成"水果"，那么这个加法运算就可以进行，相加的结果等于 5 个"水果"。

为了让大家认识"抽象"的优势,了解"抽象"的思想、原则、方法和作用,学会"抽象"的手段,体验"抽象"的过程,从而喜欢上"抽象",我们就以"哥尼斯堡七桥问题"为例,详细介绍数学的抽象过程。

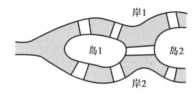

图4-11 哥尼斯堡七桥示意图

"哥尼斯堡七桥问题"是18世纪著名的古典数学问题之一。哥尼斯堡是欧洲一个美丽的城市,城里有一个公园,公园有7座桥将普雷格尔河中两个岛及岛与河岸连接起来(图4-11)。人们晚饭后经常沿着河岸散步,经过桥走到岛上去,再经过桥走到对岸。

一天,有人突然想玩一个游戏:"看看谁能从这4块陆地中任一块出发,恰好通过每座桥一次,再回到起点?"恰好通过每座桥一次就是不重复地走遍这七座桥,其中包含两层意思:第一要把这七座桥都走到,第二不能重复走任何一座桥。反正是散步,大家都踊跃去尝试,可是几天下来,却无人能够找到既不重复走某座桥,又不漏掉某座桥的路线,即他们不是少走就是重复走了某座桥。可见,不重复地走遍这七座桥,还不是一个简单问题。

这时,几天的困扰使大家意识到,可能数学家能解决这个问题,于是他们就写信给当时的大数学家欧拉。欧拉接到信后发现,这不是过去数学上曾经遇到过、更不是曾经解决了的问题,而是一个全新的问题。1736年,欧拉通过三步抽象把这个全新的问题转化为数学问题,最终将其圆满解决。下面我们来学习欧拉对这个问题的抽象和解决过程。

第一步,对地图的抽象。欧拉首先明确,这个问题与两岛、两岸的形状、大小无关,和这七座桥的长短、弯直也无关,重要的是岸、桥、岛的相对位置关系。为此,他巧妙地将地图抽象成所谓的点线图(图4-12),将两个岛和两岸抽象成4个点,将七座桥抽象成7条线,特别是将两岸抽象成两个点,这是一般人想不到的,这样的抽象既简化了问题的条件,又突出了问题的本质,便于分析研究。

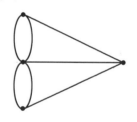

图4-12 七桥问题抽象图

第二步,对问题的抽象。上述不重复地走遍七座桥的问题,欧拉将它抽象成所谓的一笔画问题,一笔画问题就是把点线图画在一张纸上,要求笔不离纸,要一笔画出点线图,既不能少画一条线,也不能重复地画某条线,把不重复地走遍七座桥的问题抽象成一笔画问题,就是对问题的抽象,这一步抽象明确了问题的本质。

第三步,将一笔画问题转化为数学方式的叙述。怎么转化呢?我们来看"品""串""田"字,这些汉字其实也可以看成点线图。但是"品"字不可能是一笔画的,因为它不连在一起,所以点线图能一笔画的必要条件是它是连通的;但联通的点线图不一定能一笔画。例如"串""田"两字,虽然是连通的点线图,但不能一笔画;奥运五环也是一个连通的点线图,它却能够一笔画。那么,任意一个点线图,哪个能一笔画,哪个不能一笔画呢?也就是说,一个连通图能一笔画的充分条件是什么呢?接着,欧拉又从三个层次对这个问题进行了讨论。

第一层,把图形上的点进行分类。欧拉在解决问题的过程中,可能将这些点分过两类、三类、四类,但最后他根据与点连接的线的条数,将这些点分成了奇节点和偶节点两类。其中与奇数条线连接的点叫奇结点,与偶数条线连接的点叫偶结点。

第二层,分析能成功一笔画与奇偶节点数的多少之间的关系。为了能成功地一笔画,连通的点线图中的偶结点多好,还是奇结点多好呢?经研究,他发现偶结点多、奇结点少更胜一筹。

第三层,分析奇结点数少到几个才可以一笔画。点线图上的点是不平等的,起点和终点是一类,中途经过的点是第二类,并且中途点不能是奇结点。经研究发现,奇结点少到不超过两个就可以一笔画。奇结点不超过两个,意味着可能是 2 个、1 个或 0 个。当奇结点是 2 个时,其中一个是起点(只有出线),另一个是终点(只有入线);当奇结点是 0 个时,任何一个点都既是起点,也是终点,还是中途点。可以证明,点线图里奇结点数不可能是 1 个。因此,这里奇结点不多于两个,意味着奇结点数是 2 个或 0 个。也就是说,对一个连通的点线图,当其中的奇结点是 2 个或 0 个时,它就可以一笔画了。这就是连通的点线图可一笔画的充要条件。

再用这个结论考察哥尼斯堡七桥问题。从图 4-11 可知,图中有 4 个奇结点,这不满足能一笔画的必要条件。难怪那么多人想不重复地走遍这七座桥,最后都失败了,原来隐藏着的数学奥妙就在于此。

欧拉将此结论写成论文在圣彼得堡科学院的杂志上发表,它开创了图论的先河,也开创了拓扑学的先河。由此展开了数学史上的新征程。

由此可见,数学家的创新思维值得我们去体会和学习。从欧拉的抽象过程,我们看到了抽象是数学的有力武器,是数学的一大优势,由此我们应该喜欢抽象,并且要用心去体会和理解抽象的思想方法。

# 第四节 "变中求不变"的思想方法

辩证唯物主义认为,事物是运动变化的,事物的运动变化是有规律的。这里的规律就是变化中的"不变"。因此,要想在千变万化的物质世界的运动变化中寻找规律,就要从"变"中求"不变"。"变中求不变"既是一种哲学态度,又是一种探索和处理数学问题的重要思想方法。

实际上,我们学过的许多定理、定律、命题、公式等,都可以用变中有不变的观点来阐述。例如圆周上的角,当它所对的劣弧相同,顶点在圆周上移动时,圆周角始终不变,这里变的是角的顶点,不变的是角的大小。

在研究数学问题时,怎样从"变"中求"不变"呢?下面就以三角形的一条性质为例来讨论这个问题。

陈省身先生于 1978 年在北大的一次演讲中说过这样一句话:"三角形三内角之和 = 180° 这个命题不好。"他说这个命题不好并不是说这个命题不对,而是认为有比这个命题更好的命题。我们从"三角形三内角之和 = 180°"这个命题能推出:

**命题 1**  $n$ 边形 $n$ 内角之和 = $180 \times (n-2)°$。

**命题 2**  $n$ 边形 $n$ 个同旁外角之和 = 360°。

命题 1 的结论与多边形的边数 $n$ 有关,命题 2 的结论与多边形的边数 $n$ 无关,所以命题 2 比命题 1 更好。在多边形的边数 $n$ 变化时,结论 2 恒定不变,这表明"变中有不变"。

陈先生说,世界上一切事物都是在运动和变化当中的,但是在这种运动和变化中,事物的某些性质可能有相对的稳定性,它们在事物变化的过程中保持不变,这就是变中有不变。科学家、数学家就应该抓住这种变化中的不变去研究事物。为什么在事物变化的时候它不变?它为什么有相对的稳定性? 这是因为它从某个方面反映了事物的本质,我们研究客观世界就是要揭示事物的本质。在这个意义上,陈先生说命题 2 比命题 1 好。

抓住变中的不变去研究,就可以找到事物的规律,发现事物的本质。例如圆,有小圆、大圆,其周长、直径都可以变化,但是在这种变化中,有一种性质不变,那就是圆的周长与直径的比值,即圆周率不变。这就是圆的变中有不变,这个万古不变的圆周率就深刻地反映了圆的本质。从古到今,不同地域、不同民族都想求出圆周率更精确的值。

又如,直角三角形,它会因大小和形状的不同而千变万化,但在直角三角形的变化中,有一种性质不变,即斜边的平方总等于两条直角边的平方和,这就是著名的勾股定理。勾股定理就是变中有不变的经典例子,它深刻地反映了直角三角形的本质。

接下来,我们进一步研究命题 2,检视它是否揭示了更深刻的变中不变的本质规律。如果按照前述的规律,任意多边形的同旁外角和是 360°,则六边形的外角和也是 360°。现在将直边推广为曲边,结论是否成立呢? 即将六边形的一边变为曲边,计算它的同旁外角之和是否还是 360°。

曲边上从一个端点到另一个端点的转角,可以定义为从起点到终点的切线角的积分。经证明,这样定义后,有一条曲边的六边形外角和还是 360°。同样,每一条边都是曲边的六边形的同旁外角和还是 360°。进而,任意多边形(可能是曲多边形)的同旁外角和都是 360°。

这样定义转角后,不仅任意曲多边形的外角和是 360°,而且卵形线,例如鸡蛋、圆、椭圆的切线夹角和还是 360°,以及 8 字线、双 8 字线等,其外角和都是 360°。这些结论还只是建立在二维平面基础上,若进一步推广到 3 维空间、4 维空间,直至 $n$ 维空间,甚至推广到流形上去,仍然具有类似不变的本质。

1944 年,陈省身先生在美国普林斯顿高等研究院发表了关于"高斯—邦尼公式的内蕴式的证明"的论文,他把微分几何推到了一个新的高度,确立了他在世界顶尖级数学家的地位。高斯—邦尼公式中出现了 $2\pi$(360°),这说明"任意多边形的同旁外角和是 360°"这一命题,确实揭示了几何世界里某种变中不变的本质特征。

通过上述例子,我们可以得出以下几点启示:

(1)数学中的许多定理、定律、命题、公式等,都可以看成是揭示了数学变化中的某种不变的本质规律。

(2)在讨论数学问题时,从变中发现了不变的性质,就是在某种程度上揭示了数学问题的本质。因此,变中求不变就是透过现象看本质的一种思想方法。

(3)"变中求不变"中的"不变"具有层次高低之分。

例如,命题"三角形三内角和是180°"已经是从变中得到不变的规律,因为不管是直角三角形、锐角三角形,还是钝角三角形,也不管这些三角形的大小怎么变化,它们的内角和始终等于360°。但是,这个命题与"三角形的同旁外角和等于360°"相比,它是较低层次的变中不变的规律,因为后者经多次推广后的情形仍然成立,揭示的本质要深刻得多。因此,我们在"变中求不变"的过程中,要尽量找出最深刻揭示事物本质的不变的特质。

# 习题 4

1. 无穷集合与有限集合有何本质区别,试举例说明。

2. 什么是类比的思想方法,试举例说明。

3. 什么是抽象的数学思想,试举例说明。

4. 什么是"变中求不变"的思想方法,请列举数学中的几个例子。

5. 除本章讨论的几类数学思想方法外,你还知道哪些重要的数学思想方法,请列举 2 个以上,并分别加以解释说明。

# 第五章　数学美欣赏

数学不仅拥有真理,而且拥有美。数学是理性思维的艺术,因此数学美更多的是深层的、崇高的理性美,它包括简洁美、严谨美、奇异美、和谐美等。但是,数学到底美在哪里? 数学这座百花园里有哪些奇伟瑰丽非常之观呢?

# 第一节　对数学美的认识

## 一、大家对美的看法

有史以来,众多大家试图从不同途径、不同角度,对"美"进行界定和解释,然而,美是什么,什么是美? 大家对此却众说纷纭,莫衷一是。

苏格拉底说:"美是难的";毕达哥拉斯说:"美是和谐";康德说:"美是不凭借概念而普遍让人愉快的";黑格尔说:"美与真是一回事,这就是说美本身必须是真的"等,都是对"美"既概括又简明的界定。同时,人们对"认识美"的看法也是仁者见仁,智者见智。

托·阿奎那说:"美有三个要素:第一是一种完整或完美,凡是不完整的东西就是丑的;第二是适当的比例或和谐;第三是鲜明,所以鲜明的颜色是公认为美的。"

我国唐代大文豪柳宗元说:"夫美不自美,因人而彰。"

法国雕塑家罗丹说:"美是到处都有的。对于我们的眼睛,不是缺少美,而是缺少发现。"

马克思说:"对于不辨音律的耳朵来说,最美的音乐也毫无意义。"

哲学家费尔巴哈说:"如果你对于音乐没有欣赏力,没有感情,那么,你听到最美的音乐,也只是像听到耳边吹过的风,或者脚下流过的水一样。"

法国启蒙思想家、哲学家伏尔泰说:"如果你问一只雄癞蛤蟆美是什么? 它会说,美就是它的雌癞蛤蟆,两只大圆眼睛从小脑袋里突出来,颈项宽大而平滑,黄肚皮,褐色脊背。如果你问魔鬼,他会告诉你,美就是头顶两角,四只蹄爪,连一个尾巴。"

英国哲学家休谟说:"不同人的心里,有不同的美。这个人觉得丑,另一个人可能感到美。"

黑格尔说:"美可以有许多方面,这个人抓住的是这一方面;那个人抓住的是那一方面。"

……

## 二、大家对数学美的看法

（一）关于数学美

历代哲学家、数学家对数学美有许多深刻的论述。

1. 关于数学中存在美

哈尔莫斯说，数学之美是很自然明摆着的。普罗克拉斯说，哪里有数，哪里就有美。苏利文说，在现实中，不存在像数学那样有如此多的东西，持续了几千年依然是如此美好。英国哲学家、数学家罗素认为："数学，如果正确地看它，不但拥有真理，而且也具有至高的美，是一种冷峻而严肃的美，这种美不是投合我们天性脆弱的方面，这种美没有绘画或者音乐那样华丽的装饰，它可以纯净到崇高的地步，能够达到只有伟大的艺术才能谱写的那种完满的境地。"

2. 关于数学美的存在形式

黑格尔说，美包含在体积和秩序中。亚里士多德说，硬说数学科学无美可言的人是错误的。美的主要形式是秩序、匀称与明确。庞加莱说，感觉到数学的美，感觉到数与形的协调，感觉到几何的优雅，这是所有真正的数学家都清楚的、真实的、美的感觉。

3. 关于数学美与艺术

库默说，一种奇特的美统治着数学王国，这种美不像艺术之美与自然之美那么相似，但她深深地感染着人们的心灵，激起人们对她的欣赏，与艺术之美是十分相像的。雅可比说，数学如同音乐或诗一样显然地确实具有美学价值。哈代说，数学确属美妙的杰作，宛如画家或诗人的创作一样——是思想的综合；如同颜色或词汇的综合一样，应当具有内在的和谐一致。对于数学概念来说，美是她的第一个试金石；世界上不存在畸形丑陋的数学。柯普宁说，当数学家导出方程式和公式，如同看到雕像、美丽的风景，听到优美的曲调等，同样感到非常的快乐。西尔弗斯特说，难道不可以把音乐描绘成感觉的数学，把数学描绘成理性的音乐吗？这样，音乐家感受到数学，数学家享受到音乐——音乐是梦想，数学是工作的一生——双方都经由对方达到尽善尽美的境地。到那时，人类的智慧达到完美境地，将在某个未来的莫扎特—狄利克雷或贝多芬—高斯的歌颂下光彩夺目。这种强强联合已经在一个赫姆霍尔兹的天才和工作中清楚地预示出来了。

（二）关于数学家对艺术美的追求

冯·诺伊曼说，我认为，说数学家选择课题的准则以及判断他是否成功的准则，主要是美学准则，这是正确的。

斯蒂恩说，在数学定理的评价中，审美标准既重于逻辑的标准，也重于实用的标准；在对数学思想的评价时，美与优雅比是否严密、是否正确、是否有用都重要得多。

克莱因说，对早已正确认定的定理做进一步的研究，探索它的新证法，只不过是因为现有的证明欠缺美的魅力。

魏尔斯特拉斯说，一个没有几分诗人才能的数学家决不会成为一个完全的数学家。

哈尔莫斯说,数学是创造性的艺术,因为数学家创造了美好的新概念;数学是创造性的艺术,因为数学家的生活、言行如同艺术家一样;数学是创造性的艺术,因为数学家就是这样认为的。

哈代说,数学家如画家或诗人一样,是款式的制造者——数学家的款式,如同画家或诗人的款式,必须是美的——世上没有丑陋数学的永久立身之地。

博歇说,一般地说,我更想把数学视为艺术,而不是科学。因为我们可以说,数学家的活动,当他受外部的理性世界所引导,而不是被控制时,不断地进行创造性的活动,与一个艺术家、一个画家的活动相类似,有着实在的,不是虚幻的相似点。数学家这一方面的严密演绎推理可以比喻为画家那一方面的绘画技巧。正如没有一定技巧的人不能成为一位好画家一样,没有一定的精密推理能力的人不能成为一位好的数学家。但是,这些尽管是他们的基本特质,还不足以使一个画家或数学家名副其实,画图技巧与推理能力,说实在的,终究不是最重要的因素。事实上,对两者来说,作为主要特质的是想象力,才能造就一名杰出的艺术家或数学家。

## 三、应该如何看待数学美

从历代大家关于"美"的论述中,我们认识到:第一,美是一个哲学概念,它是难以准确界定的;第二,美有多重性,有看到的美丽、听到的美妙、感受到的美好、悟到的美德等;第三,美有多面性,一个事物从一个角度看可能是美的,但从另一个角度看却不美;第四,美具有很强的主观性,对于同一个认识对象,可能有人认为美,有人认为不美;第五,对抽象的、深层次的美的认识,需要足够的审美知识和能力。

数学美同样如此,它具有多层次性和多样性。数学有简洁美、严谨美、奇异美、和谐美等。人们从不同的角度去欣赏,所获得的美的感受自然不一样,正是"横看成岭侧成峰,远近高低各不同"。

同时,数学是理性思维的一门艺术,数学美更多的是深层的、崇高的理性美。因此,要发现和欣赏数学美,就需要具有一定的数学知识和审美能力。对数学美的领悟取决于个人的数学素养和对数学美的鉴赏力。我国古代著名学者王充说:"涉浅水者见虾,其颇深者见鱼鳖,其尤深者观蛟龙,足行迹殊,故所见之物异也。"个人因数学经验及对数学的评价水平的不同,对数学美的感悟也不一样。许多在外行人看来是枯燥无味的符号、公式、定理,数学家却能理解其奥妙与神韵,并沉醉其中。

另外,数学与艺术有许多共同点,它们都追求美,它们都不仅有实用的价值,也存在欣赏价值,它们都需要灵感、技巧与悟性,但它们也有不少差异。数学有客观的真理标准、严格的逻辑结构,艺术有较强烈的个性色彩;数学美显得冷峻,艺术美显得谦和;不具数学才能的人能够成为一流的艺术家,没有艺术眼光的人也能够成为杰出的数学家。但是,有数学思想的艺术家,例如达·芬奇、杜勒,才能成为伟大的艺术家,有艺术鉴赏力的数学家才能成为伟大的数学家。

# 第二节 黄金分割数

## 一、黄金分割的含义及其来历

黄金分割(golden section),是指将一条线段分成两段,使$\dfrac{\text{全段}}{\text{大段}}=\dfrac{\text{大段}}{\text{小段}}$的一种分割。黄金数,则是由这个比$\dfrac{1}{\varphi}=\dfrac{\varphi}{1-\varphi}$得到的$\varphi=\dfrac{\sqrt{5}-1}{2}\approx0.618$。由于$\dfrac{\sqrt{5}+1}{2}\approx1.618$与$\dfrac{\sqrt{5}-1}{2}$互为倒数,因此,0.618和1.618都称为黄金比。有时,人们对黄金分割、黄金数、黄金比不加区别地使用。

早在公元前6世纪,古希腊的毕达哥拉斯学派就因研究正五边形和正十边形的作图而触及甚至掌握了黄金分割。公元前4世纪的古希腊数学家欧多克斯第一个系统研究了这一问题,他称之为"中末比",并建立起比例理论。13世纪意大利数学家斐波那契研究兔子的繁殖问题时也涉及黄金数。15世纪末,另一位意大利数学家、会计学创始人、达·芬奇的好友卢卡·帕西奥利将黄金比例称为神圣比例,并就此著有《神圣比例》一书。达·芬奇的画作也大量运用了黄金分割原理。

19世纪,德国数学家阿道夫·蔡辛在《人类躯体平衡新论》和《美学》中正式提出了"黄金分割原理",并进行了理论阐述。他对人体进行了大量测算,发现人的肚脐正好是人体垂直高度的黄金分割点,膝盖骨是大腿和小腿的黄金分割点,肘关节是手臂的黄金分割点。蔡辛还研究了古代一些著名建筑、雕塑和绘画中的比例问题,他要求对建筑各部分的比例,用严格的数学方法加以计算,以达到整体结构的完整与和谐。他断言宇宙万物,凡是符合黄金分割的,总是最美的形体,并运用归纳法导出结论,认为黄金分割是解开自然美和艺术美奥秘的关键。从此,"黄金分割"的说法就逐渐流行开来,黄金分割原理也被大量运用于艺术和自然科学中。

## 二、数学中的黄金数

许多数学问题都与黄金数有着密切的联系,下面略举几例加以说明。

(一)几何图形中的黄金数

1. 五角星

我国的国旗、国徽、军旗、军徽都采用了五角星图案;而发现黄金矩形的毕达哥拉斯学派的会徽也是一个五角星,每一个成员都佩戴一个五角星标记的徽章。目前,近40个国家的国旗上的"星"都是五角星。为什么五角星成为众多民族喜爱的图形?正五角星图形到底具有哪些美感呢?

五角星的形成来自大自然(如五角星形花瓣),它也和大自然一样,既有美妙的对称,也有扣人心弦的变化。五角星是圆的5等分点依次隔点连接而成的几何图形(图5-1)。除具有很好的对称性外,五角星美的核心是 5 条边相互分割成黄金比,如 $J,I$ 是 $AD$ 的黄金分割点,它是一种最匀称的比,是美的原动力。因此,五角星形才具有如此巨大的魅力,成为世人所喜爱的图形。

2. 黄金矩形

长宽比为黄金比的一类矩形叫作黄金矩形。数学上认为黄金矩形是极美的一类图形。在数学、艺术、建筑、自然界,甚至广告等方面,处处可见黄金矩形。例如窗户、桌面、挂历、照片、画面、信封、烟盒、图书室的目录卡……,它们的长宽比就接近黄金比。心理学家曾做过试验,证实黄金矩形是让人看起来最顺眼且最舒服的一种长方形。

黄金矩形中截去以短边为边长的正方形,余下部分与原矩形相似,也是黄金矩形。反复重复这个步骤,就得到一系列逐渐缩小的、按螺旋排列的黄金矩形(图 5-2)。

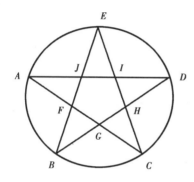

图 5-1　五角星中的黄金分割

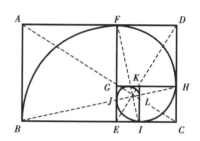

图 5-2　黄金矩形

如果将这些正方形内的 1/4 圆弧连接起来,就可以得到一个平滑的自相似螺线,叫作黄金螺线。这个螺线是一个"分形",其维数为 1.619 732 7…,非常接近于 0.618 的倒数 1.618。可见黄金数与现代数学中的新概念分形也有联系。

3. 黄金三角形

黄金三角形分两类,第一类是底与腰之比为黄金数的三角形,如图 5-3 和图 5-4 所示是不断缩小的黄金三角形序列。第二类是黄金直角三角形(图 5-5),三边成等比数列,具有比黄金等腰三角形更多的与黄金数有关的美妙性质:

①黄金直角三角形一锐角的正弦值是黄金数 $\varphi$;

②黄金直角三角形三边的公比为 $\sqrt{\varphi}$;

③黄金直角三角形斜边上的垂线的垂足为斜边的黄金分割点。

此外,还有黄金椭圆(短轴与长轴之比为黄金数的椭圆)、黄金双曲线(实半轴长与半焦距之比为黄金数的双曲线),黄金长方体(长、宽、高之比为 $\varphi^{-1}:1:\varphi$)。黄金长方体具有以下奇妙的性质:表面积与其外接球表面积之比为 $\varphi:\pi$。由此建立起了黄金分割数 $\varphi$(无理数)与 $\pi$(超越数)之间的一种关系。

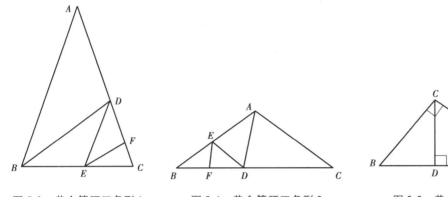

图 5-3　黄金等腰三角形 1　　　图 5-4　黄金等腰三角形 2　　　图 5-5　黄金直角三角形

以上黄金图形,是同类图形中最和谐、最优美的图形,让人看起来赏心悦目。

(二)斐波那契数列中的黄金数

在第三章我们曾介绍过斐波那契数列 $1,1,2,3,5,8,13,21,34,55,89,144,\cdots$。这个数列的特点是,从第 3 项起,每一项都等于它的前两项之和。奇妙的是它的通项公式 $F_n = \frac{1}{\sqrt{5}}\left[\left(\frac{\sqrt{5}+1}{2}\right)^n - \left(\frac{1-\sqrt{5}}{2}\right)^n\right]$ 中含有无理数 $\sqrt{5}$,而 $n$ 用正整数代入时,所得结果都是正整数;另一个出人意料的是,不仅通项里含有黄金分割数,而且相邻两项的比 $F_n/F_{n-1}$,当 $n$ 趋于无穷大时,它的极限恰好也是黄金数分割数!

斐波那契数列的内在联系具有一种特殊、神秘的效力,以至于近年来国外还出版了专业杂志《斐波那契数列》,专门发表有关这个数列的新发现和新用途的文章,使斐波那契数列的研究长盛不衰。

(三)黄金数的自相似性

由黄金数的定义式 $\frac{1}{\varphi} = \frac{\varphi}{1-\varphi}$ 得 $\varphi = \sqrt{1-\varphi}$,再将该式代入根号中的 $\varphi$ 得 $\varphi = \sqrt{1-\sqrt{1-\varphi}}$,如此反复就得到无穷嵌套的自相似表达式 $\varphi = \sqrt{1-\sqrt{1-\sqrt{1-\cdots}}}$,且 $1/\varphi = \sqrt{1+\sqrt{1+\sqrt{1+\cdots}}}$。

若由 $\frac{1}{\varphi} = \frac{\varphi}{1-\varphi}$ 得 $\varphi = \frac{1}{1+\varphi}$;同样,将该式代入分母中的 $\varphi$ 中得 $\varphi = \frac{1}{1+\frac{1}{1+\varphi}}$,如此反复就得到

$\varphi = \cfrac{1}{1+\cfrac{1}{1+\cfrac{1}{1+\cdots}}}$。这又是一个无穷嵌套的自相似表达式。

黄金数与数字 1、根式、分式之间竟然有如此迷人的联系,这怎不让人惊叹它的神奇与美妙呢!

数学中还有很多与黄金数有关的奇妙性质。因篇幅所限,此处不予赘述。

## 三、黄金分割与人

　　研究发现,体形健美者的容貌外观结构中,很多数据和"黄金分割"有关。近年来,在研究黄金分割与人体关系时,已发现人体结构中有 14 个"黄金点"、12 个"黄金矩形"和 2 个"黄金指数"。

　　人体的黄金点,除前述提到的肚脐、咽喉、膝关节、肘关节外,还有乳头、眉间点、鼻下点、唇珠点、颏唇沟正路点、左口角点、右口角点。

　　人体中的黄金矩形,有躯体轮廓、面部轮廓、鼻部轮廓(鼻翼为宽,鼻根至鼻底间距为长)、唇部轮廓、手部轮廓、上颌切牙、侧切牙、尖牙轮廓。

　　人体的黄金指数,是指面部的三庭五眼也满足黄金分割律,它包括反映鼻口关系的鼻唇指数和反映眼口关系的目唇指数。

　　《维纳斯的诞生》是意大利画家波提切利的代表作,该画中维纳斯体现了 7 个黄金分割(图 5-6)。

图 5-6　油画《维纳斯的诞生》

　　0.618,作为人体健美的标准尺度之一,本无可厚非,但不能忽视其存在"模糊特性",它同其他美学参数一样,都有一个允许变化的幅度,是受种族、地域、个体差异制约的。以上是人体外表与黄金分割的关系,人体内部机能也与黄金分割密切相关。

　　例如,正常人体内水分含量约占体重的 0.618 倍;小肠是人的消化道中最重要的一段器官,食物消化吸收主要在这里进行,而小肠刚好是消化道总长的 0.618 倍,符合黄金分割率;素食占食物总量的 0.618 是最健康的膳食结构;膳食结构中优质蛋白应占蛋白质总量的

0.618 倍,才能保证机体的正常新陈代谢;主副食、粗细粮、静动比例等,都符合黄金分割率时,才是合理膳食结构和科学的养生方法。

## 四、黄金分割与艺术

### (一)黄金分割与音乐

黄金分割与音乐的联系是多方面的。在一些乐曲的创作技法上,作曲家们经常会有意或无意地将高潮,或音程、节奏的转折点安排在全曲的黄金分割点处,利用数理美感形成结构上的均衡感,以期达到最优的听觉效果。

例如,《梦幻曲》是一首带再现三段曲式,每段由等长的两个 4 小节乐句构成,全曲共 6 句,24 小节。理论计算黄金分割点应在第 14 小节,这与全曲实际高潮正好吻合。有些乐曲从整体到每一个局部都合乎黄金比例,该曲的六个乐句在各自的第 2 小节进行负相分割(前短后长);它的三个部分在各自的第二乐句第 2 小节正相分割(前长后短)。这样就形成了乐曲从整体到每一个局部多层复合分割的生动局面,使乐曲的内容与形式更加完美。

黄金比例的原则在大、中型乐曲中也得到不同程度的体现。一般来说,曲式规模越大,黄金分割点的位置在中部或发展部就越靠后,甚至推迟到再现部的开端,这样可获得更强烈的艺术效果。如莫扎特《D 大调奏鸣曲》,第一乐章全长 160 小节,再现部位于第 99 小节,不偏不倚刚好落在黄金分割点上。据美国数学家乔巴兹统计,莫扎特的所有钢琴奏鸣曲中有 94%符合黄金分割比例,这个结果令人惊叹。这是莫扎特有意使自己的乐曲符合黄金分割,还是一种纯直觉的巧合现象,我们不得而知。然而,美国的另一位音乐家认为:"我们应当知道,创作这些不朽作品的莫扎特,也是一位喜欢数字游戏的天才。莫扎特是懂得黄金分割的,并有意识地运用它。"

肖邦的《降 D 大调夜曲》是三部性曲式,全曲不计前奏共 76 小节,理论计算黄金分割点应在 46 小节,再现部恰好位于 46 小节,是全曲力度最强的高潮所在。真是巧夺天工!

拉赫曼尼诺夫的《第二钢琴协奏曲》第一乐章是一首宏伟的史诗,它的第一部分为呈示部,其悠长、刚毅的主部与明朗、抒情的副部形成鲜明对比;第二部分为发展部,主部、副部与引子的材料不断地交织,形成巨大的音流。音乐爆发高潮的地方恰恰在第三部分再现部的开端,它是整个乐章的黄金分割点,这可谓是体现黄金分割律的典范。此外,这首协奏曲的局部在许多地方也符合黄金比例。

俄国伟大作曲家里姆斯—柯萨科夫的《天方夜谭》是一首大型交响音乐的范例,它的交响组曲的第四乐章,演绎到辛巴达的航船在汹涌滔天的狂涛恶浪里,避无可避地猛撞在有青铜骑士像的峭壁上的一刹那,在整个乐队震耳欲聋的音浪声中,乐队敲出一记强有力的锣声,锣声延长了 6 小节。随着它的音响逐渐消失,整个音乐强度迅速下降,象征着那艘支离破碎的航船沉入了海底深渊,全曲最高潮就在"黄金点"上,大锣致命的一击所造成的悲剧性效果,真是振聋发聩,摄人心魄。

此外,还有许多音乐元素与黄金分割有关。例如二胡的"千金"或弹奏乐器的琴码分弦的比符合 0.618：1 时,演奏出来的音调最和谐、最悦耳,等等。

（二）黄金分割与视觉艺术

人类对"黄金分割数"的应用,可以追溯到 4600 年前埃及建成的最大的胡夫金字塔,该塔高 146 m,底部正方形边长为 232 m（经多年风蚀后,现在高 137 m,底面边长为 227 m）,两者之比为 0.629＝5：8；在 2400 年前,古希腊在雅典城南部卫城山岗上修建供奉庇护神雅典娜的巴特农神殿,其正立面的长与宽之比为黄金比；在中世纪,黄金分割被视为美的信条几乎统治着当时欧洲的建筑和艺术品位,典型代表当推法国巴黎圣母院教堂,这座教堂的整体结构和局部比例都是严格按照黄金分割的比例设计建造的；于 1976 年竣工的加拿大多伦多电视塔,塔高 553.3 m,第 7 层的工作厅建于 340 m 的高空,其比为 340：553≈0.615。

此外,还有印度泰姬陵以及法国的埃菲尔铁塔等著名建筑都有不少与黄金比有关的数据。这些具有历史意义的、不同时期的建筑,却不约而同地采用了黄金比,或许是黄金比具有非常悦目的美,能使建筑物看起来更和谐、协调之故吧。

在法国巴黎罗浮宫博物馆内,陈列着两件"镇馆之宝"：一是意大利著名画家、艺术大师达·芬奇创作的油画名作——蒙娜丽莎肖像（也称"永恒的微笑"）。画中描绘的是一位面带微笑的、温柔的佛罗伦萨妇女,常使参观者在此画前流连忘返。二是《米洛斯的维纳斯》,这尊高达 2.04 m 的雕像是 1820 年在希腊米洛岛上的一个山洞里发现的,雕像所表现的是古希腊神话传说中爱与美的女神——阿佛洛狄忒,而维纳斯是她的罗马爱称。这两件艺术品之所以能引起人们的美感和普遍喜爱,除了绘画和雕刻技巧外,另一重要因素是在绘画和雕塑设计中遵循了人体的黄金分割比。

视角艺术中,还有许多与黄金分割有关的例子。例如有经验的报幕员,不是站在舞台的正中,而是站在舞台左边或右边的三分之一处（接近黄金分割点）报幕,这样可以取得最佳剧场效果。为了达到最佳的视觉效果,在处理建筑物廊柱间的比例,绘画、摄影构图地平线的分割,主体在画幅中的位置时,人们都要用黄金比作为标准。

除了音乐和视觉艺术外,人们在文学、戏剧与诗歌写作的起、承、转、合中,也会有意或无意地运用黄金分割率。所谓"转"便是转折、对比,是写作的关键所在,"转"在整个结构部位中接近黄金分割点的例子是十分常见的。

# 五、黄金分割与自然现象

（一）植物中的黄金分割

在植物中,无论是挺拔魁梧的乔木,还是矮小秀雅的灌木,它们所形成的直的或横的长方形常常接近黄金分割比例。例如牡丹、月季、荷花、菊花等观赏性花卉含苞欲放时,花蕾呈直的椭圆形,且长短轴的比例大致接近黄金分割。

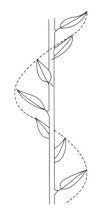

图 5-7 植物叶片的螺旋排列

德国天文学家开普勒在研究植物叶序问题(即叶子在茎上的排列顺序)时发现,叶子在茎上按螺旋形上升的排列也遵循黄金比,这样排列会使植物通风和采光效果最佳。例如车前草,有着轮生排列的叶片,叶片与叶片间的夹角为137°30′(圆周角360°的黄金分割)(图 5-7)。梨树同样如此,它的叶片排列是沿对数螺旋上升,这保证了叶与叶之间不会重合,下面的叶片正好位于上面叶片间漏下阳光的空隙地方,这是采光面积最大的排列方式。可见,沿对数螺旋按圆的黄金分割盘旋而生,是叶片排列的最优选择。辐射对称的花及螺旋排列的果,它们在数学上也符合黄金分割规律,例如"蓟"科植物,以这种形式排列的种子、花瓣或叶子的植物还有很多。事实上,许多常见的植物,例如青菜、包心菜、芹菜等蔬菜叶子的排列,也具有这个特性,只是不容易观察清楚而已。

另外,玉米的果穗多生于茎的中下部,符合黄金分割比例,有利于抗倒伏。植物的这些数学奇迹并不是偶然的巧合,而是在亿万年的长期进化过程中选择的适应自身生长的最佳方案。

科学家们揭示植物的规律,并据此建立数学模型,在生产中用于预测和控制农作物群体结构,造福于人类。另外,建筑学家们仿照植物叶子在茎上的排列方式设计、建造了新式仿生房屋。这些房屋不仅外形新颖、别致、美观大方,同时还具有优良的通风、采光性能。例如,美籍华人建筑大师贝聿铭正是根据这一原理设计了华盛顿国家艺术馆,这样一年四季里太阳都能照到这座建筑物的每一个房间。

(二)动物与黄金分割

首先,动物界,如马、骡、狮、虎、豹、犬等,凡看上去健美的,其身体部分,长与宽的比例也大体上接近黄金分割。另外,蝴蝶身长与双翅展开后的长度之比也接近0.618。

其次,孕育生命之水,液态温度范围是 0 ~ 100 ℃,而鸟类及哺乳动物(包括人)的体温范围是 37 ~ 39 ℃,这一温度正好处于水的液态温度的两个黄金点之一的 38.2 ℃附近。而这个温度的黄金分割点在 23 ℃左右,所以在环境温度为 22 ~ 24 ℃时,人感觉最舒适,这些动物在这一环境温度中,肌体的新陈代谢、生理节奏和生理功能均处于最佳状态。

另外,动物繁殖问题的斐波那契数列中也包含黄金分割,这一切都表明动物与黄金分割也是密切相关的。

(三)地球的"黄金地区"

地球表面的纬度是 0°~90°,对其进行黄金分割,则为 34.38°~55.62°,这正是地球的黄金地区。无论从平均气温、年日照时数、年降水量、年相对湿度等条件看,都是适于人类生活的最佳地区。世界上几乎所有的发达国家都集中在这一地区,我国中原地区也在此列。中原地带历史悠久,人才辈出,是历史上兵家必争之地,在我国历史上留下了可歌可泣的大量史实。

(四)气候的"黄金分割点"

北半球的气候基本上是 1 月最冷，7 月最热，而 1—7 月的黄金分割点是 4—5 月；7 月至下一年的 1 月，其黄金分割点是 9—10 月。因此，每年的 4、5 月份和 9、10 月份是当年的黄金时节，恰是旅行出游的好时光。

## 六、黄金分割与"优选法"

黄金分割在生产实践中的应用也比较普遍，例如"优选法"中常用的"0.618 法"就是黄金分割的一种应用。优选法是由美国数学家基弗于 1953 年首先提出，20 世纪 70 年代由华罗庚提倡在中国推广，这是一种求最优化问题的方法。利用反复在线段上取黄金分割点的方法做试验，能较快地找到最佳方案、减少试验次数，从而节约经费。这种方法被广泛适用于生产与科学研究中，创造了很大的经济效益。

如 1 000 m 长的水管有一处堵塞，为找到堵塞位置，需要在这段水管上进行多次试验。通常是将水管平均分成两段，然后检查是哪一段不通，再将该段平均分为两段，再找出不通的一段，一直下去，直至找到堵点为止。这种试验法称为对分法，但这种方法并不是最快的试验方法，如果将试验点取在区间的黄金分割点（全长的 0.618）处，那么试验的次数将大大减少，这种取区间的 0.618 处作为试验点的方法就是一维的优选法，也称 0.618 法。实践证明，对于一个因素的问题，用"0.618 法"做 16 次试验就可以完成"对分法"做 2 500 次试验才能达到的效果。

黄金数有着无穷的魅力，是一块蕴藏着丰富宝藏的宝地，有待我们去发掘开采。自然界中还有许许多多与 0.618 相关的事例，有待人们去探索、发现、利用。正是那些神奇的奥秘，驱使和吸引众多学者去攀缘奇峰峻岭，倾其漫长而短暂、清贫而富有的一生。

# 第三节　最美的数学等式

## 一、最美等式在选美赛中脱颖而出

世界小姐、亚洲小姐、中华小姐、超级模特青春靓丽、异彩纷呈。

数学定理也不甘寂寞。1988 年秋，举行了一场"数学定理选美大赛"。有三千多年发展史的数学王国有难以计数的定理，而且许多定理对于普通人而言是那样的高深难懂，因此不能进行海选，只能先由专家推荐候选名单。

英国数学教育家大卫·魏尔斯，在一家著名的国际性数学普及杂志《数学智力》上发表了《哪一个是最美的》文章，他在文中提名并介绍了 24 位候选"佳丽"，鼓励世界各地的数学爱好者对每一条数学定理，根据她们"美"的程度，打上 0 到 10 的一个分数。同时，他还欢迎参评人提供具体的评论意见。

这 24 位获得提名的"佳丽",无论"仙""凡",来历都非同一般。有的已有 2 400 多岁高龄;有的(在当时)年仅 24 岁;有的是近代数学的最新成果,除少数数学专家,一般人很难理解;有的显得很通俗,常可在教科书、习题集、课外读物中见到。有的出身名门,是数学大师的代表性"杰作";有的如寒门布衣,普通得如同一道课后习题。

24 位"佳丽"被提名后一年多,评选结果出炉,哪一位"佳丽"能够荣登"后座"?

正如一些人期待的那样,W 小姐"$e^{i\pi}+1=0$"以 7.7 分独占鳌头,获得"最美的数学定理"称号,成为"数学皇后定理";A 小姐"欧拉的多面体公式 $V+F=E+2$"与 D 小姐"素数的个数是无限的"都是 7.5 分,并列第二名,屈居"数学定理的左、右榜眼"位置;G 小姐"$1+\dfrac{1}{2^2}+\dfrac{1}{3^2}+\cdots+\dfrac{1}{n^2}+\cdots=\dfrac{\pi^2}{6}$"与 X 小姐"存在 5 个正多面体"以 7.0 的分数并列第四名,成为"数学定理的左、右探花";其余"佳丽"分获第 6—24 名。

## 二、最美等式的身世介绍

倘若要寻根的话,W 小姐出身显赫,来历不凡,源自大师手笔。1728 年,瑞士数学家欧拉证明了棣莫弗于 1707 年得到的恒等式 $\cos\theta+i\sin\theta=e^{i\theta}$,然后取 $\theta=\pi$,得到 $e^{i\pi}+1=0$。

欧拉是数学史上"生育"能力最强的数学家,以其姓名命名的定理、定律、方法、公式,数不胜数,$e^{i\pi}+1=0$ 只是其中之一,这次选美赛中获得亚军的 A 小姐"多面体公式 $V+F=E+2$"也是他的"亲生女儿"。

有人提出,若 W 小姐能"略改服饰",将其外形塑造成"$e^{i\pi}=-1$"的样子,那么她会显得更加清纯美丽,不过,改装或许不利于其深厚底蕴的充分展现。因此,还是就她"$e^{i\pi}+1=0$"这款造型进行点评。

## 三、最美等式中的美丽元素

"$e^{i\pi}+1=0$"小姐到底美在哪里,为何能引无数英雄竞折腰呢?

庄子说:"朴素而天下莫能与之争美"。是啊,获得前 5 名的佳丽又有哪一位不是因"简单、明了"而个个显得"清秀、朴实"呢?尤其是 W 小姐,仅用一个"+"号竟然能将 0,1,e,i,π 这 5 个相去甚远的数连成一个等式,整个等式只有 7 个数学符号,可以说她是简洁、清纯、朴实到了极致。然而,简单朴素仅仅是其外在美,要达到"天下莫能与之争美"的境界,必须有其深厚的底蕴。只有既朴实清秀,又底蕴深厚,才称得上至美。W 小姐的内在底蕴又在哪里呢?其内在底蕴就藏在 0,1,e,i,π 这"五朵金花"和"="号与"+"号这"两颗宝石"的背后。下面,我们就来破译"五朵金花"和"两颗宝石"的美丽密码。

（一）金花"0"

金花"0"采自算数王国，它是正数与负数间的一个分界数，是坐标系的原点，也是运动的起点。单个的"0"代表"无"，但一进入到进位制里，却起着举足轻重的作用，它是具有下述任一性质的唯一数。

①任何数加上它，或减去它，都不会变化；

②任何数乘以它，都变成了它；

③任何数都不能除以它——它不具备做除数的资格；

④它的一些运算必须借助"规定"，但这种似乎"人为"的规定又活化了数学概念，比如 $0!=1,a^0=1(a\neq0)$，零个数的和为零，零个数的积为 1 等；

⑤它是正数与负数的分水岭；它既不是正数，也不是负数；它既经常与正数结伴（非负数），又经常与负数同行（非正数）。

总之，亦庄亦谐的中性数 0，已达到"无为有处有还无"的境界。

（二）金花"1"

金花"1"也来自算数王国。"道生一，一生二，二生三，三生万物"，因此，自然数 1，既是整数的单位，又是数字的始祖。可以说没有"1"，就没有一切数，此外，1 还具有以下独特的性质：

①任何数乘以它或除以它，都不会变化，它是任何正整数的约数；

②只有它才仅有唯一的约数，因此它既不是素数，也不是合数；

③它是最小的正整数；

④它有最多的"替身"，例如，

$$1=a/a(a\neq0)=a^0(a\neq0)=\log_a a(a>0)=\sin^2\alpha+\cos^2\alpha=\sec^2\alpha-\tan^2\alpha\left(\alpha\neq k\pi+\frac{\pi}{2}\right)=$$

$\sin\alpha\csc\alpha=\cos\alpha\sec\alpha=\tan\alpha\cot\alpha=0!=C_n^0=C_n^n=\cdots$

总之，0 和 1 不仅是算数中最重要的数字，而且零元 0、单位元 1 还是构造群、环、域的基本元素。尤其是现代的计算机技术，一刻也离不开 0，1。没有 0，1 的协同工作，计算机将一事无成，由此可见，0，1 的重要性非同一般。

（三）金花"i"

金花"i"采自代数王国，它表示虚数单位，是复变函数论的基石。欧拉首先使用符号 $i=\sqrt{-1}$，即 i 的平方等于 -1。不过需注意 $\sqrt{-1}\cdot\sqrt{-1}\neq\sqrt{(-1)(-1)}=1$。

有了 i，就有了虚数，也使数轴上的问题扩展到了平面；有了 i，也就有了哈密尔顿的 4 元数和凯莱的 8 元数，这就为更深入地认识数学王国新开辟出一块疆域。从此，方程求根，交流电的表示，……，各种计算都面貌一新了。

尽管 i"千呼万唤始出来"，比 π 的出现晚得多，且在出现之初，人们难以从生活中找到对它的实际体验，甚至认为它是实在的"无"和虚无的"有"，就像太虚幻境一般，这给 W 小姐增添了几分朦胧美,然而它却是代数方程 $x^2+1=0$ 的一个根。i 竟然是个代数数!

(四)金花"e"

金花"e"采自分析王国,它是欧拉在求极限 $\lim\limits_{x\to 0}(1+x)^{\frac{1}{x}}$ 时首先发现的。欧拉证明了这个极限的存在,但又不是以往的任何数,而是一个新数,于是他就用 e 来表示这个极限值。

自然对数,顺其自然,以 e 为底,简洁方便,其作用不亚于 $\pi$。在微积分中,它宛若美神,赋予各种函数和公式最洒脱的形式。有了 e,形如 $\lim\limits_{x\to 0}(1+ax)^{\frac{b}{x}}$ 的极限就能求出,以 e 为底的一类函数便可方便地积分和微分。实际问题中,在人口增长、生存竞争、布朗运动、冷却定律等诸多领域,大到飞船的速度,小至蜗牛的螺线,e 无处不在,无所不能。

(五)金花"$\pi$"

金花"$\pi$"采自几何王国,它表示圆周率,是科学中最著名也是用得最多的数之一。世界上最完美的平面对称图形——圆离不开它,三角函数也离不开它。在人类数学文化史上,$\pi$ 既像一首朦胧的诗、一曲悠扬的乐章,又像一座入云的高山,让人遐想,让人陶醉,让人奋进,让人攀登不息。

圆周率 $\pi$,人类已经跟它打了几千年的交道。几千年来,人们接触的大多数的数,都是代数数,即便是虚数单位 i 也是代数数,而 $\pi$ 竟然不是代数数。

黄金分割数 $\dfrac{\sqrt{5}-1}{2}$ 是解代数方程 $x^2+x-1=0$ 得到的解,被称为代数无理数,而 $\pi$ 与 e 这两个无理数不能通过解代数方程得到,叫超越无理数。其中圆周率 $\pi=3.14159265358979323846\cdots$ 是从几何中产生的,$e=2.71828182845904523536\cdots$ 是从分析中得到的,看上去,两者之间似乎没有任何联系,但实际上它们是有许多共性和密切联系的。

首先,它们各位数字"杂乱无章"排列的背后都是有规律可循的,例如它们可以分别表示为:

$$\pi = 4\left[1 - \frac{1}{3} + \frac{1}{5} - \frac{1}{7} + \cdots + \frac{(-1)^{n+1}}{2n-1} + \cdots\right] = 4\sum_{n=1}^{\infty} \frac{(-1)^{n+1}}{2n-1}$$

$$e = 1 + 1 + \frac{1}{2!} + \frac{1}{3!} + \cdots + \frac{1}{n!} + \cdots = \sum_{n=0}^{\infty} \frac{1}{n!}$$

其次,两者之间有着许多奇妙的联系。例如,除 W 小姐"$e^{i\pi}+1=0$"包含它们之外,还有 $\pi^4+\pi^5=e^6$ 等也揭示了两者之间的奇妙联系。

山顶一寺一壶酒,地老天荒无尽头。人们对 $\pi$ 的探索、计算、证明,将永无止境。

毕达哥拉斯说:"数统治着宇宙。"而 $0,1,i,e,\pi$ 又是数字王国中最重要的 5 个数,W 小姐集这"五朵金花"于一体,怎不让人为之倾倒呢!

(六)"两颗宝石"

然而,W 小姐的魅力还远不止于此。因为她还佩有"两颗宝石",即数学中最重要的符号——"="号和"+"号。为什么"="号与"+"号在数学中如同宝石般重要呢?因为数学中最基本、最重要的关系是"相等"关系,最基本、最重要的运算是"加法"运算。减法是加法的逆运算,乘法是累积加法的简便运算,除法是乘法的逆运算,乘方是累积乘法的简便运算,因此加法就是最基本、最重要的运算了。由此可见,W小姐的"五朵金花"与"两颗宝石"真是天造地设,珠联璧合,各放异彩。

综上,我们该给W小姐下评语了,W小姐美在何处?她的美不仅在于她拥有简单、清纯的外表,而且更在于她拥有"五朵金花"和"两颗宝石"的内涵。她将数学中相去甚远的7个重要元素如此简洁、和谐、漂亮、完美地结合在一起,可以说,她是其"貌"无与伦比,其"才"举世无双。她,就是美的化身。

因此,2004年《物理世界》杂志,将她和麦克斯韦方程组一起列为最伟大的等式。高斯更是语出惊人:"如果被告知这个公式的学生不能立即领略她的风采,这个学生将永远不会成为一流的数学家。"也难怪巴黎发现宫将其"画像"悬挂于数学陈列室的墙上,犹如莎士比亚的十四行诗、达·芬奇的蒙娜丽莎、王羲之的兰亭集序,供世人驻足欣赏,顶礼膜拜。

# 第四节　圆周率 π 的前世今生

如果说有一个数,我们读小学时就已经知道,但最顶尖的数学家依然对它着迷,那么,它很可能是几千年前人类就已经知道,但直到今天依然存在无限秘密的数——圆周率 π。圆周率 π 具有怎样的前世与今生呢?

据史料记载,古埃及人于公元前2000年前就已发现,不论圆的大小如何,其周长与直径之比都是一个常数,现称圆周率。人类最早记载的圆周率数据是公元前1900—前1600年古巴比伦刻于石板上的25/8(3.125);莱因德数学纸草书也表明,在这一时期,古埃及人获得的圆周率等于分数16/9的平方,约为3.1605;公元前800年,古印度著作《百道梵书》中圆周率为3.139;公元前1世纪,中国《周髀算经》中提出"径一而周三",即圆周率近似取3;汉朝时,张衡使用的圆周率约为3.162。这些数值都是根据测量的圆周长与直径直接相除所得。然而,古代对圆周长、直径的测量有很大的误差,并且当时制作的圆也不标准。因此,这段时期的圆周率误差较大,取值各异。

公元前287—前212年,古希腊数学家阿基米德抛弃了通过测量计算圆周率的方法,开创了利用数学原理计算圆周率的先河。他从单位圆出发,借助勾股定理,先用内接正6边形和外切正6边形分别求出圆周率的上下界4和3。接着,他逐步对内接正多边形和外切正多边形的边数加倍,直到正96边形为止。最后,他计算出圆周率的下界和上界是223/71和22/7,再取两者的平均值3.141851作为圆周率的近似值。

在圆周率的研究中,最引人瞩目的是公元263年,中国古代杰出的数学家刘徽的"割圆术"。刘徽是中国第一位建立理论来推算圆周率的数学家。像阿基米德一样,他先做了一个直径10寸(1寸≈3.33厘米)的圆,再做内接正多边形,从6边开始,依次加倍成12边、24

边⋯⋯,直到 3 072 边形。最重要的是,他明确指出"割之弥细,所失弥少,割之又割,以至于不可割,则与圆周合体而无所失矣"。"割圆术"的提出本身就具有创造性,在无限趋近的方法中,更体现了极限思想。他不仅推导出了圆面积公式,同时也得到了圆周率的近似值为 3 927/1 250,约 3.141 6,这一数值被后人称为"徽率"。这是古代数学求圆周率的最简单也是最正确的方法。在此基础上,祖冲之获得了更准确的圆周率的值。公元 480 年左右,中国天文学家、数学家祖冲之算出圆周率在 3.141 592 6 到 3.141 592 7 之间,精确到小数点后的第 7 位。而在西方,直到 15 世纪,才由阿拉伯数学家卡西打破祖冲之的记录,将圆周率精确到小数点后 15 位。此外,祖冲之还得到两个分数表示 π 的近似值:约率 22/7 和密率 355/113,其中的密率是分子、分母都小于 1 000 的分数中最接近 π 值的分数。密率是祖冲之最早提出的,比欧洲早 1 100 年,所以又称"祖率"。

1525 年,德国科隆的鲁道夫把 π 计算到小数点后的第 35 位,这 35 位小数,几乎花费了鲁道夫大半生。为了纪念这位执着的数学家,在德国的一些教科书里,至今还把 π 值称作鲁道夫常数。

对 π 的认识,从巴比伦人、玛雅人、阿拉伯人、埃及人、中国人、希伯来人起,几千年来从未间断,但 π 的神秘面纱却始终未能揭开。人们似乎在不断接近 π 的真值,但又不知其真值是否存在,更不知其真值是多少。为了探索这个答案,有人开始寻找研究 π 的其他方法。

1593 年,法国代数学家韦达独辟蹊径,首次创造了一个新方法,他舍弃了小数或分数,以公式来表述 π。其表达式为:π/2 = (2/1)(2/3)(4/3)(4/5)(6/5)(6/7)⋯。其中,除 1 外,其余各数无论是分子还是分母,无论是偶数还是奇数,都有规律地出现了两次,非常好记。70 多年后,英国的詹姆斯·格里高利和德国的威廉·莱布尼茨先后于 1671 年和 1674 年找到了另一个更为精确的表达式:π/4 = 1/1 - 1/3 + 1/5 - 1/7 + ⋯。在这个求和的级数中,每个分子都是 1,而分母是从 1 开始的奇数,且正负交替,也非常好记。这个公式实际上是格里高利早先发现的,后来人们称为莱布尼茨公式。由于上述两个公式的出现,人们开始意识到 π 似乎是一个不可穷尽的数。到 17 世纪末,阿拉伯人用多边形逼近的方法,继续计算 π 值达到了小数点后的第 71 位。

18 世纪的分析数学已基本成型。这一时期,无穷乘积式、无穷连分数、无穷级数等各种 π 值的表达式纷纷出现,使 π 值的计算精度迅速增加。第一个快速算法由英国数学家梅钦提出,并于 1706 年将 π 值的计算突破 100 位小数大关。同年,英国数学家威廉·琼斯首次引入希腊字母 π("圆周"的希腊语 περιφρεια 的首字母)来表示圆周率。但是直到 1737 年,经瑞士数学家欧拉引用后,π 作为圆周率的符号才流传开来。

直到 1761 年,瑞士数学家、天文学家兰伯特证明了 π 是一个无理数(无限不循环小数)。从此,寻求 π 真值的路被彻底切断,但这丝毫没有削弱人们探索 π 的热情。1789 年,斯洛文尼亚数学家尤里·维加得出 π 的小数点后 140 位数字,其中只有 137 位是正确的,这个世界纪录保持了 50 年。英国数学爱好者威廉·山克斯耗费了 15 年光阴,在 1874 年算出了圆周率的小数点后707位,并将其刻在墓碑上作为一生的荣耀。可惜,后人发现,他从第528位起就算错了。

1882年,德国数学家林德曼证明π是一个超越数。这就决定了π不会是整系数多项式方程的根。在尺规作图中,我们只能作单位长度的加减乘除及开方运算,因此,π是一个不可通过尺规作图作的数。这一结论同时解决了困扰无数数学家2 000多年来"化圆为方"的问题,即不可能通过尺规作图的方法将圆化为等面积的正方形。

此外,值得一提的还有印度著名数学家,被称为"印度之子"的拉马努金对π的研究。在他短暂的一生中,创建了3 000多个公式,其中关于π的算式就有14条,提出这些公式时,他才23岁。

直到1948年计算机发明前,英国的弗格森和美国的伦奇利用解析法将π计算到小数点后808位数字,成为人工计算圆周率的最高纪录。

计算机时代,人们利用计算机强大的计算功能,并辅之以各种公式,使计算π值的纪录屡被改写。1949年,计算机在70小时内把π值计算到小数点后第2 037位;1988年日本计算机科学家金田康正将π计算到小数点后第2亿位;2013年,日本系统工程师近藤茂用94天使π值达到第12万亿位小数;2019年,谷歌宣布圆周率已经计算到小数点后31.4万亿位;2021年,瑞士一个研究团队宣布,他们使用超级计算机把圆周率计算到小数点后62.8万亿位!这个数字已远超我们的想象,创下了惊人的吉尼斯世界纪录。随着超级计算机功能的日益强大,计算机的应用还将把获得π值的竞争推向更加白热化的程度!

在π被证明是无理数之前,人们计算圆周率时要探究圆周率是否为循环小数。但是,此后把圆周率的数值算得这么精确已经没有多大意义了,因为圆周率小数点后50位数字已经足够满足世界上几乎所有的计算。在物理学和数学中,需要用到圆周率小数点后10位以上小数的问题可以说是凤毛麟角。实际上,3.14或者3.141 6这两个近似值已经可以满足日常的基本运算。如果以39位精度的圆周率来计算可观测宇宙的大小,误差还不到一个原子的体积。但是,人们为什么对π还要如此穷追不舍呢?

第一,通过对π值的计算可判断计算机性能的优劣。π值的计算把计算机的功能发挥得淋漓尽致,反过来,π值也在检验计算机的功能是否强大。如何判定一台计算机的计算速度以及运算结果的准确性呢?最简便、最直接的方法就是利用计算机计算π值。几台计算机,在相同的时间内,用同一个公式计算π值,算出更多位或者更精确π值的计算机其性能显然更优越。计算π值的精度已经成为许多计算机专家检验计算机可靠性、精确性、运算速度以及容量的有效手段,同时也是衡量计算机技术发展的重要指标。

第二,通过计算π值也可以检验数学表达式的优劣。在计算和探索π值精确性的过程中,产生了许多计算圆周率的方法和思想,也产生了许多计算π值的公式。例如,莱布尼兹公式

$$\frac{\pi}{4} = \frac{1}{1} - \frac{1}{3} + \frac{1}{5} - \cdots,$$

$$\frac{\pi^2}{6} = \frac{1}{1^2} + \frac{1}{2^2} + \frac{1}{3^2} + \frac{1}{4^2} + \cdots$$

斯托默公式

$$\pi = 24\arctan\left(\frac{1}{8}\right) + 8\arctan\left(\frac{1}{57}\right) + 4\arctan\left(\frac{1}{239}\right)$$

高斯公式

$$\pi = = \arctan\left(\frac{1}{8}\right) + 32\arctan\left(\frac{1}{57}\right) - 20\arctan\left(\frac{1}{239}\right)$$

在保证其他条件相同的情况下,利用一台计算机,通过两个不同的公式计算小数点后有相同位数的 $\pi$ 值,哪个公式用时少,哪个公式就更优越。

第三,$\pi$ 可用于训练人的记忆能力。利用 $\pi$ 的无限不循环性,国际上把背诵 $\pi$ 作为检测和训练人的记忆广度和速度的最好方法之一。天赋好的人一般分为两种,一种是记忆力特别出众的人,另一种就是逻辑思考能力特别强的人。那么怎样去检验一个人是否天赋异禀呢?检测他在一定时间内背诵 $\pi$ 的数位值,就是一种简便直观的方法。美国记忆专家斯坦娜在《脑力倍增法》中指出:提高记忆力是提高学习成绩的关键。那么,怎样有效扩展记忆空间呢?通过不断增加记忆 $\pi$ 的更多数位,就是一个行之有效的方法。

第四,$\pi$ 也是一个国家文明的标志。一位德国数学家评论道:"历史上一个国家所算得的圆周率的准确程度,可以作为衡量这个国家当时数学发展水平的重要标志。"客观上,$\pi$ 的计算也推动了数学的发展。例如,古人计算圆周率所提出的"割圆术"就是无限分割的体现,为近代的积分奠定了基础。同时,为了算出更高精度的圆周率,也促使人们研究更强大的超级计算机。正因为如此,才有了像阿基米德、刘徽、祖冲之、欧拉、兰伯特等一大批不同时代的数学家,对圆周率 $\pi$ 进行无止境的探索。

圆周率 $\pi$ 可以说无处不在,除了日常测量,它在科技的方方面面时常"露脸"。首先,在几何学、三角学中,$\pi$ 在诸如圆、球和椭圆等许多形状的周长、表面积和体积等计算中频繁出现,似乎并不令人惊奇。但 $\pi$ 还出现在更高深的数学中,例如 $n$ 维空间几何、复变函数、统计学、概率论与数论等许多公式中都有 $\pi$ 的身影。数学分析中的莱布尼兹公式 $\pi/4 = 1/1 - 1/3 + 1/5 - 1/7 + \cdots$,最美的数学等式 $e^{i\pi} + 1 = 0$;数论中两个整数互质的概率为 $6/\pi^2$;一个任意整数平均可用 $\pi/4$ 个方法写成两个完全数之和;概率论中布丰投针问题;印度数学神童拉马努金所谓得到女神启示的壮观方程等。在物理学中,从牛顿力学、麦克斯韦电磁学、热力学、统计物理到爱因斯坦广义相对论,从量子力学到宇宙学,从电子学到电机工程学,随处可见 $\pi$ 的身影。例如,单摆周期 $T = 2\pi\sqrt{L/g}$;广义相对论中场的方程 $R_{ik} - g_{ik}R/2 + g_{ik} = (8\pi G/c^4)T_{ik}$;海森堡不确定性原理 $\Delta x \Delta p \geq h/(4\pi)$,等等。

总之,$\pi$ 是一个奇迹般的数,无论在宏观、微观乃至宇观世界,$\pi$ 都扮演着重要角色。不论是数学公式,还是定理、法则,它几乎无处不在。不仅如此,$\pi$ 还包含了任意有限的数字组合。

由于圆周率是一个无限不循环小数,因此圆周率就像宇宙一样,蕴藏了无限可能性。虽然未获证明,但大多数数学家都相信 $\pi$ 包含了任意有限的数字组合。例如,123456789、连续 8 个 0、连续 9 个 6、连续 100 个 0、连续 200 个 6 等;又如,$\pi$ 中小数点后第 325 位出现了 520,在 3902 位出现了 1314,但在 200 多万位才出现 5201314。所以,袁亚湘院士调侃道,"我爱你"容易,"一生一世"较难,但是"我爱你一生一世"就更难了。为何这样呢?其中包含的数学道理就是概率问题。3 个数的排列 520,在 $\pi$ 的前 $10^4$ 个数字中大概率会多次出现;4 个数字的排列 1314,要在 $\pi$ 的前 $10^5$ 个数字中才大概率多次出现。同样,7 个数字的排列 5201314,需要在 $\pi$ 的前 $10^8$ 个数字中才会大概率多次出现。事实上,只要数位足够多,在圆周率中就能找到所有人的生日、电话号码和身份证号码。

此外,$\pi$ 也进入了公众的文化生活。有人将 $\pi$ 用作语言和记忆的练习材料。2005 年 11 月 20 日,中国大学生吕超以 24 h 4 min 连续不间断并准确无误地背诵 $\pi$ 小数点后 67 891 位,创造了吉尼斯世界纪录。巴黎科学馆独具创意地专门设立了"$\pi$ 馆",在圆形大展厅内,四周的墙面上镶以 707 个硕大无比、直通大厅圆形拱顶的木雕数字。这 707 个数字就是 1853 年由山克斯计算出来的 $\pi$ 值,虽然出现了错误,但依照该馆的宗旨,即使出现了"错误",也值得人们去崇敬。1988 年 3 月 14 日,在美国旧金山科学博物馆举办了以 $\pi$ 为主题的庆祝活动,这是最早的一次大规模庆祝 $\pi$ 的活动;2009 年美国众议院通过一项不具约束力的决议案,确定当天为"$\pi$ 节",庆祝方式是吃 $\pi$ 饼、唱 $\pi$ 歌、诵 $\pi$ 诗、讨论 $\pi$、背诵 $\pi$ 或步行 3.14 km。2011 年,国际数学协会将每年的 3 月 14 日确定为国际数学节。巧合的是,伟大的物理学家爱因斯坦出生于 3 月 14 日,伟大的哲学家马克思以及伟大的物理学家霍金都去世于 3 月 14 日。

离我们如此之近又如此之远的常数 $\pi$,还有哪些秘密呢?这有待于读者进一步去探索和发现。

# 第五节　数学的奇异美

奇异性是数学美的一个重要特征。徐利治教授说:"奇异是一种美,奇异到极点更是一种美。"费兰西斯·培根也说:"没有一个极美的东西不是在调和中有某些奇异。"

数学中的奇异性颇具"意料之外"的奇特和新颖的感觉。那种被称为奇异的东西(如悖论),不仅引起人们的赞叹,还有惊愕与诧异,并能诱发人们的某种乐趣。因为在人们心灵深处感受到一种惊愕的同时,也使人们的好奇心得到了一定程度的满足,从而激发人们对数学更加深入的探索,推动数学的发展。

数学的奇异性蕴含着奥妙与魅力,奇异中隐藏着道理与规律。数学中的奇异美赏心悦目,令人神往,它既有奇峰妙径,又有深境幽域。探索它,如同攀登一座座高峰,一路充满艰辛,而成功后的喜悦、情趣,只有登临高山之巅方能体验。

培根说:"美在于独特而令人惊异,奇异与和谐是对立的统一。"数学解题的奇异性与文学中奇峰突起的"神来之笔"有"异曲同工"之妙,那种"标新立异""别出心裁"的简洁方法,更能诱人去追求。想法的奇特怪异、令人拍案叫绝的体会,给人带来一种奇异美的享受。

下面,我们就一起去体验数学的奇异,领略其中的奥妙。

## 一、等似非等

1 等于 0.999 9…吗?也许你会认为不等,而是 1>0.999 9…。你的理由可能是:后者即使有再多的 9,始终都比 1 小,只是 9 越多,越接近 1 而已,但始终只是接近而非等于 1,然而它们的的确确是严格相等的。理由是,后者是 1 的一种极限表达形式:

$0.999\ 9\cdots=0.9+0.09+0.009+\cdots+9\times10^{-n}+\cdots=9(10^{-1}+10^{-2}+\cdots+10^{-n}+\cdots)$ 括号内是一个无穷递缩等比级数,由高中知识可知,其和为 $\dfrac{10^{-1}}{1-10^{-1}}=\dfrac{1}{9}$,故

$$0.999\ 9\cdots=9\times\frac{10^{-1}}{1-10^{-1}}=1$$

这是严格意义上的相等。

同样,$1/3=0.333\ 3\cdots$,而不是 $1/3>0.333\ 3\cdots$。一方面,按小学知识,1 除以 3 得无限循环小数 $0.333\ 3\cdots$,因此"$1/3=0.333\ 3\cdots$"是严格相等的;另一方面

$$0.333\ 3\cdots=3(10^{-1}+10^{-2}+\cdots+10^{-n}+\cdots)=3\times\frac{10^{-1}}{1-10^{-1}}=\frac{1}{3}$$

即 $1/3=0.333\ 3\cdots$,同样是严格相等。既然 $1/3$ 与 $0.333\ 3\cdots$ 是严格相等,为什么 1 与 $0.999\ 9\cdots$ 就不是严格相等呢?所以"$1=0.999\ 9\cdots$"是正确的。

不仅如此,1 还可以写成任意多个数相加,如 $1=1/2+1/2$;$1=1/3+1/3+1/3$;$\cdots$;$1=1/2+1/4+1/8+\cdots+1/2^{n}+\cdots$。

最后一个表达式还说明一个哲理:积沙未必成塔,积土未必成山。学习也是如此,如果每天积累得太少,或者知识增量递减,那么成就学业就比较困难,更何况我们还要和遗忘作斗争。学习好似逆水行舟,慢进则退。

## 二、眼见为虚

一位魔术师拿着一块边长为 13 尺的正方形地毯,对他的地毯匠朋友说:"请你把这块地毯切成四块,再把它们缝成长 21 尺、宽 8 尺的长方形地毯。"地毯匠算了一下:$13^2=169$,$21\times8=168$,两块地毯的面积相差 1 平方尺,这怎么可能呢?可魔术师让地毯匠按图 5-8 将地毯剪开,然后按图 5-9 所示办法神奇地达到了目的,真是不可思议!那 1 平方尺去哪里了?

我们眼睁睁地看着地毯匠将一个正方形剪成 4 块又拼成一个长方形,面积怎么就少了 1 个平方呢?原来是我们的眼睛欺骗了我们。实际上,梯形Ⅲ与三角形Ⅱ拼在一起不是一个三角形!这里,$\dfrac{5}{8}\neq\dfrac{13}{21}$,说明两个直角三角形对应边不成比例;又因为 $\dfrac{5}{8}>\dfrac{13}{21}$,所以 $B$ 点在 $A$,$C$

连线的上方,故上下两块拼成矩形时,它们之间有重叠部分,重叠的面积刚好为 1 平方尺。

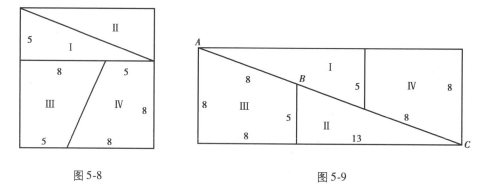

图 5-8                                    图 5-9

这个例子给我们的启示:在数学面前,"耳听为虚,眼见为实"并非时时正确,应该改为"眼见为虚,能证为实"。我们要有理性精神,不要被纷繁世界的表面现象所迷惑,要有透过现象看本质的眼力。

## 三、难辨优劣

这是一个出自美国统计学家的悖论,称为瓦利斯统计悖论。

设 A,B 两班各有 n 名学生参加一次测试,测试结果:A 班男生的及格率高于 B 班男生的及格率,A 班女生的及格率也高于 B 班女生的及格率。问:A 班全体学生的及格率是否一定高于 B 班全体学生的及格率?

依"常理",似乎 A 班总及格率必高于 B 班,因为两个班都是由男生和女生构成,既然 A 班男女生的及格率都高于 B 班,那么 A 班就优于 B 班,其及格率一定高于 B 班,然而,实际却未必如此,反例如下:

两班各有 50 名学生,其中,A 班有 20 名男生,30 名女生;B 班有 30 名男生,20 名女生。A 班分别有 18 名男生与 20 名女生及格;B 班分别有 26 名男生与 13 名女生及格。

这样,A 班的男、女生及格率及全部学生及格率分别是 90%,66.7% 与 76%。B 班的男、女生及格率及全部学生的及格率分别是 86.7%,65% 与 78%。

这里,男女生及格率都高的 A 班,其总体及格率反而不如 B 班。这似乎是矛盾的,也让人难以分辨两班成绩的优劣。

瓦利斯悖论被人们称为是"投向统计学的重磅炸弹"。它"不合情理",却无可挑剔;精致无比,却让人难以接受;至真至美,却不能用传统标准来评价。

然而,如果我们对其数学实质稍加探究,不难发现,在 $\dfrac{b}{a} > \dfrac{f}{e}$,且 $\dfrac{d}{c} > \dfrac{h}{g}$ 的前提下,$\dfrac{b+d}{a+c}$ 不一定大于 $\dfrac{f+h}{e+g}$,这是小学生都懂的道理。

由此,我们得到一个启示:"常理"只能说通常有理,不一定是真理,也就是说,常理不可靠,能证方可信。我们看问题、做判断、下结论时,一定要依靠理性思维,不可想当然。

## 四、高个亦矮

精确性是数学的特征之一,那么,可否认为精确性的对立面——模糊性就与数学水火不相容呢? 不,恰恰相反,模糊性与数学也结下了不解之缘。现举例说明:大家公认

(1)身高不超过 100 cm 的成年人是矮个子;

(2)比矮个子高 1 mm 的人,也是矮个子。

基于上述两个毋庸置疑的判断,可以证明:"人人都是矮个子"。根据数学归纳法可知,若身高为 100 cm(1 000 mm)的成年人是矮个子,且比矮个子高 1 mm 的人也是矮个子,则身高为 1 001 mm 的成年人是矮个子;同样,由于 1 002 比 1 001 多 1,遵循前面的推理可知,身高为 1 002 mm 的成年人也是矮个子。照此推理下去,身高为 1 003 mm、1 004 mm、…、3 000 mm…的人都是矮个子。因此,人人都是矮个子,也就是说,即使是身高为世界之最的超级高个子,在这种推理下也是矮个子。

又如,秃头悖论:按照常理,一根头发都没有的人一定是秃头,在秃头的头上增加一根头发,他还是秃头;再按数学归纳法,头发一直增加下去,即使他长满头发,仍然是秃头。反之,若长满头发的不是秃头,则减少一根后也不是秃头,按照数学归纳法一直减少下去,即使他的头发减少到一根也没有了,他仍然不是秃头。

以上证明似乎"无懈可击",但结论却不可思议。这些有悖于常理的命题说明了什么? 说明了精确性不是数学的全部,它只能反映客观世界的一个侧面。上述问题出在"矮个子""秃头"等概念的使用不精确,尽管它们与数量有关,但都是模糊概念,因此,应将它们模糊处理,故以上推理都是错误的。

现实生活中存在许多类似的模糊概念或现象。例如,年轻人、好学生、帅哥、高温等,都不能用精确数学作为工具来处理。因此,需要创造新的数学——模糊数学来解决这类问题。从哲学上讲,就是要正确处理矛盾的普遍性与特殊性的关系,要具体问题具体分析。

## 五、穿越赤道

设有一绳为地球赤道长(约 4 万 km),现将其加长 10 m 后沿赤道围住地球,并使绳的各处与地球等距离。问绳与地球间的距离会有多大,是否会小到连蚂蚁都爬不过去?

凭直觉,估计该距离很可能会小到连蚂蚁都爬不过去,因为绳长仅增加了四百万分之一。然而,事实却并非如此。

设赤道半径为 $r$,接长 10 m 后,圆半径为 $R$,按照圆周长公式则有 $2\pi r+10=2\pi R$,进而 $R=r+\dfrac{5}{\pi}$,因此,圆的半径增加量为 $\dfrac{5}{\pi}\approx 1.6$(m)。也就是说,接长 10 m 后,将赤道围起来的绳子与赤道间的平均距离约为 1.6 m。不仅蚂蚁能从中爬过去,就连成年人也能轻松地从中间走

过去！这里，我们的直觉与实际情况相差太大了，真是出人意料。

## 六、阿罗悖论

我们知道，大小、多少、快慢、好恶等关系满足传递规律。例如，若 $a>b$，且 $b>c$，则 $a>c$；在一次比赛中，若 A 比 B 快，且 B 比 C 快，则 A 比 C 快；我喜欢甲胜过喜欢乙，且喜欢乙胜过喜欢丙，则我喜欢甲胜过喜欢丙等。但是，在一定条件下，这种传递关系不再成立。

（一）赛跑悖论

三个学生 A，B，C，经常比赛 100 m 跑，每次比赛后都记录了三人到达终点的次序。若干次比赛记录表明，A 在大多数比赛中超过 B，B 在大多数场合比 C 快，而 C 也在大多数场合得到比 A 好的成绩。请问这可能吗？若可能，又是如何得到的？

实际上，以上情况是可能出现的。例如，三人比赛三次，按快慢顺序记录如下：

第一次，ABC；第二次，BCA；第三次，CAB。这三次中，A 有两次超过 B，第一次和第三次；B 也有两次超过 C，第一次和第二次。然而，令人意外的是，C 居然也有两次超过 A，第二次和第三次。

莫名地，我们就感觉奇怪了，明明 A 超过 B，B 又超过 C。照理说，C 应该是最慢的，但事实却并非如此，弱者中的弱者并非最弱。举例之前我们觉得很奇怪，举例之后就不再觉得奇怪了。

不过，还有更奇怪的现象，就是阿罗选举悖论。

（二）选举悖论

设甲、乙、丙三人竞选班长，全班多数同学喜欢甲胜过喜欢乙，也有多数同学喜欢乙胜过喜欢丙。但选举结果却是丙获胜了，这是怎么回事呢？

这的确很奇怪，照理说，甲战胜乙，乙比丙强，丙应该是最弱的，但最弱的丙反而获胜了，难道是作弊吗？不是，确实存在这种情况。例如，这个班有 5 个小组，每组给三人的投票，按从高到低排序为：1 组，甲乙丙；2 组，乙丙甲；3 组，丙甲乙；4 组，丙甲乙；5 组，乙丙甲。

从排序情况可以看出，在 5 组中有 3 组是甲超过乙，第一组、第三组和第四组，所以，全班多数同学喜欢甲胜过喜欢乙；同样，也有 3 组是乙超过丙，第一组、第二组和第五组，也就是全班多数同学喜欢乙胜过喜欢丙。如果照常理推断，就应该是全班多数同学喜欢甲胜过喜欢丙。然而，事实却刚好相反，全班多数同学喜欢丙胜过喜欢甲。5 组中居然有 4 组是丙超过甲，第二组、第三组、第四组和第五组。如果我们把他们的排名用一个数来加权。排在第一的记 3 分，排在第二的记 2 分，排在最后的记 1 分。他们的总分并不是我们先前想象的那样，甲最多，乙次之，丙最少，刚好相反，甲 9 分最少，乙 10 分次之，丙 11 分最多。这就是选举悖论。

为什么上述两例中快慢关系和好恶程度不满足传递规律呢？原因在于，这里的快慢关系和好恶程度是在统计学意义上讲的，而大小、多少、快慢、好恶等关系，在随机性数学里是不具有传递性的。也就是说，在确定性数学里成立的结论，在随机性数学里不一定成立，确定性数学与随机性数学是有本质区别的。

此外,选举悖论还告诉我们,单淘汰的选举制度存在先天缺陷,不论设计出何种选举制度,最后当选的不一定是最好的,西方选举制度同样如此。一方面,候选人代表的是各自利益集团少数资本家的利益,并不能代表最广大民众的利益,也不代表整个国家的利益;另一方面,就选举制度本身而言,无论怎么设计都有先天缺陷,都不能保证选出的是最佳候选人,这就是增强我国制度自信的数学依据之一。

## 七、金蝉脱壳

请问下列 6 个数之间有何规律:123 789,561 945,642 864,242 868,323 787,761 943? 通过观察,也许你能发现:

①它们都是 6 位数。

②每个数,首尾对称位置两数之和均为 10。

③每个数都能被 3 整除。

此外,还有你没有发现的其他规律。

④前 3 个数之和等于后 3 个数之和:

$$123\ 789+561\ 945+642\ 864=242\ 868+323\ 787+761\ 943。$$

⑤它们的平方和相等,即

$$123\ 789^2+561\ 945^2+642\ 864^2=242\ 868^2+323\ 787^2+761\ 943^2。$$

⑥每个数去掉末位数字后,它们的和以及平方和仍然相等,即

$$12\ 378+56\ 194+64\ 286=24\ 286+32\ 378+76\ 194,$$

$$12\ 378^2+56\ 194^2+64\ 286^2=24\ 286^2+32\ 378^2+76\ 194^2。$$

⑦再去末位,直至余下一位,它们的和以及平方和仍然相等,即

$$1\ 237+5\ 619+6\ 428=2\ 428+3\ 237+7\ 619,$$

$$1\ 237^2+5\ 619^2+6\ 428^2=2\ 428^2+3\ 237^2+7\ 619^2,$$

$$\cdots$$

$$1+5+6=2+3+7,$$

$$1^2+5^2+6^2=2^2+3^2+7^2;$$

⑧不仅可以从后向前"脱",而且还可以从前向后一层一层地"脱",直至剩下一位数,它们的和与平方和仍然相等,即

$$23\ 789+61\ 945+42\ 864=42\ 868+23\ 787+61\ 943,$$

$$23\ 789^2+61\ 945^2+42\ 864^2=42\ 868^2+23\ 787^2+61\ 943^2,$$

$$3\ 789+1\ 945+2\ 864=2\ 868+3\ 787+1\ 943,$$

$$3\ 789^2+1\ 945^2+2\ 864^2=2\ 868^2+3\ 787^2+1\ 943^2,$$

$$\cdots$$

$$9+5+4=8+7+3,$$
$$9^2+5^2+4^2=8^2+7^2+3^2。$$

⑨读者可尝试,只要每个数去掉相同位置的数字,不管是什么位置,也不管去多少位,以上结论仍然成立。

这真是太绝妙了!6个数无论怎样一层一层地去位数,它们都始终保持前三个数的和等于后三个数的和,前三个数的平方和等于后三个数的平方和,这真是"海枯石烂心不变,风吹浪打船不移。"

这就是数论中的等幂和问题,数论中还有许多类似的奇妙景象,有兴趣的读者可以自行参阅。

## 八、猜数游戏

请在心里暗暗选定 $1,2,3,\cdots,32$ 中任意一个数,然后指出它在下列 5 个表(表 5-1—表 5-5)中可能出现的位置,就可"猜"出它是几。你知道这是为什么吗?

表 5-1　猜数游戏表

| 1 | 3 | 5 | 7 |
|---|---|---|---|
| 9 | 11 | 13 | 15 |
| 17 | 19 | 21 | 23 |
| 25 | 27 | 29 | 31 |

表 5-2　猜数游戏表

| 2 | 3 | 6 | 7 |
|---|---|---|---|
| 10 | 11 | 14 | 15 |
| 18 | 19 | 22 | 23 |
| 26 | 27 | 30 | 31 |

表 5-3　猜数游戏表

| 4 | 5 | 6 | 7 |
|---|---|---|---|
| 12 | 13 | 14 | 15 |
| 20 | 21 | 22 | 23 |
| 28 | 29 | 30 | 31 |

表 5-4　猜数游戏表

| 8 | 9 | 10 | 11 |
|---|---|---|---|
| 12 | 13 | 14 | 15 |
| 24 | 25 | 26 | 27 |
| 28 | 29 | 30 | 31 |

表 5-5　猜数游戏表

| 16 | 17 | 18 | 19 |
|---|---|---|---|
| 20 | 21 | 22 | 23 |
| 24 | 25 | 26 | 27 |
| 28 | 29 | 30 | 31 |

例如,你心里默念的是 17,只要你告诉对方这个数在第一、五两个表出现,那他就可以根据这个信息推算出你默念的数是 17。计算方法:用第一、五两个表左上角的两个数相加(1+16),即得 17。又如,若你默念的是 28,并告诉对方这个数出现在第三、四、五表,同样可由这三个表左上角 3 个数相加而"猜"出答案,即 $4+8+16=28$。

为什么可以这样"猜"呢?原来,这 5 个表是按二进制原理设计的。其排列规律:第一个表是从 $1(=2^0)$ 开始,并间隔 1 个数取 1 个数得到的;第二个表是从 $2(=2^1)$ 开始,连续取 2 个数,然后间隔 2 个数再连续取 2 个数,重复取值得到的;第三个表是从 $4(=2^2)$ 开始,连续取 4 个数然后间隔 4 个数,再连续取 4 个数,重复取值得到的;第四个表是从 $8(=2^3)$ 开始,连续取

8 个数，再隔 8 个数取 8 个数，重复取值得到的；表五是从 16（$=2^4$）开始，连续取 16 个数组成的。

当然，数表的行列数以及数表的个数是随猜数范围大小的变化而变化的，且猜数范围不限。例如，“猜”8 以内的数，只需 2×2 的表 3 个；“猜”16 以内的数，则需要 2×4 的表 4 个；猜 64 以内的数，需要 4×8 的表 6 个；猜 100 以内的数，需要 8×8 的非完整表 8 个等。取数填表遵循规律与上例相同。此外，每个表内部各数的位置可任意安排，这样会大大增加游戏的迷惑性。

## 九、叩问姓氏

将百家姓整理成如图 5-10 和图 5-11 所示的表格形式。只要说出你心里默念的姓氏分布于这两图中哪个表，就能推导出你默念的是哪个姓。

1. 王 李 张 刘
陈 杨 黄 赵 周
吴 徐 孙 朱 马
胡 郭 林 何

问　题
只要说出你的姓氏在这两图中哪个表里有出现，就能知道“您贵姓”。你知道这是为什么吗？

2. 高 梁 郑 罗
宋 谢 唐 韩 曹
许 邓 萧 冯 曾
程 蔡 彭 潘

3. 袁 于 董 余
苏 叶 吕 魏 蒋
田 杜 丁 沈 姜
范 江 傅 钟

4. 卢 汪 戴 崔
任 陆 廖 姚 方
金 邱 丘 夏 谭
韦 贾 邹 石

5. 熊 孟 秦 阎
薛 侯 雷 白 龙
段 郝 孔 邵 史
毛 常 万 顾

6. 赖 武 康 贺
严 尹 钱 施 牛
洪 龚 汤 陶 黎
温 莫 易 樊

7. 乔 文 安 殷
颜 庄 章 鲁 倪
庞 邢 俞 翟 蓝
聂 齐 向 申

8. 葛 柴 伍 覃
骆 关 焦 柳 欧
祝 纪 尚 毕 耿
芦 左 季 管

9. 符 辛 苗 詹
曲 靳 祁 路 涂
兰 甘 裴 梅 童
翁 霍 游 阮

10. 尤 舒 柯
牟 滕 谷 岳 卜
成 饶 宁 凌 盛
查 单 冉 鲍 华

11. 包 屈 房
喻 解 蒲 卫 简
时 连 车 项 闵
邬 吉 党 阳 司

12. 费 蒙 席
晏 隋 古 强 穆
姬 宫 景 米 麦
谈 柏 瞿 艾 沙

13. 鄢 桂 窦
郁 缪 畅 巩 卓
褚 栾 戚 全 娄
甄 郎 池 从 边

14. 岑 农 苟
迟 保 商 臧 佘
卞 虞 刁 冷 应
匡 栗 仇 练 楚

15. 揭 师 官
佟 封 燕 桑 巫
敖 原 植 邝 仲
荆 储 宗 楼 干

16. 苑 寇 盖
南 屠 鞠 荣 井
乐 银 奚 明 麻
雍 花 闻 冼 木

17. 郜 廉 衣
蔺 和 冀 占 公
门 帅 利 满 郧

图 5-10　“叩问姓氏”游戏中展示的第 1 图内容

1. 揭 尤 熊
郜 岑 符 卢
苑 鄢 葛 袁
费 乔 高
包 赖 王

2. 师 舒 孟
廉 农 辛 汪
寇 桂 柴 于
蒙 文 梁
屈 武 李

3. 官 柯 秦
衣 苟 苗 戴
盖 窦 伍 董
席 安 郑
房 康 张

4. 佟 牟 阎
蔺 迟 詹 崔
南 郁 覃 余
晏 殷 罗
喻 贺 刘

5. 封 滕 薛
和 保 曲 任
屠 缪 骆 苏
隋 颜 宋
解 严 陈

6. 燕 谷 侯
冀 商 靳 陆
鞠 畅 关 叶
古 庄 谢
蒲 尹 杨

7. 桑 岳 雷
占 臧 祁 廖
荣 巩 焦 吕
强 章 唐
卫 钱 黄

揭 秘
姓氏所在表格的序号即为姓氏的坐标

8. 巫 卜 白
公 佘 路 姚
井 卓 柳 魏
穆 鲁 韩
简 施 赵

9. 敖 成 龙
门 卞 涂 方
乐 褚 欧 蒋
姬 倪 曹
时 牛 周

10. 原 饶 段
帅 虞 兰 金
银 栾 祝 田
宫 庞 许
连 洪 吴

11. 植 宁 郝
利 刁 甘 邱
奚 戚 纪 杜
景 邢 邓
车 龚 徐

12. 邝 凌 孔
满 冷 裴 丘
明 全 尚 丁
米 俞 萧
项 汤 孙

13. 仲 盛 邵
郧 应 梅 夏
麻 娄 毕 沈
麦 翟 冯
闵 陶 朱

14. 荆 查 史
雍 匡 童 谭
甄 耿 姜
谈 蓝 曾
邬 黎 马

15. 储 单 毛
花 栗 翁 韦
郎 芦 范
柏 聂 程
吉 温 胡

16. 宗 冉 常
闻 仇 霍 贾
池 左 江
瞿 齐 蔡
党 莫 郭

17. 楼 鲍 万
冼 练 游 邹
从 季 傅
艾 向 彭
阳 易 林

18. 干 华 顾
木 楚 阮 石
边 管 钟
沙 申 潘
司 樊 何

图 5-11　“叩问姓氏”游戏中展示的第 2 图内容

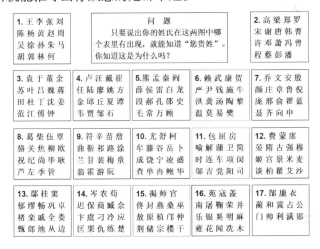

例如,你默念的是"田",你就会说,这个字在第 2 图的第 10 表里,又在第 1 图的第 3 表里,那么我就知道这个字是第 2 图第 10 表里按竖列顺序的倒数第 3 个字"田"。

这是为什么呢?实际上,这个方法利用了直角坐标原理。这两图的表合并一起就构成了图 5-12 的总表。事实上,第 1 图各个字所在的表序号,就是这个字在第 3 图中的行号(相当于一个点的纵坐标),第 2 图各个字所在的表序号就是这个字在第 3 图中的列号(相当于一个点的横坐标)。对于这里的"田"字,只要我们看得见第 2 图,又告知它位于第 2 图的第 10 表、第 1 图的第 3 表,那我们就知道它是第 2 图第 10 表里按竖列顺序的倒数第 3 个字。为了增加迷惑性,第 2 图的各表是由第 3 图的各列字按列从右下方起倒序排列得到。所以,它是按列排列倒数的第 3 个字"田",而不是按行顺数排列的第 3 个字"段"。

|  | 1 | 2 | 3 | 4 | 5 | 6 | 7 | 8 | 9 | 10 | 11 | 12 | 13 | 14 | 15 | 16 | 17 | 18 |
|---|---|---|---|---|---|---|---|---|---|---|---|---|---|---|---|---|---|---|
| 1 | 王 | 李 | 张 | 刘 | 陈 | 杨 | 黄 | 赵 | 周 | 吴 | 徐 | 孙 | 朱 | 马 | 胡 | 郭 | 林 | 何 |
| 2 | 高 | 郑 | 罗 | 宋 | 谢 | 唐 | 韩 | 曹 | 许 | 邓 | 萧 | 丁 | 冯 | 曾 | 程 | 蔡 | 彭 | 潘 |
| 3 | 袁 | 于 | 董 | 余 | 苏 | 叶 | 吕 | 魏 | 蒋 | 田 | 金 | 邵 | 姜 | 范 | 江 | 贾 | 傅 | 钟 |
| 4 | 卢 | 汪 | 戴 | 崔 | 任 | 陆 | 廖 | 姚 | 白 | 施 | 龙 | 邱 | 郝 | 谭 | 韦 | 莫 | 邹 | 石 |
| 5 | 熊 | 孟 | 秦 | 康 | 薛 | 侯 | 雷 | 章 | 牛 | 倪 | 庞 | 洪 | 俞 | 尚 | 毛 | 聂 | 齐 | 顾 |
| 6 | 赖 | 武 | 颜 | 安 | 阎 | 贺 | 严 | 关 | 尹 | 祝 | 纪 | 龚 | 陶 | 翟 | 温 | 芦 | 左 | 樊 |
| 7 | 乔 | 文 | 骆 | 伍 | 苗 | 焦 | 庄 | 詹 | 斩 | 欧 | 甘 | 宁 | 景 | 盛 | 麦 | 党 | 游 | 申 |
| 8 | 葛 | 柴 | 曲 | 柯 | 房 | 严 | 解 | 谷 | 路 | 卜 | 宫 | 虞 | 童 | 邬 | 吉 | 单 | 瞿 | 管 |
| 9 | 符 | 辛 | 牟 | 喻 | 晏 | 骆 | 隋 | 缪 | 商 | 燕 | 鞠 | 桑 | 乐 | 余 | 巫 | 井 | 储 | 公 |
| 10 | 尤 | 包 | 喻 | 晏 | 郁 | 关 | 保 | 封 | 屠 | 和 | 冀 | 占 | 门 | 应 | 银 | 满 | 帅 | 门 |
| 11 | 包 | 费 | 蒙 | 屈 | 席 | 窦 | 迟 | 南 | 衣 | 盖 | 衣 | 门 | 帅 | 满 | 银 | 应 | 仲 | 麻 |
| 12 | 费 | 鄢 | 桂 | 农 | 师 | 寇 | 廉 | 苟 | 官 | 宴 | 郁 | 迟 | 南 | 衣 | 公 | 门 | 麻 | 雅 |
| 13 | 鄢 | 岑 | 农 | 师 | 寇 | 廉 | 苟 | 官 | 宴 | 郁 | 迟 | 南 | 衣 | 公 | 门 | 麻 | 雅 | 木 |
| 14 | 岑 | 揭 | 师 | 寇 | 廉 | 苟 | 官 | 宴 | 郁 | 迟 | 南 | 衣 | 公 | 门 | 麻 | 雅 | 木 | 干 |
| 15 | 揭 | 苑 | 寇 | 廉 | 苟 | 官 | 宴 | 郁 | 迟 | 南 | 衣 | 公 | 门 | 麻 | 雅 | 木 | 干 |  |
| 16 | 苑 | 郜 | 廉 | 苟 | 官 | 宴 | 郁 | 迟 | 南 | 衣 | 公 | 门 | 麻 | 雅 | 木 | 干 |  |  |
| 17 | 郜 |  |  |  |  |  |  |  |  |  |  |  |  |  |  |  |  |  |

(左侧竖排:各姓氏所在的坐标)

图 5-12　"叩问姓氏"游戏中展示的第 3 页内容

直角坐标思想,最早来自法国数学家笛卡儿。现代社会,坐标方法在日常生活中的应用相当广泛。例如,象棋、围棋中棋子的定位;电影院、剧院、体育馆、火车车厢里的座位,以及高层建筑中房间和教室的编号等,都使用了坐标原理。例如,我们正在 3505 教室上课,这里的 3 是教学楼编号,第一个 5 是楼层编号,后面的 05 则是同一层楼的教室编号。可见,用一个三维坐标就能确定学校所有教室的位置。有了三维坐标的指引,无论是同学,还是老师,再也不用担心走错教室了,这就是数学的魔力。

## 十、求 π 奇法

我们计算 π,可以用几何法、数列法、连分数法,甚至可以用计算机计算到我们需要的任意位数。下面介绍一种不用繁杂计算的稀奇方法——试验法。

（一）布丰投针试验

法国数学家布丰(Buffon,又译作蒲丰,1707—1788),在研究偶然性事件的规律时发现,有时数学问题无须进行繁杂的运算,只需通过试验就能得到必然性的结果。由他设计的投针计

算圆周率 $\pi$ 的试验就是应用这一方法的著名例子。

1777 年的一天,布丰家里宾客满堂,原来他们是应主人之邀来观看一个奇特试验的。试验开始,但见年已古稀的布丰先生兴致勃勃地拿出一张纸,纸上预先画好了一条条等距离的平行线。接着他抓出一大把小针,这些小针的长度都是平行线间距的一半,然后宣布:"请诸位把这些小针一根一根往纸上扔吧! 不过,请大家务必把扔下的针是否与纸上的平行线相交告诉我。"

客人们不知他要玩什么把戏,只好客随主便,一个个加入了试验行列。一把小针扔完了,把它们捡起来又扔。而布丰本人则不停地在一旁数数、记数,如此这般地忙碌了将近一个钟头。最后,布丰先生高声宣布:"先生们,我这里记录了诸位刚才的投针结果,共投针 2 212 次,其中与平行线相交的有 704 次。总数 2 212 与相交数 704 的比值为 3.142。"说到这里,他故意停了停,并对大家报以神秘的一笑,接着提高声调说:"先生们,这就是圆周率 $\pi$ 的近似值啊!"

一时间,众宾哗然,议论纷纷,大家都感到莫名其妙:"圆周率 $\pi$? 这与圆半点都沾不上边的呀!"

布丰先生似乎猜透了大家的心思,他笑嘻嘻地解释道:"诸位,我这里用了概率原理,如果大家有耐心的话,再增加投针次数,还能得到更精确的 $\pi$ 的近似值。不过,要想弄清其间的道理,只好请大家去看敝人的新作了。"随即,他扬了扬手中的《或然性算术试验》一书。

这也太玄了吧,这样做真的能计算出 $\pi$ 的近似值吗? 若能,其道理何在? 事实证明,这样做确实能算出 $\pi$ 的近似值,下面就是一个简单而巧妙的证明。

找一根铁丝弯成一个圆圈,使其直径等于相邻两平行线间的距离 $d$,那么无论怎样扔圆圈,它都会和平行线有两个公共点(两个交点或两个切点,如图 5-13 所示)。如果扔 $n$ 次,则圆圈与平行线相交 $2n$ 个点次。如果把圆圈拉直成一根针,则针长 $EF = \pi d$,这样,针 $EF$ 与平行线的交点数有 5 种情况:4 个交点、3 个交点、2 个交点、1 个交点、0 个交点。由于这是随机过程的多次重复试验,因此,尽管圆圈和小针的形状不一样,但小针上任何一点落在平行线上的概率在弯

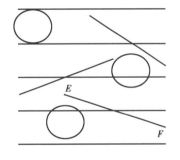

图 5-13　投针示意图

曲前后都是相等的。因而,从概率意义上讲,将针 $EF$ 扔 $n$ 次,它就与平行线相交 $2n$ 个点次。

一方面,假设经过 $n$ 次重复试验,针 $EF$ 与平行线实际相交的点次数为 $m$,则随着试验次数的增大,$m$ 将逐渐向 $2n$ 逼近,且重复的次数越多,逼近程度就越高。另一方面,从概率意义上讲,如果用不同长度的针 $l, l'$ 投掷,则它们与平行线相交的次数与针的长度 $l, l'$ 成正比。因此,若用针长为 $l$ 和 $\pi d$ 的针分别投掷 $n$ 次,则它们分别与平行线实际相交的点次数 $m$ 与 $2n$ 之比满足 $\lim\limits_{n \to \infty} \dfrac{m}{2n} = \dfrac{l}{\pi d}$,即 $\pi \approx \dfrac{2nl}{md}$,如果我们取 $l = \dfrac{d}{2}$,则有 $\pi \approx \dfrac{n}{m} = \dfrac{投扔总次数}{碰线总次数}$。这就是著名的

布丰公式。

由此可见,π确实能在这种纷纭杂乱的场合出现,实在是出人意料!

后来,还有不少人步布丰的后尘,用同样的方法来计算π值。其中,最神奇的要算意大利数学家拉兹瑞尼,他在1901年宣称进行了多次投针试验,每次投针数为3 408次,平均相交数为2 169.6次,代入布丰公式求得商为3.141 592 9,这与π的精确值相比,直到小数点后第7位才出现不同!用如此简便的方法,求得如此高精度的π值,真是天工造物!倘若祖冲之再世,也会惊讶得瞠目结舌!

利用随机投针的方法,既然能试验出π的近似值,那么还能试验出其他数,例如$\sqrt{2}$,$\sqrt{3}$,$\sqrt{5}$的近似值吗? 答案是:能。有兴趣的读者,不妨一试。

不过,用概率计算π,$\sqrt{2}$,$\sqrt{3}$,$\sqrt{5}$等无理数的近似值,其象征意义远大于实际意义,因为每一次试验结果都是随机的,不一定试验次数越多,算出的值近似程度就越高。

(二)随机写数试验

既然随机投针可以试验出π的近似值,那么随机写数又能否试验出π的近似值呢?

我们随机地写出两个小于1的正数$x$与$y$,它们与数1组成三数组$(x,y,1)$。容易证明,当以$x,y$为坐标的点落在如图5-14所示的弓形区域$\begin{cases}x^2+y^2<1\\y>1-x\end{cases}$时,以三数组$(x,y,1)$中三数为边长的三角形就是一个钝角三角形,并且,这样的三个数正好是一个钝角三角形。三边长的概率是$P=\dfrac{S_{弓}}{S_{矩}}=\dfrac{\pi-2}{4}$,“π”确实出现在随机写数的场合中,这是多么神奇!

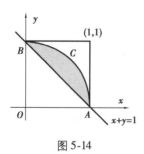

图5-14

下面做一试验计算π:设$n$个学生,每人写一对小于1的数,且这些数对中能与1构成钝角三角形的有$m$对。则这$n$对数能与1构成钝角三角形的概率为$\dfrac{m}{n}$,于是由$\lim\limits_{n\to\infty}\dfrac{m}{n}=\dfrac{\pi-2}{4}$,求得$\pi\approx\dfrac{4m}{n}+2$。当然,写的数对越多,最后算出的π值在概率意义上来说就越精确。

这是多么奇妙,两个随机试验,竟然得出了必然性结果——π的近似值!

随机投针或写数的方法,不但为研究圆周率开辟了一条新路,而且由此发展了一种新的数学方法——统计试验法(又称蒙特卡罗方法)。现在,这类工作尽可以交给计算机处理,几秒钟便可完成。

## 十一、奇妙分形

### (一)柯克雪花

对于一个"具有有限面积的图形",人们总是认为它的"周长也是有限的",这是我们深受欧几里得几何的对象和概念影响之故。然而,1906 年,瑞典数学家柯克(Koch)作了一条"雪花曲线",其面积是有限的,周长却是无限的。

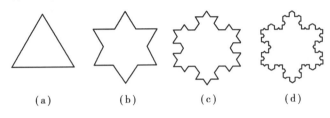

(a)　　　　(b)　　　　(c)　　　　(d)

图 5-15　雪花曲线

先作一个等边三角形[图 5-15(a)],再把每边三等分,将居中的 1/3 部分向外作一个小等边三角形,并把每一个小等边三角形的底抹掉,得到一个六角星形[图 5-15(b)];再在六角星形的每一条边上以同样的方法向外作出更小的等边三角形,于是曲线变得越来越长,图形开始像一片雪花[图 5-15(c)]。如此反复作图,曲线越来越长,面积越来越大,图形变得更美丽[图 5-15(d)]。极限情况下,周长变得无穷大,而面积却有限。

事实上,每一次变化,都是将原来的边分成 3 段,然后用这样的 4 段代替之,所以,变化 1 次,周长就变为原来的 4/3 倍,变化 $n$ 次后,多边形的周长是最初周长的 $\left(\dfrac{4}{3}\right)^n$ 倍。当 $n\to\infty$ 时,周长趋于无穷大。同样地,面积的有限性也很容易证明。在边数增加的过程中,虽然多边形的面积随着 $n$ 的增大而增大,但曲线上任何一点都不可能超出原始正三角形的外接圆。因此,雪花的面积小于这个圆的面积。事实上,可以计算出曲线所围面积的极限值为原三角形面积的 8/5 倍。

柯克雪花是分形几何中的一个典型范例,其面积是有限值,而周长却无穷大,这是很令人吃惊的。然而还有更令人吃惊的是面积为零,边界周长为无穷大的谢尔宾斯基三角形。

### (二)谢尔宾斯基三角形

我们用黑色三角形代表挖去的面积,白三角形为剩下的面积,并称白三角形为谢尔宾斯基三角形。先作一个边长为 1 的正三角形[图 5-16(a)],挖去一个边长为 $\dfrac{1}{2}$ 的"中心三角形"[图 5-16(b)]后,剩下部分的面积为初始三角形面积的 $\dfrac{3}{4}$,且其边界周长增加 $\dfrac{3}{2}$;然后在剩下的小三角形中又各挖去一个"中心三角形"[图 5-16(c)],则剩下部分的面积为初始三角形面积的 $\left(\dfrac{3}{4}\right)^2$,边界周长在上次的基础上又增加 $\left(\dfrac{3}{2}\right)^2$;如此反复做 $n$ 次,则谢尔宾斯基三角形的面积为$\frac{\sqrt{3}}{4}\left(\frac{3}{4}\right)^{n}$,周长为$3+\frac{3}{2}+\left(\frac{3}{2}\right)^{2}+\cdots+\left(\frac{3}{2}\right)^{n}$;若连续无限次做下去,则谢尔宾斯基三角形的面积为零,周长变得无限大[图5-16(d)、(e)]。因此,谢尔宾斯基三角形就是面积为0,周长为无穷大的一个平面图形,且其维数是1.585。

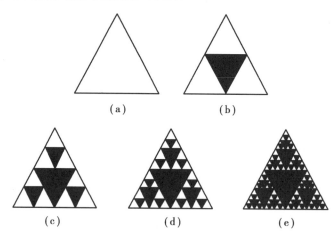

图5-16　谢尔宾斯基三角

此外,还有皮亚诺曲线和加百列喇叭($y=1/x$在区间$[1,+\infty]$上的图像绕$x$轴旋转所得的旋转体)等所谓的"病态"曲线和几何体。

我们知道曲线是没有宽度的,但皮亚诺却做出了能充满某个平面区域的曲线,这与传统几何的观念是相悖的。同样,加百列喇叭也是一个奇怪的几何图形,其表面积是无限的,但体积却是有限的。形象地说,若将加百列喇叭装满涂料,然后用这些涂料将喇叭表面粉刷一遍,则喇叭所装涂料是不够用的。因为粉刷喇叭表面所需的涂料是无穷的,而喇叭所装的涂料却是有限的。现实生活中,这是难以置信的。

## 十二、苏格拉底谬误

一天,苏格拉底与一位几何学家谈论"全体大于部分"这个几何学公理,他设计了一个题目,让几何学家大吃一惊:如图5-17所示,自线段$AB$两端作等长的线段$AC$和$BD$,使$\angle ABD$为直角,$\angle BAC$为钝角。连接$CD$并分别作线段$AB$,$CD$的中垂线$OM$和$ON$,相交于$O$点。则$AO=BO$,$CO=DO$。又$AC=BD$,所以$\triangle AOC\cong\triangle BOD$(SSS),从而$\angle OAC=\angle OBD$(对应角)。又$\angle OAB=\angle OBA$(等腰三角形底角),所以$\angle BAC=\angle ABD$,即钝角等于直角。

若交点$O$在线段$AB$之下,如图5-18所示,同样可证得$\angle OAC=\angle OBD$,两端分别减去$\angle OAB$及$\angle OBA$,结果还是$\angle BAC=\angle ABD$。

若交点$O$落在线段$AB$上,则情形更为简单,无须另证。

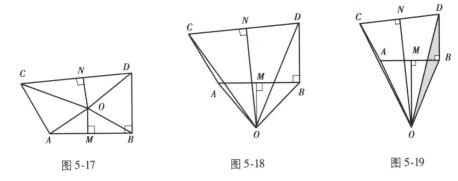

图 5-17　　　　　　　图 5-18　　　　　　　图 5-19

　　总之,钝角等于直角。我们把这个问题称为苏格拉底的谬误问题。问题出在何处? 苏格拉底进行到这里,并未指出出错的原因,而是把问题留给了这位几何学家。这位几何学家从结论开始检查每一步证明,似乎没有错误。那么问题究竟出在哪里呢? 从直观上看,苏格拉底的作图过程没有问题。但是,按严格要求作图后,发现不可能得到苏格拉底的图形,而是得到另外一个图形,也就是本题原证的错误在于作图不准确。正确的图形如图 5-19 所示,$\angle OAC$ 和 $\angle BAC$ 并不在线段 $AC$ 的同侧。所以,$\angle BAC = 360° - \angle OAC - \angle OAB$,$\angle ABD = \angle OBD - \angle OBA$。但 $\angle OAC = \angle OBD$,$\angle OAB = \angle OBA$(等腰三角形底角)。因此,$\angle BAC - \angle ABD = 360° - \angle OBD - \angle OBA - (\angle OBD - \angle OBA) = 360° - 2\angle OBD$。因 $\angle OBD$ 是 $\triangle BOD$ 内的一角,故 $2\angle OBD$ 必小于 $360°$,所以 $\angle BAC > \angle ABD$。

　　苏格拉底的谬误问题告诉人们,在数学学习和哲学思考中,虽然直观在说明问题时非常有用,但是它具有欺骗性,不可靠。所以,不能以直观的表面现象为依据,而应以严格的逻辑推理为根据。诚然,直观的不可靠性,并不是苏格拉底首次发现,而是毕达哥拉斯在用定理计算正方形对角线长度时,首先发现的。从此,几何学的演绎推理便成为西方的理性精神和数学教育思想的传统。

# 第六节　数学无处不美

　　当你温习经典数理时,你会感受到数学美的清风拂面而来。麦克斯韦的电磁微分方程组恰如杜甫律诗般的严谨工整;积分变换使你的笔像魔术师的手杖;黎曼的微分几何与李斯特的钢琴奏鸣曲异曲同工;泛函分析像一首首小提琴协奏曲,抒情而奔放;柯西的复变积分像柔美的小夜曲舒展平和,余数定理仿若高音的尾音,其韵味可绕梁三日;拓扑空间装满了一支支魔笛的回旋曲,神秘奥妙,常使你舞步错乱;有序矩阵变换如军乐队和团体操方阵的演变;读"数论"的猜想,就像是与外星人对话,更像是面对蒙娜丽莎的微笑,或者试解《红楼梦》的谜团,它是个永远难解之谜;从排列组合,到概率论、数理统计、群论,又仿佛是人间纷繁生活的写照。各种形式的几何图形和曲线,更为人们的生活和思想增添了斑斓的色彩和富有哲理的寓言。

就像法国美学家帕克在《美学原理》中描述的那样："水平线转达一种恬静感，垂直的线条表示庄严、高贵和向往；扭曲的线条表示冲突和激动；而弯曲的线条则带有柔软、肉感和鲜嫩的性质。"是的，你会发现，圆形是那么饱满完美，是太阳和满月的写照；椭圆是那么柔润自然，难怪它是天体运行的轨迹，也是生命的摇篮形式，是动静结合的最美图形；抛物线流畅光洁，毫不矜持失态；双曲线规整对称，就像天使那一对比翼齐飞的翅膀。以上曲线都来自圆锥体的不同截线，奇妙的是，却可在自然界和宇宙中找到它们的踪迹。螺旋线蜿蜒伸展，如同社会发展和人生旅程的曲折经历，也是天体星团的展开形态；心脏线形如红心，是爱情的象征；渐开线像一去不复返的黄鹤踪迹，它是机械工程中齿轮的一段齿廓——人们想象力的结晶；渐近线好似追日而永不能及的夸父行踪；回旋曲线作钟表发条，像盘曲的银蛇；抛物线似富士山峰；正态曲线像珠穆朗玛峰；而多叶玫瑰线组成可爱的玫瑰花瓣；悬链线使人想起"大渡桥横铁索寒"的悲壮……

数学的推演程式是力求简洁，追求简洁美。为此，数学上就会采取各种手段，引入表示某种特殊含义的数学符号，这些符号不仅能准确地表达数学家的思想，而且能给数学的表达和积累赋予形式美的内涵。进而，各种字母、图形、符号的组合就构成了数学的浩瀚篇章，有的像诗词，有的像曲谱，有的像天书，有的像迷宫，使你欲穷其奥。那些特定含义的数学符号，是美学创意的典范，具有"长留天地间"的生命力。例如，无穷大号"$\infty$"和积分号"$\int$"，是静卧和伸展的 s，这是多么简洁柔美；总和符号"$\sum$"和连乘号"$\prod$"，又是多么刚健有力；偏微分符号"$\partial$"显得妖娆多姿；表示阶乘的惊叹号"！"更是一个绝妙的创意，使人惊叹不已；"＋"号和"×"号既有各自独特的含义，又有相互转换的趣味；"＝"号则表示两端平衡；"÷"号富于诗意，不禁让人想起苏东坡"银河渡双星"之美。

总之，数学的形式和内涵，可以让你情不自禁地联想起生活中一切富于美感的事物，音乐、绘画、诗歌、建筑以及大自然和宇宙的空灵、清悠和流动的韵律。

爱因斯坦说过，自然界的语言是数学和音乐，这是上帝赐予人类共同拥有的智慧财富。

数学史证明，数学美一直是指引数学家前进和奋斗不息的一盏明灯。数学美具有科学美的一切特性，不仅具有逻辑美，更具有奇异美；不仅内容美，而且形式美；不仅思想美，而且方法美。简洁、匀称、和谐，随处可见。数学美不仅具有科学美的一切特性，而且具有艺术美的某些特性，获得这种美感还需要我们更深入地感受与体验。

不经一番艰苦跋涉和攀登，就难以欣赏到奇峰异景。欣赏数学也如旅游赏景，要有"幽泉怪石，无远不到"的精神，去"上高山，入深林，穷回溪"，以登临险峰去观赏数学的无限风光。

说不尽的庐山美景，历代文人留下无数赞叹庐山的诗文，还难免感慨"不识庐山真面目"。同样，说不尽的还有数学美。本章提及的数学美，只是数学王国中"美"的一小部分，仅及一爪半鳞。

有兴趣的读者，可继续探索数学王国的奥秘，继续欣赏数学百花园的美丽景色。

# 习题 5

1. 一只桶里的水每分钟增加一倍,10分钟时桶里装满了水,试问何时可达半桶?

2. 李白提壶去买酒,遇店加一倍,见花喝一斗,三遇店和花,喝光壶中酒。试问壶中原有酒几斗?

3. 食虫算题。有一道乘法算式题
$$
\begin{array}{r}
* \ * \\
\times) \ \ * \ * \\
\hline
1 \ * \\
* \ * \ * \\
\hline
* \ * \ 1 \ *
\end{array}
$$
,大部分数字被虫咬掉了(用*表示),只剩下两个“1”。请根据推理将式中缺少的数字补上。

4. 利用布丰公式设计求$\sqrt{2}$的近似值的投针试验。

5. 古印度有一位老人,临终前留下遗嘱,要把11头牛分给三个儿子,老大分得总数的$\frac{1}{2}$,老二分得总数的$\frac{1}{4}$,老三分得总数的$\frac{1}{6}$。按印度的教规,牛被视为神灵,不能宰杀,只能整分。三兄弟为此一筹莫展,你能帮助他们解决问题吗?

6. 凸多面体中的欧拉公式 $V+F-E=2$,其中 $V,F,E$ 分别表示凸多面体的顶点数、面数和棱数。这是数学中“美女”公式的亚军。请就数学的“亚军美女”公式,写一篇1 000字以上的赏析文章。

# 第六章　数学家群雕像

千百年来,古今中外无数的数学家,为了科学的进步、人类的发展,贡献了他们的青春、智慧和生命,他们是社会的精英、世界的脊梁、人类的骄傲。本章介绍的二十多位数学家就是其中的典型代表,从他们身上,我们将领略到数学家的理性、睿智、坚毅的品格,以及追求真理、百折不挠的精神。

## 第一节　史上第一位数学家及"四大天王"

### 一、史上第一位数学家——泰勒斯

（一）生平简介

泰勒斯（Thales,公元前625—公元前547）,古希腊及西方第一位有名字记载的哲学家、科学家和数学家,希腊最早的哲学学派——米利都学派创始人,古希腊"七贤"之首,"科学和哲学之祖"（图6-1）。

泰勒斯出生于希腊繁荣的港口城市米利都,他的家庭属于奴隶主贵族阶级,从小就受到良好的教育。泰勒斯早年是一名商人,曾到过不少东方国家,学习了古巴比伦观测日食、月食和测算海上船只距离等知识,了解到英赫·希敦斯基探讨万物组成的原始思想,掌握了埃及土地丈量的方法和规则等。他还到过美索不达米亚平原,在那里学习了数学和天文学知识。此后,他从事政治和工程活动,并研究

图6-1　泰勒斯

数学和天文学,晚年转向哲学,他几乎涉猎了当时人类的全部思想和活动领域,获得了崇高的声誉。古希腊"七贤"中,只有他称得上是渊博的学者。

泰勒斯首创理性主义精神、唯物主义传统和普遍性原则,是理性主义的开端,被誉为"哲学史上第一人"。泰勒斯试图借助经验观察和理性思维来解释世界,他提出了水的本原说,即"万物源于水",是古希腊第一位提出"什么是万物本原"这一哲学问题的人。他是多神论者,认为世间充满了神灵。泰勒斯对希腊哲学产生了重要的影响,据说阿那克西曼德是他的学

生,传说毕达哥拉斯早年也拜访过他,并听从他的劝告,前往埃及做研究。

泰勒斯除了在哲学和数学方面有许多研究,对天文学也有研究,确认了有助于航海的小熊座,他曾利用日影来测量金字塔的高度,还准确地预测了一次日食。同时,他是将一年的长度修订为365日的首个希腊人,曾估算过太阳及月球的大小。

(二)数学成就

泰勒斯在数学方面划时代的贡献在于,引入了命题证明的思想,它标志着人们对客观事物的认识从经验上升到理论,这在数学史上是一次不寻常的飞跃。在数学中引入逻辑证明的重要意义在于,这保证了命题的正确性,通过揭示各定理之间的内在联系,使数学构成一个严密的体系,为数学的进一步发展打下基础,也使数学命题具有充分的说服力,令人深信不疑。

泰勒斯曾发现不少平面几何学的定理,如"直径平分圆周""三角形中等边对等角""两条直线相交,对顶角相等""三角形两角及其夹边已知,此三角形完全确定""半圆所对的圆周角是直角"等。虽然这些定理是现代每个中学生都知道的简单定理,而且古埃及、古巴比伦人也许更早知晓,但是他们只是利用这些原理进行规划和计算,以厘清人们的地产因河水泛滥而冲毁的界线,并未从理论上给予概括和证明。泰勒斯将这些实际操作知识给予抽象化、理论化,经严格证明后,概括为科学理论,整理成一般性命题,并在实践中加以广泛应用。正是这些看似简单的理论,构成了今天极其复杂而又高深的理论根基,如今的球面几何学、射影几何学、非欧几何学等,无一不是以这些简单定理为基础推演出来的。

在科学上,泰勒斯倡导理性,不满足于直观感性的特殊认识,反而崇尚由理性抽象得到的一般知识。例如等腰三角形的两底角相等,并不是指我们所能画出的、个别的等腰三角形,而是指"所有的"等腰三角形。通过论证、推理,才能确保数学命题的正确性,才能使数学具有理论上的严密性和应用上的广泛性。泰勒斯的积极倡导,为毕达哥拉斯创立理性的数学奠定了基础。

(三)轶事趣谈

1. 只顾天空不看脚下的天文学家

一天晚上,泰勒斯走在旷野里,抬头看着星空,满天星斗,正在他一边走一边预言明天会下雨时,一不小心掉进坑里,摔得够呛。幸运的是,别人把他救了起来,他说:"谢谢你把我救起来。你知道吗?明天会下雨啊。"于是这就成了关于哲学家的笑话:"哲学家是只知道天上的事情,不知道脚下发生什么事情的人。"但是2 000年以后,德国哲学家黑格尔说,一个民族要有关注天空的人,这个民族才有希望,如果一个民族只关心脚下的事,这个民族是没有未来的。

2. 用预言制止战争

据希罗多德的《希波战争史》第一卷记载,米底王国与两河流域下游的迦勒底人联合攻占了亚述首都尼尼微,亚述领土被两国瓜分了。米底占据了今伊朗的大部分,准备继续向西扩张,但遭到吕底亚王国的顽强抵抗,两国在哈吕斯河一带展开激烈的战斗,接连五年也未决出胜负。

战争给平民百姓带来了巨大的灾难,老百姓流离失所,苦不堪言。泰勒斯预先推测出某天有日食,便扬言,上天反对人世间的战争,某日必以日食为警告,当时,没有人相信他。后来,不出所料,在公元前585年5月28日,当两国将士短兵相接时,天突然黑了下来,白昼顿时变成黑夜,交战双方惊恐万分,于是马上停战和好,后来两国还互通婚姻。

3. 测量金字塔高度

据说,埃及大金字塔修成一千多年后,还没有人能够准确测出其高度,有不少人尝试过、努力过,但都未成功。

一年春天,泰勒斯来到埃及,人们想试探一下他的能力,就问他能否解决这个难题,泰勒斯很有把握地说可以解决,但有一个条件——法老必须在场。第二天,法老如约而至,金字塔周围也聚集了不少围观的老百姓。泰勒斯来到金字塔前,阳光把他的影子投射在地面上。每过一会儿,他就让别人测量他影子的长度,当测量值与他的身高完全吻合时,他立刻在大金字塔在地面的投影处作一记号,然后丈量金字塔底到投影尖顶的距离,这样,他就报出了金字塔确切的高度。在法老的请求下,他向大家讲解了如何从"影长等于身长"推演到"塔影等于塔高"的原理,即今天的相似三角形原理。

4. 骡子的故事

泰勒斯是一个商人,他用骡子运过盐。某次,一头骡子滑倒在溪中,盐被溶解了一部分,负担减轻了不少,于是这头骡子每过溪水就打一个滚。泰勒斯为了改变这头牲畜的恶习,就让它改驮海绵,海绵吸水后,重量倍增,这头骡子再也不敢偷懒了。

## 二、数学之神——阿基米德

### (一)生平简介

阿基米德(Archimedes,公元前287—公元前212),伟大的古希腊哲学家、数学家、物理学家,静力学奠基人,力学之父(图6-2)。他是数学史上四大数学家之一,与牛顿和高斯并称"数学之王"。

阿基米德出生于西西里岛的叙拉古城,其父亲是天文学家和数学家,阿基米德从小深受家庭影响,十分喜爱数学,大概在他九岁时,父亲送他到埃及亚历山大城念书。亚历山大城是当时世界的知识、文化中心,学者云集,文学、数学、天文学、医学的研究都很发达。阿基米德在这里跟随许多著名数学家学习,包括几何学大师欧几里得,在此奠定了他日后从事科学研究的基础。第二次布匿战争

图6-2 阿基米德

时期,罗马大军围攻叙拉古,阿基米德不幸遇难。

（二）数学成就

阿基米德流传于世的数学著作有 10 余部,多为希腊文手稿。他的著作集中探讨了求积问题,主要是曲边图形的面积和曲面立方体的体积,体例深受欧几里得《几何原本》的影响,先是设立若干定义和假设,再依此推演。作为数学家,他编撰了《论球和圆柱》《圆的度量》《抛物线求积》《论螺线》《论锥体和球体》《砂粒计算》等数学著作。

其中,《论球与圆柱》是他的得意之作,包括许多重大成就。他从几个定义和公理出发,推出关于球与圆柱面积、体积等 50 多个命题。《平面图形的平衡或其重心》从几个基本假设出发,用严格的几何方法论证力学原理,求出若干平面图形的重心。《数沙者》设计一种可以表示任何大数的方法,纠正了"沙子是不可数的,即使可数也无法用算术符号表示"的错误观点。阿基米德还提出过含有 8 个未知数的"群牛问题",最后他将其归结为一个二次不定方程,其解的数字大得惊人,共有二十多万位!

《砂粒计算》是专讲计算方法和计算理论的著作。阿基米德要计算充满宇宙大球体内的砂粒数量,他运用了很奇特的想象,建立了新的量级计数法,确定了新单位,提出了表示任何大数量的模式,这与对数运算密切相关。

《圆的度量》利用圆的外切与内接 96 边形,求得圆周率 π 的值介于 22/7 和 223/71 之间,这是数学史上最早明确指出误差限度的 π 值。他还用穷竭法证明了圆面积等于以圆周长为底、半径为高的等腰三角形的面积。

《球与圆柱》熟练地运用穷竭法证明了球的表面积等于球大圆面积的 4 倍;球的体积是一个圆锥体积的 4 倍,这个圆锥的底等于球的大圆,高等于球的半径。阿基米德还指出,如果等边圆柱中有一个内切球,则圆柱的全面积和它的体积,分别为球表面积和体积的三分之二。在这部著作中,他还提出了著名的"阿基米德公理"。

《抛物线求积法》研究了曲线图形求积的问题,并用穷竭法推导出结论:"任何由直线和直角圆锥体的截面所包围的弓形(即抛物线),其面积都是其同底同高的三角形面积的三分之四。"他还用力学权重方法再次验证了这个结论,从而使数学与力学成功地结合起来。

《论螺线》是阿基米德对数学的出色贡献,他明确了螺线的定义,以及对螺线面积的计算方法。另外,阿基米德还推导出几何级数和算术级数求和的几何方法。

《平面的平衡》是关于力学最早的科学论著,讲的是确定平面图形和立体图形的重心问题。《浮体》是流体静力学的第一部专著,阿基米德把数学推理成功地运用于分析浮体的平衡上,并用数学公式表示浮体平衡规律。《论锥型体与球型体》讲的是确定由抛物线和双曲线绕其轴旋转而成的锥体体积,以及椭圆绕其长轴和短轴旋转而成的球体体积。

此外,还有一篇非常重要的著作,是阿基米德用希腊文在羊皮纸上写给埃拉托斯特尼的一封信,现称为"阿基米德羊皮书",后以《阿基米德方法》面世,它主要讲述根据力学原理去发现问题的方法。阿基米德把一块面积或体积看成有重量的东西,分成许多非常小的长条或薄片,然后用已知面积或体积去平衡这些"元素",找到重心和支点,所求的面积或体积就可以用杠杆原理计算出来。他把这种方法看作严格证明前的一种试探性工作,得到结果后,还需用归谬法证明。

阿基米德是将数学与力学完美结合的应用数学家,他通过大量实验发现了杠杆原理,又用几何演绎方法推出许多杠杆命题,并严格证明,其中就有著名的"阿基米德原理"。

阿基米德在数学上也有极其卓越的成就,特别是几何学方面。他的数学思想中蕴含着微积分的光辉,其思想实质一直伸展到 17 世纪趋于成熟的无穷小分析领域,预告了微积分的诞生。阿基米德的几何著作是希腊数学的顶峰,他把欧几里得严格的推理方法与柏拉图的丰富想象有机融合,从而使开普勒、卡瓦列利、费马、牛顿、莱布尼茨等人继续培育起来的微积分日趋完美。

除牛顿和爱因斯坦外,再没有人像阿基米德那样为人类的进步做出如此巨大的贡献,即使牛顿和爱因斯坦也曾从他身上汲取过智慧和灵感。阿基米德是"理论天才与实验天才合于一人的理想化身",文艺复兴时期的达·芬奇和伽利略等人都以他作为自己的楷模。因为阿基米德的杰出贡献,美国的 E. T. 贝尔在《数学人物》上曾这样评价:任何一张开列有史以来三名最伟大的数学家名单中,必定会包括阿基米德,而另外两位通常是牛顿和高斯。不过,以他们的宏伟业绩和所处的时代背景来比较,或拿他们影响当代和后世的深邃久远来比较,首推阿基米德。

(三)轶事趣谈

1. 浮力原理的发现

关于浮力原理的发现,有这样一个有趣的故事:相传叙拉古赫农王让工匠替他做了一顶纯金王冠,但国王疑心它不是纯金的,于是请阿基米德来鉴定。最初,阿基米德冥思苦想却无计可施。一天,他坐进澡盆洗澡,看到水往外溢,同时感到身体被轻轻托起,他突然意识到可以用测定固体在水中排水量的办法来确定王冠的比重,他兴奋地跳出澡盆,光着身子跑了出去,大声喊着"Eureka!"(找到了!)

经实验确认后,他便来到王宫,把王冠和同等重量的纯金放在盛满水的两个盆里,比较两盆溢出的水量,发现放王冠的盆溢出的水比另一盆的多,这说明王冠的体积比相同重量的纯金的体积大,即王冠里掺进了比纯金密度小的其他金属。

这次试验核查出了金匠的欺骗行为,但更重要的是,阿基米德从中发现了浮力定律:物体在液体中的浮力等于它排开液体的重量。至今,人们还利用这个原理计算物体比重和测定船舶载重量等问题。

2. 撬动地球的豪言

阿基米德曾说:"只要给我一个支点,我就能撬动地球。"因此,当人们遇到要搬动巨型物体的难题时,就会求助于他。一次,海维隆王替埃及托勒密王造了一艘船,因为太大,船造好后无法移到海里,国王就对阿基米德说:"你连地球都举得起来,把一艘船放进海里应该没问题吧?"为此,阿基米德设计了一套精巧的滑车与杠杆,待一切准备妥当后,他让国王轻轻拉动一根绳子,大船居然慢慢地滑进了海中。群众顿时掌声雷动,国王也异常高兴,当众宣布:"从现在起,我要求大家,无论阿基米德说什么,都要相信他!"

3. 伟大的实践家

阿基米德和雅典时期的科学家有明显的不同,就是他既重视科学的严密性、准确性,要求对每一问题都进行精确的、合乎逻辑的证明,又非常重视科学知识的实际应用。他非常重视试验,亲自动手制作各种仪器和机械。他一生设计、制造了许多机械和机器,除杠杆系统外,值得一提的还有举重滑轮、灌地机、扬水机以及军用抛石机等。例如,他曾运用水力制作一座天象仪,这个天象仪不但运行精确,而且连何时将发生月食、日食都能预测。又如,被称为"阿基米德螺旋"的扬水机至今仍在埃及等地使用。

4. 百手巨人之死

阿基米德在保卫叙古拉的战斗中发明御敌武器,使罗马军队惊慌失措、人人害怕,连大将军马塞拉斯都苦笑地承认:"这是一场罗马舰队与阿基米德一人的战争,阿基米德是神话中的百手巨人。"不幸的是,最后叙古拉还是被罗马军队攻陷了。当时,阿基米德似乎并不知道城池已破,一直沉浸在数学的深思中,当破城而入的罗马士兵冲到阿基米德身边时,这位老人正在出神地思考数学问题,他让士兵别碰沙盘上的几何图形,一名罗马士兵一怒之下失手将他刺死了。

据说罗马兵入城时,统帅马塞吕斯出于敬佩阿基米德的才华,曾下令不准伤害这位贤能。因此,事后严惩了这位士兵,还特意为阿基米德建墓,并按阿基米德遗愿将其生前最引以为豪的数学发现"球及其外切圆柱"刻在墓碑上。

5. 阿基米德羊皮书

阿基米德是最富传奇色彩的古代科学家之一。1998 年之前,传世的阿基米德著作共 8 篇,这 8 篇的内容传自两个古代抄本系统,"抄本 A"和"抄本 B",不幸的是这两个抄本现在都已遗失。1906 年,丹麦语言学家海贝格在土耳其伊斯坦布尔发现了一卷羊皮纸手稿,1998 年,该手稿以"阿基米德羊皮书"为拍品名出现在纽约克里斯蒂拍卖行。这是一本很不起眼的中世纪抄写的祈祷书,但是,据说它原先是一本阿基米德著作的抄本,只是后来被人刮掉了原书字迹,再用来抄写祈祷书的,所以身价不菲。"阿基米德羊皮书"最终由一位神秘富翁拍得,并交给华尔特艺术博物馆手稿部主任诺尔博士组织团队来研究。

研究者们将"羊皮书"一页页拆开,利用现代的各种成像技术,最终成功地再现了那份在700 多年前已经从羊皮纸上被刮去的抄本内容。于是阿基米德著作的第三个抄本出现了,现在称为"抄本 C",成为存世的阿基米德著作抄本中最古老的版本。

"抄本 C"包括了阿基米德的 7 篇著作:《平面图形的平衡或其重心》《论球和圆柱》《测圆术》《论螺线》《论浮体》《方法论》《十四巧板》,其中前五篇是"抄本 A"和"抄本 B"系统的内容,已经传承下来,为世人所知;最为珍贵的是最后两篇,即《方法论》和《十四巧板》,这是以前从未出现过的。

阿基米德的《方法论》已经"十分接近现代微积分",这里有对数学上"无穷"的超前研究,贯穿全篇的则是如何将数学模型进行物理上的应用。研究者们甚至认为,阿基米德有能力创造出伽利略和牛顿所创造的那种物理科学。至于另一篇新作《十四巧板》,则是别开生面。经组合数学专家研究认为,阿基米德在《十四巧板》中,其实想要讨论总共有多少种方式能将十四巧板拼成一个正方形?他们研究的答案是:《十四巧板》中的十四巧板总共有 17 152 种拼法可以得到正方形。这使他们相信,《十四巧板》表明"希腊人完全掌握了组合数学这门科学的最早期证据"。

"阿基米德羊皮书"提供的《方法论》和《十四巧板》,这两篇遗作的问世,可以说"改写了科学史"。

## 三、站在巨人肩膀上的人——牛顿

### (一)生平简介

图 6-3　牛顿

牛顿(Newton,1643—1727),英国物理学家、数学家、天文学家、自然哲学家,经典力学的奠基人,被誉为人类历史上最伟大的科学家之一(图 6-3)。

牛顿出生于英格兰林肯郡的一个庄园,出生前他的父亲刚去世。牛顿因早产长得十分瘦小,3 岁时,他母亲改嫁给一名牧师而将其托付给了外祖母,因此牛顿自幼孤僻而倔强,大约 5 岁时,牛顿被送到公立学校读书,11 岁时继父去世,母亲只得带回 3 个孩子回家务农,在不幸的家庭生活中,牛顿小学时的成绩较差,没有显示出特别的才华。

12 岁,牛顿进入格兰瑟姆中学,其学习成绩并不出众。随着年龄的增长,他爱好读书,喜欢沉思,对自然现象,如颜色、日影四季的移动,尤其是几何学、哥白尼的日心说等颇感好奇。他还分门别类地记读书笔记,又喜欢别出心裁地捣鼓些小工具、小发明、小试验。读中学时他曾寄宿在一位药剂师家里,耳濡目染下受到了化学试验的熏陶。

17 岁,牛顿被母亲从中学召回务农,但在其舅父和格兰瑟姆中学校长的竭力劝说下得以复学。18 岁,牛顿完成了中学学业,并收获一份完美的毕业报告。

1661 年 6 月,牛顿进入剑桥大学三一学院,就教于巴罗,同时钻研伽利略、哥白尼、开普勒、笛卡儿和沃利斯等人的著作。从三一学院保留下来的牛顿笔记可以看出,就数学思想的形成而言,笛卡儿的《几何学》和沃利斯的《无穷的算数》对他的影响最深,正是这两部著作引导牛顿走上了创立微积分之路。

1665 年 8 月,剑桥大学因瘟疫流行而闭校,牛顿返乡,随后在家乡躲避瘟疫的两年,竟然成为牛顿科学生涯的黄金岁月。制定微积分、发现万有引力的理论,可以说牛顿一生中大多数科学创造的蓝图,都是在这两年绘制的。

1667 年,牛顿返回剑桥大学,当时的巴罗非常欣赏牛顿的才能,1669 年 10 月,巴罗便让年仅 26 岁的牛顿继任卢卡斯讲座的教授。

随着科学声誉的提高,牛顿的政治地位也得到了显著提升。1672 年,他成为皇家学会会员;1689 年,当选国会中的大学代表。作为国会议员,牛顿逐渐疏远曾经给他带来巨大荣誉的科学。1696 年,牛顿谋得造币厂监督职位,1699 年升任厂长,1701 年辞去剑桥大学工作,1703 年,当选皇家学会主席。从此,他不时表现出对以他为代表的科学领域的厌恶;同时,他把大量的时间花在与同时代著名科学家,如胡克、莱布尼茨等进行学科优先权的争论上。

晚年的牛顿在伦敦过着富丽堂皇的生活,1705 年被安妮女王封为贵族,尔后担任英国皇家学会会长长达 24 年。他致力于对神学的研究,否定哲学的指导作用,虔诚地相信上帝,埋头撰写以神学为题材的著作。晚年的牛顿患有膀胱结石、风湿等多种疾病,于 1727 年 3 月 30 日深夜在伦敦去世,终年 84 岁。

(二)数学成就

牛顿是一位几乎在各个学科领域都做出划时代贡献的集大成者。他为理论力学、微积分、物质组成思想、光学实验发现和理论、万有引力定律、运动三大定律、低速流体阻力定律、彗星理论、潮汐理论和宇宙系统论等奠定了坚实的理论基础,为各学科做出了划时代的、奠基性的巨大贡献。

牛顿的数学成就

(三)轶事趣谈

1. 一定要超过他

一谈到牛顿,人们很可能认为他小时候一定是一名"神童""天才",有着非凡的智力。其实不然,童年时期的牛顿身体瘦弱,头脑并不十分聪明。读小学时很不用功,在班里的学习成绩属于次等。当时,处于封建社会的英国等级制度很严格,中小学里学习好的可以歧视学习差的同学。初中时期,有一次课间游戏,大家正玩得兴高采烈,一个学习好的同学借故踢了牛顿一脚,并骂他笨蛋。牛顿顿时愤怒极了,他想,我俩都是学生,我为什么受他的欺侮?于是暗下决心:"我一定要超过他!"从此,牛顿开始发奋读书。经过努力,学习成绩迅速提高,不久就超过了曾欺侮他的同学,最后还名列班级前茅。

2. 痴迷于研究

牛顿对于科学研究专心到痴迷的地步。据说有一次牛顿煮鸡蛋,他一边看书一边干活,糊里糊涂地把一块怀表扔进了锅里,等水煮开后,揭盖一看,才发现错把怀表当鸡蛋煮了。

一次,一位来访的客人请他估价一具棱镜。牛顿顿时被这具对自己科学研究特别有用的棱镜吸引住了,他不禁脱口而出:"这是一件无价之宝!"客人看到牛顿对棱镜爱不释手的样子,表示愿意卖给他,最后牛顿以高价买下了这具棱镜,管家老太太知道后,生气地说:"咳,你这个笨蛋,你只要照玻璃的重量折一个价就行了!"

还有一次,牛顿请朋友吃饭,准备好饭菜后,自己却钻进了研究室,朋友见状吃完后便不辞而别了。牛顿出来时发现桌上只剩下残羹冷饭,以为自己已经吃过了,就回去继续进行研究实验。牛顿用心之专注遂被传为佳话。

3. 苹果落地①

一个偶然事件往往能引发一位科学家思想的升华。1666年夏末一个温暖的傍晚,在英格兰林肯州乌尔斯索普,一位腋下夹着一本书的年轻人走进母亲家的花园,坐在一棵树下,开始埋头读书。当他翻动书页时,头顶的树枝晃动起来,一只苹果掉落下来,打在年仅23岁的牛顿头上。恰巧那天,牛顿正苦苦思索一个问题:是什么力量使月球保持在环绕地球运行的轨道上,以及使行星保持在其环绕太阳运行的轨道上?为什么这只打中他脑袋的苹果会坠落到地上?正是从思考这一问题开始,最终他找到了这些问题的答案——万有引力。牛顿灵机一动,头脑中突然闪现一种观点:苹果落地和行星绕日转动是否由同一宇宙规律所支配?最终,他悟出了万有引力定律。

4. 终身未婚之谜

可以说,每一位伟大的科学家,都是富有激情、富有理想的诗人,但牛顿却是一位追求用科学中的光线谱来解释其理想的特殊类型的诗人。他以整个宇宙为藩篱,让他的思想展翅飞翔。他的整个心田填满了自然、宇宙,这也许是他终身未娶的最根本原因。

不过,牛顿并未与爱情完全绝缘,他一生中至少有过两次恋爱。牛顿23岁正在剑桥大学求学时,因学校出现瘟疫放假回到乡下,住在舅父家里。于是,他爱上了美丽、聪明、好学、富有思想的表妹,表妹也很喜欢这位学识渊博、卓见非凡的表哥。他们常常一起散步,但是牛顿生性腼腆,并未及时向表妹表白心中的爱情。当他回到剑桥大学后,又聚精会神地沉浸到科学研究中,早已忘记了远方的乡村还有一位美丽的少女在等着他。日子一久,表妹就误以为牛顿故意对她冷淡,便择夫嫁人了。

牛顿的另一段爱情也葬送在他对研究问题的执着上。有一次,"青春迫不及待的激情"催促他向一位年轻姑娘求婚。他轻轻地握着姑娘的手,含情脉脉地看着这位美人,正在这紧要关头,他的心思忽地溜到另一个世界去了。他的头脑中只剩下无穷量的二项式定理,他像做梦似的,下意识地抓住姑娘的一根手指,把它当成通烟斗的通条,硬往烟斗里塞。姑娘痛得大叫,他才清醒过来,姑娘一气之下离开他便再也没有回来。于是,迷恋科学研究的牛顿,两次都与爱情失之交臂,以至终生未娶。

---

① 有学者认为该故事是杜撰的,因此,故事的真实性仅做参考。

### 四、数学英雄——欧拉

（一）生平简介

欧拉（Euler，1707—1783），瑞士数学家及自然科学家，数学史上最伟大的数学家之一（图6-4）。

图6-4 欧拉

欧拉出生于瑞士巴塞尔的一个牧师家庭。牧师共有6个孩子，欧拉是长子，结过两次婚，有13个孩子（5个存活）。作为牧师的孩子，欧拉自幼深受父亲的教育，学习神学是父亲对他的最大期望，但他对数学最感兴趣。欧拉13岁入读巴塞尔大学，15岁大学毕业，16岁获得硕士学位。上大学时，他受到约翰第一·伯努利的特别指导，专心研究数学。19岁时，欧拉发表关于船桅的论文，获得巴黎科学院奖金后，父亲就不再反对他攻读数学。于是，他彻底放弃当牧师的想法，开始专攻数学。

1727年，在丹尼尔第一·伯努利的推荐下，欧拉赴俄国彼得堡科学院从事研究工作，并在1731年接替丹尼尔，成为物理学教授。

过度的工作导致欧拉患了眼病，28岁时右眼不幸失明。1741年，欧拉应普鲁士彼德烈大帝的邀请，到柏林任科学院物理数学所所长，直到1766年，在沙皇喀德林二世的诚恳敦聘下才重回圣彼得堡。不料，重返彼得堡后不久，他的左眼视力也开始衰退，最后完全失明。不幸的事情接踵而至，1771年圣彼得堡大火灾殃及欧拉住宅，带病失明的64岁欧拉被围困在大火中，万幸的是他被救出了火海，但他的书房和大量研究成果全部化为了灰烬。

沉重的打击，并未使欧拉倒下，他发誓要夺回损失。在他彻底失明之前，他抓住还能朦朦胧胧看见物品的最后时光，在一块大黑板上疾书发现的公式，然后口述其内容，由他的学生特别是大儿子A.欧拉（数学家和物理学家）笔录。

1776年，欧拉遭受了更大的打击。这年，他的妻子去世了，但他的最大不幸还是恢复左眼视力手术的失败，那是唯一有点儿希望的眼睛。由于术后感染，经过一段"可怕的"痛苦之后，他又重新坠入黑暗当中。欧拉完全失明后，仍以惊人的毅力与黑暗搏斗，凭着记忆和心算进行研究，直到逝世，竟长达17年之久。

欧拉是能在任何地方、任何条件下进行工作的伟大数学家之一。他很喜欢孩子，写论文时常常把一个婴儿抱在膝上，而较大的孩子都围着他玩。即便创作最难的数学作品，他也令人难以置信地感到轻松。

1783年9月的一天，欧拉为了庆祝计算气球上升定律的成功，邀请朋友们吃饭，在与同事讨论了天王星轨道计算后，突然疾病发作，烟斗从手中滑落，口里喃喃自语："我要死了。"于是欧拉"停止了生命和计算"。

### (二)数学成就

在数学的各个领域都有欧拉的身影,常常能见到以欧拉命名的公式、定理和重要常数。例如,欧拉角、欧拉常数、欧拉数、欧拉方程、欧拉公式、欧拉变换、欧拉多角曲线等。欧拉对数学符号的贡献也是巨大的,例如,圆周率 $\pi$、函数 $f(x)$、虚数单位 $i$、正弦函数 $\sin$、余弦函数 $\cos$、正切函数 $\tan$、变量的改变量 $\Delta x$、求和符号 $\sum$ 等,都是欧拉首创的。

欧拉的数学成就

欧拉不愧是历史上最伟大的数学家之一,他的一生是为数学发展奋斗的一生。他杰出的智慧、顽强的毅力、孜孜不倦的奋斗精神和高尚的科学道德,是永远值得我们学习的。

欧拉的著述颇丰,在微积分、图论等多个数学领域都有重大发现。

### (三)轶事趣谈

**1. 天资过人**

欧拉从小喜欢数学,不满 10 岁开始自学《代数学》,遇到不懂的就记下来向别人请教。欧拉 13 岁进入巴塞尔大学读书,成为这所大学,甚至整个瑞士大学校园里年龄最小的学生;15 岁大学毕业获得学士学位,16 岁获得哲学硕士学位,19 岁获得博士学位,并开始发表论文。

**2. 惊人的记忆力和顽强的毅力**

欧拉能背诵前 100 个质数的前 10 次幂和罗马诗人维吉尔的史诗 *Aeneil*,还能完整地背诵几十年前的笔记内容和当时的全部数学公式。在 1771 年圣彼得堡的一场大火中,他的大量藏书和研究成果化为灰烬。在双目失明的情况下,他凭借自己顽强的毅力和超人的记忆力和心算能力进行了长达 17 年的研究,直至逝世。在此期间,他通过口授方式,写作并发表了 100 多篇论文及多部专著,这些作品几乎占了他全部著作的半数以上。

**3. 高产的数学家**

欧拉渊博的知识、无穷无尽的创作精力和空前丰富的著作,着实令人惊叹。他从 19 岁开始发表论文,直到 76 岁,半个多世纪创作了大量的书籍和论文。可以说,欧拉是科学史上最多产的一位杰出数学家,据统计,欧拉共撰写了 886 部书籍和论文,足足有 70 余卷,而牛顿全集仅 8 卷,高斯全集共 12 卷。圣彼得堡科学院为了整理他的著作,整整忙碌了 47 年。至今,几乎每一个数学领域都可以看到欧拉的名字,从初等几何的欧拉线、多面体的欧拉定理、立体解析几何的欧拉变换公式、四次方程的欧拉解法,到数论中的欧拉函数、微分方程的欧拉方程、级数论的欧拉常数、变分学中的欧拉方程、复变函数的欧拉公式等,数不胜数。19 世纪伟大的数学家高斯曾评价道:"研究欧拉的著作永远是了解数学的最好方法。"

**4. 惊人的心算能力**

有一个例子足以证明欧拉拥有惊人的心算本领。欧拉的两个学生把一个复杂的收敛级数的 17 项相加,算到第 50 位数字时,两人的末位数字相差"1"。为了确定究竟谁是对的,欧拉就用心算进行检查,最后终于把错误找了出来。高等数学的计算他也可以用心算来完成,在完全失明的情况下,他还解决了唯一使牛顿感到头疼的月球运行理论和很多复杂的分析问题,这些分析过程,他完全是借助心算在头脑中完成的。

5.风格高尚

欧拉的风格很高尚,在成为大科学家之后仍不忘培育新人。拉格朗日是出生稍晚于欧拉的大数学家,从19岁起就和欧拉通信,此时的欧拉已经48岁了。他们讨论等周问题的一般解法,这引起了变分法的诞生。等周问题是欧拉多年苦心考虑的问题,当拉格朗日将这一问题的解法写信告诉欧拉时,欧拉对此大加赞赏,并谦虚地压下自己在这方面的作品暂不发表,使青年拉格朗日的研究得以发表和流传,并赢得巨大的声誉。在他晚年时,欧洲所有的数学家都尊其为老师,著名数学家拉普拉斯曾公开表达他对欧拉的尊敬:"读读欧拉,他是我们所有人的老师!"

## 五、数学王子——高斯

### (一)生平简介

高斯(Gauss,1777—1855),德国著名数学家、物理学家、天文学家、大地测量学家,近代数学奠基人之一,被誉为数学王子(图6-5)。

高斯出生于德国中北部不伦瑞克的一个贫苦家庭,父亲是一名泥水匠;母亲是石匠的女儿,聪明贤惠,但没文化。高斯是家里的独子,幼年深得舅舅的照顾和指导。

高斯一出生,就对周遭的一切现象和事物十分好奇,很早就展现出过人的才华。10岁时,老师出题考了那道著名的"从1加到100"的算术题,从此发现了高斯的数学天分,他知道自己的能力不足以教导高斯,于是买了一本较深奥的数学书给高斯。同时,高斯和大他差不多10岁的助教巴特尔斯很熟,而巴特尔斯的能力也比老师强得

图6-5 高斯

多。后来巴特尔斯成为大学教授,也教了高斯更多、更深奥的数学知识。

高斯11岁进入文科学校,他所有的功课都极好,特别是古典文学、数学尤为突出。经过巴特尔斯等人的引荐,15岁的高斯得到布伦兹维克公爵的资助,进入卡罗琳学院继续学习。次年,公爵又送他进入德国著名的哥廷根大学深造。在哥廷根大学,高斯开始勤奋学习,并有了创造性的研究。他预测,除了欧氏几何,必然会产生一门完全不同的几何学,并独立发现了二项式定理的一般形式、数论上的二次互反律和质数分布定理等。

高斯19岁时解决了"正十七边形尺规作图之理论与方法"问题,这是数学史上一个极重要的结果。高斯22岁获得博士学位和讲师职位,并放弃纯数学研究,开始转向天文学研究。1802年,他准确预测了小行星二号智神星的位置。作为当时最伟大的科学家,高斯声名远播,荣誉滚滚而来,世界上许多著名的科学泰斗都把他当作自己的老师。高斯被俄国圣彼得堡科

学院选为通讯院士、喀山大学教授;1804 年被选为英国皇家学会会员。1807 年,丹麦和德国汉诺威政府任命他为科学顾问;从 1807 年到 1885 年去世,高斯一直担任哥廷根大学教授兼天文台台长;在 1830—1840 年间,高斯还和年轻物理学家韦伯一起从事磁的研究。

高斯的一生,是典型的学者的一生。他始终保持着农家的俭朴,世人很难想象他是一位大教授、世界上最伟大的数学家。在获得崇高声誉、德国数学开始主导世界之时,一代天骄却走完了他的生命旅程。1855 年 2 月 23 日凌晨,高斯在睡梦中于哥廷根去世。

(二)数学成就

高斯的成就遍及数学的各个领域,在数论、非欧几何、微分几何、超几何级数、复变函数论以及椭圆函数论等方面均有开创性贡献。高斯的数论研究体现在《算术研究》中,这本书奠定了近代数论的基础,不仅是数论方面的划时代之作,也是数学史上不可多得的经典著作之一。这部著作除了第七章介绍代数基本定理,其余都是数论。可以说,这是第一部系统研究数论的著作,高斯第一次介绍"同余"概念,"二次互逆定理"也在其中。

高斯对代数学的重要贡献是证明了代数基本定理,他的存在性证明开创了数学研究的新途径。高斯在 1816 年前后就认识到非欧几何原理,他还深入研究复变函数,建立了一些基本概念,发现了著名的柯西积分定理。他还发现椭圆函数的双周期性。但这些研究在他生前并未发表。

1828 年,高斯出版了《关于曲面的一般研究》,全面系统地阐述了空间曲面的微分几何学,并提出内蕴曲面理论,高斯的曲面理论后来由黎曼进行深入研究。

高斯十分注重数学的应用,他把数学应用于天文学、大地测量学和磁学研究,发明了最小二乘法原理。他的《天体运动理论》共计二册,第一册包括微分方程、圆锥截痕和椭圆轨道,第二册展示了如何估计行星轨道。为了用积分解天体运动的微分方程,他考虑了无穷级数,并研究级数的收敛问题。1812 年,他研究了超几何级数,并把研究结果写成专题论文,呈给哥廷根皇家科学院。

高斯开辟了许多新的数学领域,从最抽象的代数数论到内蕴几何学,都留下了他的足迹。高斯一生共发表了 155 篇论文,他对待学问十分严谨,只把自己认为十分成熟的作品发表出来。

从研究风格、方法乃至取得的具体成就,高斯都是 18—19 世纪之交的中坚人物。如果我们把 18 世纪的数学家想象为一系列的崇山峻岭,那么最后一个令人肃然起敬的巅峰就是高斯;如果把 19 世纪的数学家想象为一条条江河,那么源头也是高斯。因此,将高斯称为人类的骄傲、数学王子,一点也不为过。

(三)轶事趣谈

1. 数学神童

高斯幼年时就表现出超人的数学天分。据说,在他 3 岁的一个夏日,当他父亲作为包工头拿着账本正要发薪水时,小高斯突然说:"爸爸,你弄错了。"然后说出了另外一个数目。原来,小高斯趴在地板上,一直在暗地里跟着他爸爸计算该给谁多少工钱。重算的结果证明小高斯是对的,这把在场大人们都吓得目瞪口呆。[①]

在高斯大约 10 岁时,老师在算术课上出了一道难题:把 1 到 100 的所有整数加起来。老师写完后没过几分钟,正打算休息一会儿时,高斯已经把答案写好交上了讲台,其他学生忙着把数字一个个加起来,额头都加出汗了,但高斯却静静坐着,对老师投来的怀疑目光毫不在意。考完后,老师逐个检查答案,其他同学都做错了,并挨了一顿鞭打,只有高斯写的答案"5 050"是对的。老师感到十分吃惊,高斯解释说:"$1+100=101$,$2+99=101$,…,$49+52=101$,$50+51=101$,一共有 50 对和为 101 的数,所以答案是 $50×101=5\ 050$。"由此可见,高斯当时就发现了算术级数的对称性,然后像求一般算术级数和的过程一样,把数目一对对地凑在一起。

此外,高斯在 11 岁时发现了二项式定理,17 岁时发明了二次互反律,19 岁时发现了困扰数学界 2 000 多年的正十七边形的尺规作图法,21 岁大学毕业,22 岁获博士学位,这些足以说明高斯确实拥有惊人的数学天分。

2. 智断瓶中线

不到 20 岁的高斯,在学科上已取得接二连三的成就,这使邻居的几个小伙子很不服气,决定要为难他一下。

小伙子们想出了一道难题,他们用一根细棉线系上一枚银币,然后再找来一个非常薄的透明玻璃瓶,把银币悬空垂吊在瓶中,瓶口用瓶塞塞住,棉线的另一头也系在瓶塞上。准备好后,他们在大街上拦住高斯,并用挑衅的口吻说道,"你一天到晚捧着书本,拿着放大镜东游西逛,一副蛮有学问的样子,你那么有本事,能不碰破瓶子,不去掉瓶塞,把瓶中的棉线弄断吗?"

高斯对他们这种挑衅行为很生气,本不想搭理,但觉得这道难题的确还有些意思,于是认真地思考解题方法。只见他眉头紧皱,一声不吭,陷入思考之中。他无意地看了看明媚的阳光,又望了望那个瓶子,忽然兴奋地叫道:"有办法了。"他边说边从口袋里拿出一面放大镜,对着瓶子里的棉线照射,一分钟、两分钟……人们好奇地睁大了眼睛,随着钱币"当"的一声掉落瓶底,大家发现棉线烧断了。

高斯高声说道:"我把太阳光聚焦,让这个热度很高的焦点穿过瓶子,照射在棉线上,从而烧断了棉线,是太阳光帮了我的忙。"那几个小伙子对高斯佩服得连连赞叹,从此,再也不刁难他了。

3. 一夜解决一道千年难题

1796 年的一天,德国哥廷根大学,19 岁的高斯吃完晚饭,开始做导师每天给他布置的例行的 3 道数学题。前 2 道题,他在 2 个小时内就顺利完成了,第三道题写在另一张小纸条上:要求只用圆规和一把没有刻度的直尺,画出一个正 17 边形。他感到非常吃力。时间一分一秒地过去,第三道题竟毫无进展。

---

[①]　有学者认为此故事的真实性存疑。

高斯绞尽脑汁,他发现自己学过的所有数学知识似乎对解答这道题都没有任何帮助。这反而激起了他的斗志:"我一定要把它做出来!"他拿起圆规和直尺,一边思索一边在纸上画着,尝试用一些超常规的思路去寻求答案。当窗户泛起曙光时,高斯长舒了一口气,这时他终于解出了这道难题。

见到导师时,高斯有些内疚和自责,对导师说:"您给我布置的第3道题,我竟然做了整整一个通宵,我辜负了您对我的栽培……"导师接过作业一看,当即惊呆了。他用颤抖的声音对年轻的高斯说:"这是你自己做出来的吗?"高斯有些疑惑地看着导师,回答道:"是我做的,但是我花了整整一个通宵。"

导师叫他坐下,取出圆规和直尺,在书桌上铺开纸,让他当着自己的面再做一个正17边形,高斯很快就做了出来。导师激动地对他说:"你知不知道?你解开了一桩有2 000多年历史的数学悬案!阿基米德没有解决,牛顿也没有解决,而你竟然一个晚上就解出来了,你是一个真正的天才!"

原来,导师也一直想解开这道难题。那天,他因为失误,才将写有这道题目的纸条交给了高斯。

每当高斯回忆起这一幕时,总是说:"如果有人告诉我,这是一道有2 000多年历史的数学难题,我可能永远也没有信心将它解出来。"

高斯视此为平生得意之作,还交代要把正17边形刻在自己的墓碑上,但后来他的墓碑上并没有刻上正17边形,而是17角星,因为负责刻碑的雕刻家认为,正17边形和圆太像了,大家一定分辨不出来。

# 第二节　杰出的华人数学家代表

## 一、3世纪最杰出的数学家——刘徽

### (一)生平简介

图6-6　刘徽

刘徽(225—295),魏晋时期今山东临淄人,中国古典数学理论的奠基人之一,公元3世纪世界上最杰出的数学家(图6-6)。刘徽是中国数学史上一位非常伟大的数学家,其杰作《九章算术注》和《海岛算经》涵盖了他的许多创造,其中最突出的成就是"割圆术"和体积理论,这奠定了他在中国数学史上的不朽地位。

刘徽思维敏捷、方法灵活,既提倡推理又主张直观,他是中国最早明确主张用逻辑推理方式来论证数学命题的人。刘徽的一生是为数学刻苦探索的一生,他虽然地位低下,但人格高尚,给中华民族留下了宝贵的精神财富。

（二）数学成就

1. 清理并构筑中国古代数学体系

集中体现在《九章算术注》中，并形成了较完整的理论体系：

①在数系理论方面。用数的同类与异类阐述了通分、约分、四则运算，以及繁分数化简等运算法则；在开方术的注释中，他从开方不尽的意义出发，论述了无理方根的存在，并引进了新数，创造了用十进分数无限逼近无理根的方法。

②在筹式演算理论方面。先给"率"以比较明确的定义，又以遍乘、通约、齐同等基本运算为基础，建立了数与式运算的统一理论基础，他还用"率"来定义中国古代数学中的"方程"，即现代数学中线性方程组的增广矩阵。

③在勾股理论方面。逐一论证了有关勾股定理与解勾股形的计算原理，建立了相似勾股形理论，发展了勾股测量术。通过对"勾中容横"与"股中容直"类典型图形的论析，形成了中国特色的相似理论。

④在面积与体积理论方面。用出入相补、以盈补虚的原理及"割圆术"的极限方法提出了刘徽原理，并解决了多种几何形、几何体的面积、体积计算问题，这些理论价值至今仍闪烁着科学的余晖。

2. 数学创见

刘徽的伟大功绩，除系统整理古代数学外，更重要的是他还有许多创造性成就，主要体现在以下几个方面：

（1）割圆术与圆周率

刘徽是中国算术史上第一位建立可靠理论来推算圆周率的数学家。他在《九章算术注》方田章"圆田术"注中，用割圆术证明了圆面积的精确公式，并给出了计算圆周率的科学方法。割圆术的要旨是用圆内接正多边形去逐步逼近圆，他首先从圆内接正六边形开始割圆，每次边数倍增，并计算逐次得到的正多边形的周长和面积。边数越多，得到的圆周长、面积、圆周率就越精确，当边数趋于无穷大时，就得到它们的精确值，即"割之弥细，所失弥少，割之又割，以至于不可割，则与圆合体而无所失矣"。由此，他计算到 192 边形的面积，得到 $\pi = 157/50 = 3.14$，又计算到 3 072 边形的面积，得到 $\pi = 3\ 927/1\ 250 = 3.141\ 6$（徽率）。

（2）体积理论

像阿基米德一样，刘徽致力于面积与体积公式的推证，并取得了超越时代的精确结果。刘徽的面积、体积理论建立在一条简单又基本的原理上，这就是"出入相补"原理：一个几何图形被分割成若干部分后，面积或体积的总和保持不变。对平面情形，刘徽利用这条原理成功地证明了《九章算术注》中许多面积公式，但当他转向立体情形时，却发现"出入相补"的运用即使像"阳马"这样看似简单的立体也会有很大的困难。此处的障碍在于：与平面情形不同，并不是任意两个体积相等的立体图形都可以剖分或拼补相等。在这方面，刘徽与阿基米德等一流数学家一样，表现出了惊人的智慧。他在推证《九章算术注》中的一些立体体积公式时，灵活地使用了两种无限小方法来绕过上述障碍：极限方法与不可分量方法。例如，他用极限方法证明了"阳马"的体积公式；又如，为证明球体积公式，他创造了一种叫"牟合方盖"的几何图形，并试图用一种特殊的不可分量方法来解决。尽管问题最终并未得到解决，但此法却成为后来祖冲之父子在球体积问题上取得突破的先导。

（3）重差术

在《海岛算经》中，刘徽提出了重差术，采用了重表、连索和累矩等测高测远方法。他还运用"类推衍化"的方法，使重差术由两次测望，发展为"三望""四望"。而印度在7世纪，欧洲在15—16世纪才开始研究两次测望的问题。

刘徽的研究，不仅对中国古代数学发展产生了深远影响，而且在世界数学史上也确立了崇高的历史地位。鉴于刘徽的巨大贡献，不少著作称其为"中国数学史上的牛顿"。

## 二、圆周率的精算大师——祖冲之

（一）生平简介

图6-7　祖冲之

祖冲之（429—500），南北朝时期人，祖籍范阳郡逎县（今河北涞水县），我国杰出的数学家、科学家（图6-7）。祖家历代都对天文历法素有研究，祖冲之从小就有机会接触天文、数学知识，青年时进入华林学省，从事学术活动，先后担任过南徐州（今镇江市）从事史、公府参军、娄县（今昆山市东北）令、谒者仆射、长水校尉等官职。

祖冲之的主要成就在数学、天文历法和机械制造三方面。其著述很多，其中《缀术》汇集了他的数学研究成果，该书内容深奥，以至于"学官莫能究其深奥，故废而不理"。《缀术》在唐代被收入《算经十书》，成为唐代国子监算学课本，当时学习《缀术》需要4年时间，可见《缀术》的艰深。《缀术》曾经传至朝鲜，但到北宋时期已遗失。祖冲之在天文历法方面的成就包含在《大明历》及为《大明历》所写的《驳议》里。此外，祖冲之精通音律、擅长下棋，还写有小说《述异记》，是一位少有的博学多才型科学家。

（二）数学成就

祖冲之引以为荣的两大数学成就是球体积的推导和圆周率的计算。

1. 保持千年世界纪录的圆周率

在世界数学史上，祖冲之第一次将圆周率计算到小数点后6位，即3.1415926到3.1415927之间。他提出约率22/7和密率355/113，其中"密率"是分子、分母不超过1000的分数中最接近π值的分数。"密率"是祖冲之最早提出的，比欧洲早1100年，所以又称"祖率"。

然而，祖冲之是用什么方法把圆周率的值准确计算至小数点后第7位，而他又是怎样找出作为圆周率的近似分数的呢？这些问题至今仍是数学史上的谜。据数学史家们分析，他很可能采用了刘徽的"割圆术"。事实上,若按"割圆术",祖冲之就需要从圆内接正六边形分割到圆内接正 12 288 边形和圆内接正 24 576 边形,然后依次求出各多边形的周长和面积。这个计算量相当巨大,至少要对 9 位数字反复进行 130 次以上的各种运算,其中乘方和开方就有近 50 次,任何一点微小的失误,都会导致推算失败。由此可知,祖冲之数学功底之深厚,治学态度之严谨。祖冲之创下的圆周率近似值的世界纪录,在保持了近 1 000 年后,才由阿拉伯数学家于 1427 年打破。

### 2. 祖氏原理与球体积

曾经使刘徽绞尽脑汁的球体积问题,到祖冲之时代终获解决。这一成就记录在《九章算术》"开立圆术"李淳风注中,唐代数学家李淳风在注文中将球体积的正确解法称为"祖暅之开立圆术"。祖暅之即祖暅,是祖冲之的儿子,在数学上也有很多创新之举。

根据李淳风的注,祖暅对球体积的推导继承了刘徽的路线,即从计算"牟合方盖"的体积来突破。为此,祖暅提出了"幂势既同,则积不容异"原理。"幂"指水平截面积,"势"则指高。因此,祖暅原理为:两等高立体图形,若在所有等高处的水平截面积相等,则这两个立体体积相等。

如前所述,刘徽已经实际使用过该原理,但祖暅首次明确地将它作为一般原理提出来,并成功地应用于球体积推算。我们称这条原理为"祖氏原理",是因为,虽然李淳风将球体积公式的推证归功于祖暅,但正如祖冲之《驳议》所言,其任南徐州从事史时已撰正"立圆旧术",即得出了正确的球体积公式,因此实际情况可能是:祖冲之将他的研究写进了《缀术》,祖暅进一步整理父亲遗作并增补、完善,而李淳风大概是从经祖暅增补过的《缀术》中引征球体积的推导过程。

祖氏原理在西方文献中被称为"卡瓦列里原理",1635 年由意大利数学家卡瓦列里独立提出。祖氏原理对微积分的建立具有重要影响。

### (三)轶事趣谈

### 1. 机械制作高手

祖冲之是一位机械制作高手,指南车就是其杰作之一。指南车,是其中装有机械和木人、可以指示方向的一种车子,车子开行前,若将木人的手指向南方,则不论车子如何转弯,木人的手始终指向南方。417 年,东晋大将刘裕进军至长安时,曾获得后秦统治者姚兴的一辆旧指南车,车里机械已散失,行走时,木人的手无法指向南方。后齐高帝萧道成令祖冲之仿制,祖冲之所制指南车的内部机件系纯铜打造,构造精巧,运转灵活,无论怎样转弯,木人的手都指向南方。

此时,北朝一位名叫索驭驎的人来到南朝,自称会制造指南车。于是萧道成让他制造一辆车,在皇宫里的乐游苑和祖冲之制造的指南车比赛。结果祖冲之的车运转自如,而索驭驎的车却很不灵活。最后,索驭驎只得认输,并把自己的指南车毁掉了。

此外,祖冲之还设计制造了很多很有用的工具,例如,现在我国南方农村还在使用的"水碓磨"、一天能行100多里的"千里船",以及用于警诫自满的器具"欹器"等。

2.被世界铭记

祖冲之除了在数学上取得了卓越成就,在天文历法方面,也取得了十分突出的成绩,例如他确定了一个回归年为365.242 814 81日(今测为365.242 198 78日)等。为了纪念这位伟大的古代科学家,人们将月球背面的一座环形山命名为"祖冲之环形山",将小行星1888命名为"祖冲之小行星"。

## 三、中世纪的世界数学泰斗——秦九韶

图6-8 秦九韶

秦九韶(1208—1268),字道古,自称鲁郡(今山东曲阜)人,南宋官员、数学家,与李冶、杨辉、朱世杰并称宋元数学四大家(图6-8)。秦九韶精研星象、音律、算术、诗词、弓、剑、营造之学;历任琼州知府、司农丞,后遭贬,卒于梅州任所;著有《数书九章》,其中的大衍求一术、三斜求积术和秦九韶算法是具有世界意义的重要数学成就。

秦九韶生于普州安岳(今属四川),其父秦季栖,进士出身,官至上部郎中、秘书少监。秦九韶自幼聪敏勤学,宋绍定四年(1231)考中进士,先后在湖北、安徽、江苏、浙江等地做官,担任县尉、通判、参议官、州守、同农、寺丞等职。1261年左右被贬至梅州(今广东梅县),不久逝于任所。

秦九韶在政务之余,对数学进行潜心钻研并广泛搜集历学、数学、星象、音律、营造等资料,进行分析、研究。宋淳祐四至七年(1244—1247),他在为母亲守孝时,把长期积累的数学知识和研究所得加以编辑,出版了闻世巨著《数书九章》。

秦九韶的数学成就

## 四、中世纪最伟大的数学家——朱世杰

(一)生平简介

朱世杰(1249—1314),字汉卿,号松庭,寓居燕山(今北京),元代贫民数学家和数学教育家,有"中世纪世界最伟大的数学家"之誉。他毕生从事数学教育,以数学名家周游湖海20余年,踵门而学者云集。

在宋元时期的数学群英中,朱世杰的研究具有特殊重要的意义。如果把诸多数学家比作群山,则朱世杰是最高大、最雄伟的山峰。因此,美国著名科学史家萨顿评论道:"朱世杰是他所生存时代的,同时也是贯穿古今的一位最杰出的数学家。"朱世杰在数学上,全面继承了秦九韶、李冶、杨辉的数学成就,并进行了创造性的发展,编撰了《算学启蒙》《四元玉鉴》等著作(图6-9),把我国古代数学进一步推向了更高的境界,铸就宋元时期中国数学的最高峰。

图 6-9 朱世杰的两部著作

(二)数学成就

1. 世界数学名著《四元玉鉴》

《四元玉鉴》成书于大德七年(1303),共 3 卷,24 门,288 问,其中最杰出的数学创作有"四元术"(多元高次方程列式与消元解法)、"垛积法"(高阶等差数列求和)与"招差术"(高次内插法)。秦九韶的高次方程数值解法和李冶的天元术都包含其中。

《四元玉鉴》是中国宋元数学高峰的又一标志,同时也是中世纪最杰出的数学著作之一。因此,它是世界数学宝库中不可多得的瑰宝,受到近代数学史研究者的高度评价,并被翻译介绍到日本、法国、美国、比利时等国家。

2. 世界流行教材《算学启蒙》

朱世杰不仅是一名杰出的数学家,还是一位数学教育家,曾周游各地,讲学 20 余年。他在全面继承前人数学成果,包括北方的天元术、南方的正负开方术、各种日用算法及通俗歌诀的基础上,进行了创造性的研究,并于 1299 年写成了数学入门教材《算学启蒙》。

《算学启蒙》全书共 3 卷,20 门,总计 259 个问题和相应的解答。这部著作由浅入深,从一位数乘法开始,一直讲到当时的最新数学成果——天元术,形成一个完整体系。书中明确提出正负数乘法法则,给出倒数的概念和基本性质,概括出若干新的乘法公式和根式运算法则,总结了若干乘除捷算口诀,并把设辅助未知数的方法用于解线性方程组。下卷中,朱世杰还提出已知勾弦和股弦,求解勾股形的方法,补充了《九章算术》的不足。

《算学启蒙》是一部体系完整、通俗易懂的数学名著,出版过翻刻本和注释本,曾流传海外,影响了朝鲜、日本数学的发展。

3. 四元术

在方程理论方面,朱世杰的突出贡献,是从天元术推广到二元、三元和四元的高次联立方程组,创造了一套完整的消未知数方法,称为"四元术"。

四元术是一种高次四元方程组的解法,即近代多元高次方程组的分离系数表示法。朱世杰提出,当未知数不止一个时,除设天元外,根据需要还可以设地元、人元、物元,相当于今天

常用的字母符号 $x, y, z, u$，然后列出有 4 个未知数的四元联立高次方程组。朱世杰在《四元玉鉴》中，给出了天、地、人、物四元及常数项的算筹放置方法，进而举例说明了如何用消去法逐渐消去多元方程组中的未知数，最终得到只含一个未知数的一元高次方程的方法。

四元术已接近近世代数，与解方程组的方法基本一致。这种方法在世界上处于领先地位长达近 500 年，直到 1775 年，法国数学家贝祖（Bezout）系统提出一般的高次方程组解法，才超过朱世杰。因此，四元术是我国古代方程研究方面的最高成就，它不仅是中国古代数学领域最光辉的篇章，也是中世纪世界数学史上最杰出的一页。

4. 招差术

除四元术外，《四元玉鉴》中还有两项重要成就，即创立了一般的高阶等差级数求和公式及等间距四次内插法公式，后者通常称为"招差术"。招差术即高次内插法，是现代计算数学中一种常用的插值方法。招差术与垛积术密切相关，两者可以互相推演。

沈括的隙积术开研究高阶等差级数之先河，杨辉给出包括隙积术在内的一系列二阶等差级数求和公式。朱世杰则在此基础上，依次研究了二阶、三阶、四阶，乃至五阶等差级数的求和问题，从而发现其规律，掌握了三角垛统一公式。他还发现了垛积术与内插法的内在联系，利用垛积公式给出规范的四次内插公式。

朱世杰的另一重大贡献是对"垛积术"的研究。他对一系列新的垛形的级数求和问题进行了研究，从而归纳得出"三角垛"公式，实际上得到了这一类任意高阶等差级数求和问题的系统、普遍的解法。朱世杰还把三角垛公式引用到"招差术"中，指出招差公式中的系数恰好依次是各三角垛的积，这样就得到了包含有四次差的招差公式。他还把这个招差公式推广为包含任意高次差的招差公式，这在世界数学史上还是第一次。

在欧洲，首先对招差术加以讨论的是英国数学家格雷戈里，此后不久，牛顿得到了现在通称牛顿插值公式的一般结果。牛顿插值公式在现代数学和天文学计算中仍然起着重要作用，朱世杰发现的公式与牛顿插值公式在形式上和实质上都是完全一致的，而后者要晚 300 多年。招差术的创立、发展和应用，是中国数学史和天文学史上具有世界意义的重大成就。

图 6-10　华罗庚

## 五、只有初中文凭的国际数学大师——华罗庚

### （一）生平简介

华罗庚（1910—1985），江苏金坛县人，世界著名数学家，中国科学院院士，中国解析数论、矩阵几何学、典型群、自守函数论等研究的创始人和开拓者（图 6-10），为中国数学的发展做出了卓越贡献。

华罗庚幼时因思考问题过于专心常被同伴们戏称为"罗呆子"。初中毕业后，他曾就读于上海中华职业学校，因交不起学费而中途退学，此后，他顽强自学，用

5 年时间学完了高中和大学低年级的全部数学课程。20 岁时,他在上海《科学》杂志上发表论文《苏家驹之代数的五次方程式解法不能成立之理由》,由此轰动了数学界。清华大学当时的数学系主任熊庆来了解到他的自学经历和数学才华后,毅然决定让只有初中文凭的华罗庚进入清华大学工作。

从 1931 年起,华罗庚在工作之余,用一年半时间学完了数学系全部课程,他还自学了英、法、德文,在国外杂志上发表了 3 篇论文后,被破格聘为助教。1936 年他前往英国剑桥大学,在英国的两年时间里,攻克了许多数学难题。一篇关于历史难题"高斯完整三角和的估计"的论文使他在世界上声誉鹊起。抗战期间,他回国后在昆明写出了经典著作《堆垒素数论》;1946 年,他应邀赴美国讲学,并于 1948 年被美国伊利诺伊大学聘为终身教授。

华罗庚于 1950 年回国,随后担任清华大学数学系主任、中国科学院数学所所长等职,他还着手筹建中国科学院计算数学研究所,担任中国科技大学副校长兼数学系主任。从回国到 1958 年,他在数学领域就取得了丰硕成果:论文《典型域上的多元复变函数论》于 1957 年获国家发明一等奖;先后出版了中、俄、英文版专著;1957 年出版《数论导引》;1963 年和学生万哲先合著《典型群》出版。"文化大革命"期间,在生活和研究受到严重干扰的情况下,他对统筹法和优选法在工农业实践中的推广与应用做了大量工作,并取得了杰出成就。"文化大革命"结束后,他重返数学界,1979 年到欧洲访问;1983 年,应美国加州理工学院邀请,赴美讲学一年,并当选第三世界科学院院士;1984 年,被美国科学院授予外籍院士称号,这是中国人第一次获此殊荣。1985 年 6 月,华罗庚在日本讲学期间,因心脏病突发,于东京病逝。

华罗庚的数学成就

(二)轶事趣谈

1. 自学成才的楷模

华罗庚 1925 年初中毕业后,为了尽早谋得会计职业养家糊口,便到黄炎培在上海创办的中华职业学校学习会计。不到一年,因生活费昂贵,被迫辍学回家帮助父亲料理杂货铺。

在单调的站柜台生活中,他开始自学数学,学习十分刻苦。据他姐姐回忆,他在冬天有时被冻得鼻涕直流也顾不得擦拭,入迷时竟忘了接待顾客,甚至把数学算题结果当作顾客应付的货款,使顾客惊诧不已。因经常发生类似莫名其妙的事,街坊邻居笑称他"罗呆子"。对此,他父亲又气又急,还打算强行把书烧掉。华罗庚也曾自述,他是在西北风口上,擦着鼻涕,一双草鞋一支烟,一卷灯草一根针地为了活命而挣扎,顽强地自学。

不仅如此,19 岁那年冬天,华罗庚还因严重伤寒导致左腿终身残疾,从此,他走路要借助手杖,左腿先画一个大圆圈,右腿再迈上一小步。对于这种奇特而费力的步履,他曾幽默地戏称"圆与切线的运动"。在逆境中,华罗庚顽强地与命运抗争,他说"我要用健全的头脑,代替不健全的双腿"。有志者事竟成,凭着这股顽强的精神,他最终从一名只有初中毕业文凭的残疾青年成长为世人仰慕的世界级数学大师。

### 2.从千里马到伯乐

青年时期,华罗庚这匹"千里马",因熊庆来这位"伯乐"慧眼识得并精心培养,得以成为国际数学大师。因此,华罗庚始终不忘熊庆来的知遇之恩,而且对人才的发现和培养格外重视。华罗庚不但是"千里马",而且是一位优秀的"伯乐",他发现和培养陈景润的故事被数学界传为佳话。在他亲自关心和过问下,陈景润从厦门大学调到中国科学院数学研究所,最终在攻克哥德巴赫猜想方面取得了世界领先成绩,至今无人超越。此外,万哲先、陆启铿、王元、潘承洞、段学复等,也是在华罗庚的悉心培育下成长起来的著名数学家。

## 六、微分几何之父——陈省身

### (一)生平简介

图6-11 陈省身

陈省身(1911—2004),籍贯浙江嘉兴,美籍华人,国际数学大师,著名教育家,20世纪世界顶级几何学家,美国科学院院士,中国、法国、意大利、俄罗斯、英国等国科学院或皇家学会外籍院士与会员(图6-11)。

1927—1930年,陈省身就读于南开大学数学系,受姜立夫教授影响很大。1931—1934年就读于清华大学研究院,在孙光远博士指导下,发表了第一篇研究论文。1932年在汉堡大学教授布拉希克影响下,确定了以微分几何为研究方向。1934年,赴汉堡大学数学系留学,在布拉希克研究室完成了关于"嘉当方法在微分几何中的应用"的博士论文,1936年获得博士学位后来到法国,在几何学大师E.嘉当那里从事研究,并学到了嘉当的数学语言及思维方式。1943年,陈省身应邀到普林斯顿高级研究所工作,此后用两年时间,完成了他一生中最重要的工作:证明高维的高斯-邦尼公式,构造了现今普遍使用的陈氏示性类,为整体微分几何奠定了基础。

1946年,陈省身回上海主持中央研究院数学研究所工作。此后两三年中,他培养了一批青年拓扑学家。1949年初,应普林斯顿高级研究所所长奥本海默之邀,他举家迁往美国。1949年夏,在芝加哥大学接替莱因的教授职位,而莱因教授正是陈省身的导师孙光远当年在美留学时的导师。1960年,陈省身受聘为加州大学伯克利分校教授,直到1980年退休。此外,他1961年当选美国科学院院士;1963—1964年,任美国数学会副主席。

陈省身1981年在加州大学柏克利分校筹建美国国家数学研究所,并任所长直到1984年退休;1985年创办南开数学研究所并任所长;此后为中国数学事业做了大量的工作。2002年他当选国际数学家大会名誉主席,2004年12月他在天津逝世。

陈省身在微积分和拓扑学,特别是在整体微分几何研究中的开创性贡献对数学乃至物理等学科的发展产生了巨大影响,他被公认为20世纪最伟大的数学家之一。他先后获美国国家科学奖章、以色列沃尔夫奖、中国国际科技合作奖及首届邵逸夫数学科学奖等多项荣誉。2004 年 11 月 2 日,经国际天文学联合会下属的小天体命名委员会讨论通过,将中国国家天文台施密特 CCD 小行星项目组所发现的永久编号为 1998CS2 号的小行星命名为"陈省身星",以表彰他的卓越贡献。

陈省身的数学
成就

(二)轶事趣谈

1.以陈省身的名字命名的奖项

(1)陈省身数学奖

为推崇陈省身对世界数学发展做出的杰出贡献,1985 年中国数学会接受香港亿利达工业发展集团的捐助,设立了陈省身数学奖,以奖励国内从事数学研究或教学工作的数学工作者,在数学的基础理论或应用研究方面作出重要的创造性贡献。

(2)陈省身奖

2009 年 6 月 2 日,国际数学联盟与陈省身奖基金会联合设立"陈省身奖",这是国际数学联盟首个以华人数学家命名的数学大奖。"陈省身奖"旨在表彰成就卓越的数学家,该奖项每 4 年评选 1 次,每次获奖者为 1 人,且不限年龄。得奖者除获奖章外,还将获得 50 万美元的奖金。首个"陈省身奖"于 2010 年 8 月在印度举行的国际数学家大会上颁发。

2.简朴的大师

陈省身是一位著名的国际数学大师,但他的日常生活却十分简朴。例如,他在数学上做了大量的工作,取得了卓越的成就,但他的作息时间却与普通人并无两样;尽管他是数学界有名的美食家,然而他对饮食并不挑剔;虽然他经济上比较富裕,但他会将饭店没吃完的菜打包带回家。又如,陈省身的衣柜里甚至有两套病号服,是住院发的,出院后他直接带回了家,当作睡衣穿。

3."抠门"的富翁

有一次,陈省身要用笔,助手找到一支笔,顺便在空白的旧信封上画了几道线,想试试看是否还能用。对此,陈省身罕见地、"严厉"批评了助手:"你这不是浪费吗?"又如,2004 年 9 月,陈省身赴香港领取首届"邵逸夫奖"。去香港前,他发现衣柜里的旧衣服都遭虫蛀了,于是,他自回国定居以来,第一次定做了一套西装。但他却穿着新西装,打着旧领带,穿着临时借来的皮鞋上台领奖。

陈省身虽然生活十分"抠门",但他对财富却不感兴趣。晚年,他将获得"沃尔夫奖"的奖金等积蓄、藏书和 4 辆汽车全部捐给了南开数学研究所。2004 年临终前,他将获得的总额 100 万美元的"邵逸夫奖"奖金也全部捐出。

## 七、醒着就要思考数学的大数学家——樊畿

（一）生平简介

樊畿（Ky Fan，1914—2010），祖籍温州，生于杭州，与华罗庚、陈省身齐名的当代大数学家，法国巴黎大学的国家数学博士，美国西北大学数学系、美国圣塔芭芭拉加州大学数学系教授（图6-12）。

图6-12　樊畿

8岁时他随父亲来到金华，初中先后在金华中学、杭州宗文中学和温州中学就读，成绩优异。1929年考入吴淞同济附中高中，1932年秋，选择其姑父冯祖荀当时任系主任的北京大学数学系就读。大学二年级，将德国数学家施佩纳与施赖埃尔合著的《解析几何与代数引论》与《矩阵讲义》两部德文教材合译为《解析几何与代数》，由冯祖荀作序；此外，他还翻译了E.兰道的《理想数论初步》，并与孙树本合著《数论》。

1936年，樊畿在北京大学毕业并留校任教，1938年以"庚子奖学金"留学法国。他本想攻读代数，但在程毓淮和蒋硕民教授的建议下，改为泛函分析先驱弗雷歇的分析方向。在阿达玛的推荐下，成为弗雷歇的学生。1941年，他以"一般分析的几个基本概念"的学位论文，获法国国家博士学位，后成为法国国家科学研究中心的研究人员，并在庞加莱数学研究所从事数学研究。

1945—1947年，他来到美国普林斯顿高级研究院，这里世界著名数学家云集，包括维尔和冯·诺依曼等，其思想深受他们的影响，学术上也有更大进展。1947—1960年，于圣母大学任助理教授、副教授，直至教授。1960年到韦恩州立大学任教一年，随即转到美国西北大学，直至1965年被聘为加州大学圣塔芭芭拉分校数学教授。

1964年，他被台北"中央研究院"推选为院士，并于1978至1984年间，连任两届该院数学研究所所长。他还曾任得克萨斯大学（奥斯丁分校）、汉堡大学、巴黎第九大学及意大利佩鲁加大学的访问教授。从1960年起，担任《数学分析及其应用》的编辑委员达32年，他还是《线性代数及其应用》的杰出编辑，1993年被聘为荷兰《集值分析》和波兰《非线性分析中的拓扑

方法》的编辑委员。1985 年夏,他正式退休后,继续担任杂志编辑,且仍有著作问世。1989年,他应邀访问香港中文大学;1990 年,巴黎第九大学授予他名誉博士学位。

1989 年,他应北师大之邀回到阔别 50 多年的北京,讲学两周后,又去北大等校演讲,并分别被北大和北师大聘为名誉教授。樊畿将 40 余年收藏的数学书籍和杂志,除少量自己常用外,全部捐献给了母校北京大学。

2010 年,樊畿在美国圣塔芭芭拉市的家中辞世。

(二)轶事趣谈

1. 只要醒着就必须思考数学

1985 年暑假,樊畿曾工作了 20 年之久的圣塔芭芭拉大学责成数学系为其举办了一个隆重的退休纪念活动,这是美国数学界当年的一大盛事。活动第一天的晚宴上,除了他自己发表退休感言,其故旧、学生纷纷登台致辞,其中一位学生在宴会上的"表演"尤其令人难忘。这位学生毕业后去了美国"硅谷",后来成为小有名气和财富的企业家,此人西装革履登台,随讲随脱,脱到上衣只剩一件 T 恤时,大家才看清楚 T 恤上面印着一行字:EVERY WAKING MOMENT,全场哄然大笑。原来,这是有关他的老师樊畿的一个有名的典故。

樊畿做任何事情都十分认真负责,在圣塔芭芭拉大学担任研究生顾问的几年里,为尽督导之责,新学期开学之初他必定召集全系研究生开会训话,其"训词"中常有的一句就是:"你们现在已经是职业数学家了,只要醒着(Every Waking Moment),你就必须思考数学!"这句话生动而富有哲理,说出来掷地有声,流传甚广,研究生们喜爱它,就自己定做了一批 T 恤,特地印上了这句经典名言中的三个关键词:EVERY WAKING MOMENT。那晚,学生把这件特制 T恤穿来,上演了一场令人捧腹却温馨感人的"脱衣"秀。

2. 对学生要求极其严格

樊畿对学生要求极其严格,其严格程度远远超过一般美国教授的通常做法与标准,即使其他国家也是少有的。例如,他要求每个学生必须做好笔记。有一次,他讲课中注意到有个学生不做笔记,就大发脾气,质问道:"你不做笔记,是否能把我讲课内容记得住?"学生回答说:"不能完全记住。"他更加生气:"那你为什么不做笔记?"学生无言以对,于是他又训斥道:"你不是来好好学习数学的,而是来我的课堂看热闹的,我强烈建议你出去!"当然,那个学生并没有出去,而是拿出纸笔开始做笔记。

一年后,数学系博士生的"拓扑群"课堂上,一位自命不凡的美国学生又重演了这一幕。同样,这位学生最后还是掏出笔来,并向别人要来几页白纸,摆出开始做笔记的姿态,等待先生训完,从此以后,这位学生再也不敢掉以轻心。

做不做笔记,本是学生的自由,但是樊畿认为,他的讲课内容在任何一本现成的书里都找不着,他也不相信有谁能只凭脑子记住这些内容,不做笔记是懒惰,懒惰的人就学不好数学。

在美国大学的课堂上一般是非常自由的,学生可以随时随地打断教授讲课,提出各式各样的问题,甚至是愚蠢可笑的问题,而大多教授也不以为然。但在樊畿的课堂上,如果学生问出不长脑子的愚蠢问题,则必定受到严厉训斥,他的观念是:学数学就得用脑子,不肯用脑子就不要学数学!

### 3. 教学一丝不苟

樊畿在教学上的一丝不苟是出了名的。爱荷华大学的林伯禄评价道:"樊师做学问和上课同样认真,从不浪费一分一秒,黑板上的字也是一字不多一字不少,他还有许多一流的讲义,可惜不肯发表。"

另据他的学生袁传宽回忆,虽然"高等线性代数"仅仅是数学系高年级学生的一门基础课,但樊畿讲课绝对是大师风范,严谨认真,高屋建瓴又循循善诱,不仅表达叙述非常讲究,而且板书也一丝不苟,每个概念的来龙去脉都交代得清清楚楚,透彻深刻。他授课完全不落俗套,整个课程的结构系统都体现了他对"线性代数"独特的看法。

一位数学大师,为本科生讲基础课,竟肯如此花费心血,实在出人意料! 正因为他坦荡、耿直的性格,对数学科学的执着,对学生负责的强烈责任感,使那些即便桀骜不驯的学生也被他深深折服。

### 4. 义助他人攻克世界难题

1984 年秋,数学界出了一条大新闻:普渡大学的教授德·勃兰治最终证明了"比贝尔巴赫猜想",一个在 1916 年由德国数学家比贝尔巴赫提出,从此困扰了全世界数学家整整 68 年的难题被攻克,这个数学界的重大事件与樊畿有直接的关系。

德·勃兰治喜欢"啃硬骨头",专攻那些困扰全世界数学家多年的难题。"不变子空间猜想"和"比贝尔巴赫猜想"一样,也是一个悬而未决的难题,不过,他却因疏忽付出了惨重的代价。1964 年,他以为自己已经解决了"不变子空间猜想"问题,就向外界宣布;不幸的是,证明里有一个错误,当错误被别人发现后,不仅证明被否定,而且连他本人也被否定了。

摆在全世界数学家面前的那些数学难题的魅力在于,谁解决了某个难题,毫无疑问他可以立刻成名;但如果他弄错了,毫无疑问,遭到的就是讥笑和对其学术品格的质疑。德·勃兰治的证明遭到否定后,他曾经向樊畿诉苦:有一次他在系里复印材料,系主任看见后竟对他说:"你最好不要再浪费纸了!"甚至有人把他当"疯子"对待,使他恶名在外,他的文章已无处可发表,原本就很孤独的德·勃兰治,彻底被孤立了。

樊畿对身处逆境 20 年的德·勃兰治给予了无私的、不倦的援助。樊畿曾对学生讲:"德·勃兰治犯的错误,当然是不应该的,但那是一个隐藏得很深、极其不容易发现的错误,他用了别人的一个错误结果,上了别人的当! 他处境困难,如果我不帮他,大约没有人肯帮他了。"这不仅体现了他公允平实、古道热肠,还显示了他独到的学识与眼力,准确地判断了德·勃兰治的治学素养与能力。所以,多年来,德·勃兰治写的文章,无一不是经樊畿帮助才得以发表的。

1984 年,德·勃兰治谨言慎行,他反复检验自己的证明,自信自己确实解决了"比贝尔巴赫猜想"这个难题后,他告诉的第一个人就是樊畿,并向他请教主意。德·勃兰治根据樊畿的建议,几个月后,在苏联的"函数论"专家的帮助下,他简化、改进了证明。

回到美国后,德·勃兰治发表了他的证明,于是出现了前面那条大新闻。这立刻引起了数学界的轰动,他也由此一夜成名,此时,他内心真正感谢的人,还是当年为他雪中送炭的樊畿教授。

樊畿的数学成就

## 八、当今最杰出的华人数学家——丘成桐

（一）生平简介

丘成桐（Shing-Tung Yau,1949—　），美籍华人,哈佛大学终身教授,当今最杰出的华人数学家和世界顶级数学家之一（图6-13）。

丘成桐生于汕头,长于香港。其父亲曾在大学任教,在他14岁时,父亲突然辞世,他顿时失去经济来源。后逃学半年,成绩一度很差,但17岁时他仍以优异成绩考入了香港中文大学数学系。

大学三年级,丘成桐前往美国加州大学伯克利分校深造,师从陈省身。1971年,获得博士学位后,他在高等数学研究所做了一年博士后研究,然后在纽约州立大学石溪分校当助理教授;1974年,成为斯坦福大学副教授;1976年,升为教授。1979年,他以教授身份回到高等数学研究所;

图6-13　丘成桐

1981年,获世界微分几何界最高奖项之一的美国数学会韦布伦（Veblen）奖;1983年,在国际数学家大会上获菲尔兹（Fields）奖。1984—1987年,曾任圣地亚哥加利福尼亚大学教授;1987年,执教于哈佛大学。1994年,获瑞典皇家科学院克拉福德奖;1997年,获"交通大学"名誉博士学位;2005年,获台湾大学名誉博士学位;2010年,获得有数学家终身成就奖之称的以色列沃尔夫数学奖。他是继其老师陈省身之后第二位获此殊荣的华人数学家。

（二）数学成就

丘成桐是公认的当代最具影响力的数学家之一。他的工作深刻变革并极大地扩展了偏微分方程在微分几何中的作用,影响遍及拓扑学、代数几何、表示理论、广义相对论等众多数学和物理领域。

丘成桐的数学成就

（三）轶事趣谈

1. 头衔和荣誉无数

丘成桐作为当今世界级顶尖数学家,30多年来,他拥有的头衔和获得的荣誉特别多。他拥有包括美国科学院、俄罗斯科学院、中国科学院等在内的近10个研究院的院士头衔,也是近10个研究学会的成员。他既是美国加州大学的博士,又是其他10余所大学的荣誉博士;他既是哈佛大学的终身教授,又是其他10余所大学的教授或荣誉教授。他获得的奖励不计

其数,其中有 10 余次国家级以上的奖励,他也是历史上囊括菲尔兹奖、沃尔夫奖、克拉福德奖这三项世界顶级大奖中仅有的两位数学家之一。

2. 热心推动祖国的数学事业

30 年来,丘成桐不仅时刻把握着数学与物理跳动的脉搏,引领着世界数学发展的潮流,还一直怀着一颗赤子之心,关心和帮助中国数学的进步。他培养了众多的华人数学家,他的学生和博士后分布在国外著名大学。为了推动中国数学的发展,使中国成为世界数学强国,他先后创建了 4 个数学中心,并于 1998 年创办了世界华人数学家大会,现任清华大学数学科学中心主任、"清华学堂人才培养计划"数学班首席教授。

# 第三节　别样的数学家

## 一、业余数学之王——费马

图 6-14　费马

费马的数学成就

费马(Fermat,1601—1665),法国律师、业余数学家,被称为业余数学之王(图 6-14),比同时代的大多数专业数学家更有成就,是 17 世纪数学家中最多产的明星,曾提出著名的"费马猜想"。

费马的父亲是一位皮货商、地区执政官,母亲出身于国会法官世家。费马小时候,由于家境富裕,请了两名家庭教师,在家里进行系统教育,培养了广泛的兴趣和爱好,对他的性格也产生了重要的影响。幼年的费马虽称不上神童,却相当聪明勤奋,因此文理科都学得不差,并特别喜欢数学,直到 14 岁,费马才进入博蒙·德·洛马涅公学。

17 世纪的法国,男子最时髦、世人羡慕的职业是当律师,并且他父母也一心栽培他将来成为地方首长。因此,1617 年费马中学毕业,先后在奥尔良大学和图卢兹大学学习法律。

法国素有买卖官位的传统,费马尚未大学毕业,便在家乡买好了"律师"和"参议员"职位,毕业后很快就在 1631 年当上了图卢兹议会的议员。尽管他直到去世都未失去官职,且逐年升迁,但他并无领导才能,政绩平平;不过,他从不勒索受贿,为人敦厚,公开廉明,还是赢得了人们的信任和称赞。

费马 1631 年结婚,从而跻身贵族,育有三子二女。长子成为他科研上的主要助手,并在费马逝世后,整理出版了他的研究成果,费马最后定理(或费马大定理)就出自于此。

## 二、多才多艺的伟大数学家——莱布尼茨

莱布尼茨(Leibniz,1646—1716),德国自然科学家、数学家、物理学家、历史学家和哲学家,一位举世罕见的科学天才。他的研究成果遍及数学、力学、逻辑学、化学、地理学、解剖学、动物学、植物学、气体学、航海学、地质学、语言学、法学、哲学、历史、外交等40多个领域,和牛顿同为微积分的创建人,被誉为17世纪的亚里士多德(图6-15)。

图6-15　莱布尼茨

莱布尼茨出生于德国东部莱比锡的一个书香之家,父亲是莱比锡大学的道德哲学教授,母亲出身于教授家庭,虔信路德新教。父母亲自做孩子的启蒙教师,耳濡目染之下莱布尼茨从小就十分好学,并有很高的天赋,幼年时就对诗歌和历史怀有浓厚的兴趣。父亲在他6岁时去世,但留给他的却是比金钱更宝贵的丰富藏书。莱布尼茨广泛接触古希腊、罗马文化,阅读了许多名著,由此打下了坚实的文化功底并具有明确的学术目标。

8岁时,他进入尼古拉学校,学习拉丁文、希腊文、修辞学、算术、逻辑、音乐以及《圣经》、路德教义等。15岁,进入莱比锡大学学习法律,并自学哲学和科学;1663年,获学士学位,这期间他还广泛阅读了培根、开普勒、伽利略等人的著作,并对其进行深入的思考和评价。在聆听了《几何原本》课程后,他对数学产生了浓厚兴趣,1664年1月,他完成论文《论法学之艰难》并获哲学硕士学位。同年,母亲去世,18岁的他从此只身一人生活。

1665年,他向莱比锡大学提交了博士论文《论身份》;1666年,审查委员会以他太年轻(20岁)为由而拒授学位,对此他很气愤,于是毅然前往纽伦堡附近的阿尔特多夫大学,并立即向学校提交了早已准备好的博士论文;1667年,阿尔特多夫大学授予他法学博士学位,还聘请他为法学教授。这一年,莱布尼茨发表了他的第一篇数学论文《论组合的艺术》,这是关于数理逻辑的文章,其基本思想是把理论的真理性论证归结于一种计算的结果。这篇论文虽不够成熟,却闪耀着创新的智慧和数学才华,后来的一系列研究使他成为数理逻辑的创始人。

1671—1672年,在做外交工作之余,莱布尼茨深受惠更斯的启发,决心钻研高等数学,并研究了笛卡儿、费马、帕斯卡等人的著作,开始创造性的研究。1673年1月,趁去伦敦做外交工作之机,他与英国学术界知名学者建立了联系,见到了与之通信达三年的英国皇家学会秘书、数学家奥登伯以及物理学家胡克、化学家波义耳等人。同年4月,他回到巴黎,被推荐为英国皇家学会会员。这一时期,他的兴趣越来越明显地表现在数学和自然科学方面。

在1700年世纪之交,莱布尼茨热心于科学院的筹划、建设事务。1698年,得到弗里德里希一世,特别是其妻子的赞助,他建立了柏林科学院,并出任首任院长。1700年2月,他被选为法国科学院院士。至此,当时世界上的四大科学院:英国皇家学会、法国科学院、罗马科学

与数学科学院、柏林科学院都接纳莱布尼茨为核心成员。

1713 年初，维也纳皇帝授予莱布尼茨帝国顾问职位，并邀请他指导建立科学院。1712 年，俄国彼得大帝授予莱布尼茨一个有薪水的数学、科学宫廷顾问的职务。这一年，他同时被维也纳、布伦兹维克、柏林、彼得堡等王室雇用，一有机会他就积极地游说编写百科全书、建立科学院以及利用技术改造社会的计划。在他去世后，维也纳科学院、彼得堡科学院都先后建立了起来。

据说，他曾通过传教士，建议中国清朝的康熙皇帝在北京建立科学院。他是最早研究中国文化和中国哲学的德国人，对丰富人类的科学知识宝库做出了不可磨灭的贡献。

就在莱布尼茨备受各国宫廷青睐之时，他已开始走向悲惨的晚年，1716 年 11 月，他在胆结石的剧痛中孤寂地离开了人世。

莱布尼茨终身未娶，也没有在大学当教授，平时从不进教堂，因此他有一个绰号"Lovenix"（什么也不信的人）。然而，由于他创建了微积分，并精心设计了非常巧妙简洁的微积分符号，所以他以伟大数学家的称号闻名于世。

莱布尼茨不止活了一生，而是活了好几世。他作为一名外交家、历史学家、哲学家和数学家，在每一领域都完成了足够普通人干一辈子的工作。他在数学方面的成就，除创立微积分之外，他的研究及成果渗透到数学的许多领域，他的一系列重要数学理论的提出，为后来的数学奠定了基础。莱布尼茨曾讨论过负数和复数的性质，得出复数的对数并不存在，共轭复数的和是实数的结论。他还对线性方程组进行了研究，对消元法从理论上进行了探讨，并首先引入了行列式的概念，提出行列式的某些理论。此外，莱布尼茨还创立了符号逻辑学的基本概念，发明了能够进行加、减、乘、除及开方运算的计算机和二进制，为计算机的现代发展奠定了坚实的基础。

## 三、陨落的数学巨星——阿贝尔

图 6-16　阿贝尔

阿贝尔（Abel，1802—1829），挪威的天才数学家，世纪难题"一般五次方程不可解性"的证明者，椭圆函数论的创始人之一（图 6-16）。

阿贝尔出生在挪威一个小村庄的穷牧师家庭，小时候由父亲和哥哥教导识字，小学教育基本上是父亲教的。

阿贝尔 15 岁那年，因数学老师酒后将学生粗暴体罚致死而被解职，并由一位比阿贝尔大 7 岁的教师霍姆伯厄代替。霍姆伯厄自身在数学上并没有什么成就，他在科学上的贡献，就是发掘了阿贝尔的数学才能，而且成为阿贝尔的忠诚朋友，给阿贝尔许多帮助。阿贝尔逝世后，霍姆伯厄收集出版了他的研究成果。

霍姆伯厄很快发现了 16 岁的阿贝尔拥有惊人的数学天赋，私下给阿贝尔教授高等数学，还介绍阿贝尔阅读泊松、高斯以及拉格朗日的著作。在霍姆伯厄的热心指点下,阿贝尔很快掌握了经典著作中最难懂的部分。大师们不同凡响的创造性方法和成果,一下子开阔了阿贝尔的视野,把他的精神世界提升到一个崭新的境界,很快他被推到当时数学研究的前沿阵地。后来,他感慨地在笔记中写下这样的话:"要想在数学上取得进展,就应该阅读大师的而不是其门徒的著作。"

在中学的最后一年,阿贝尔开始试图解决困扰了数学界几百年的五次方程问题,不久他便得到了答案。霍姆伯厄将阿贝尔的研究手稿寄给丹麦当时最著名的数学家达根,达根不敢肯定阿贝尔的解法是否正确,只是给他一个忠告,希望他再仔细演算自己的推导过程,于是阿贝尔发现自己的推理确有错误。这次失败给予阿贝尔非常有益的启发,他开始怀疑,一般五次方程究竟是否可解? 他对问题的转换开拓了新的探索方向。

1821 年,在霍姆伯厄和其他好友的资助下,阿贝尔得以进入奥斯陆大学学习,两年后,在一本不出名的杂志上,发表了第一篇研究论文,其内容是用积分方程解古典的等时线问题,这篇论文表明他是第一个直接应用并解出积分方程的人。

19 岁时,阿贝尔终于成功地解决了中学就已涉足的五次方程问题,结论是"五次方程不可解",即像较低次方程那样,用根式来表示一般五次方程的解是不可能的。

他的数学思想已远远超越了挪威国界,他需要与有同等智力的人交流思想和经验,于是阿贝尔在老师和朋友的帮助下,于 1825 年获得公费资助,开始其历时两年的欧洲大陆数学之旅。

踌躇满志的阿贝尔自费印刷了证明五次方程不可解的论文(鉴于经费原因,他把内容压缩在 6 页纸上),把它作为晋谒高斯等顶级数学家的科学护照。他将柏林作为旅行的第一站,他相信高斯能认同他工作的价值而超常规地接见他,但高斯并未见他,还说:"太疯狂了,居然这么几页纸就解决了数学界的世界难题?"说完,就不屑地把这本册子扔进了书堆,以致人们在高斯逝世后的遗物中发现阿贝尔寄给他的小册子尚未开封。

在柏林的一年里,阿贝尔虽然没见到高斯,但这一年却是他一生中最幸运、成果最丰硕的时期。在这里,他认识了人生的第二个伯乐——克雷勒。克雷勒是一名铁路工程师,一个热心数学的业余爱好者,他以自己创办的世界上最早专门发表创造性数学研究论文的期刊《纯粹数学与应用数学杂志》而在数学史上占有一席之地,后来人们习惯称这本期刊为"克雷勒杂志"。初次见面,两人彼此给对方留下了良好而深刻的印象,克雷勒决定将阿贝尔的论文载入第一期,于是阿贝尔的研究论文得以发表,克雷勒杂志也因此逐渐提高声誉并扩大影响。

一年后,他从柏林来到法国。当时的法国皇家科学院正被柯西、泊松、傅里叶、安培和勒让德等年迈的大数学家所把持,学术气氛非常保守,各自又忙于自己的研究课题,对年轻人的工作并不重视。阿贝尔留在巴黎期间觉得很难和法国数学家谈论他的研究成果,他曾寄一份长篇论文给法国科学研究院,论文交到勒让德手上,但他看不大懂,就转给柯西,而柯西忙于自己的工作,也无暇翻看论文。后来柯西把稿件带回家中也束之高阁,直到两年后阿贝尔已经去世,失踪的论文原稿才重新找到,而论文的正式发表,则推迟了 12 年之久。

阿贝尔的论文《关于非常广泛的一类超越函数的一般性质的论文》,是数学史上重要的研究工作,但未得到数学家的重视,他只好在穷愁潦倒中回到挪威。幸运的是,当他回国后一年里,欧洲大陆的数学界渐渐接纳了他,继失踪的那篇论文之后,阿贝尔又撰写了若干篇类似论文,都在"克雷勒杂志"上发表了。这些论文将阿贝尔的名字传遍欧洲所有重要的数学中心,很快他就成为众所瞩目的优秀数学家之一。遗憾的是,当时的他处境艰难、消息闭塞,对如此赞誉竟一无所知,甚至连谋一个普通的大学教职也不可得。一贫如洗的他,不仅要自己求生存,还要替弟弟还债,只好拖着病体当家教,到处找工作,包括到柏林大学应聘。

1828 年冬天,阿贝尔在贫、困、病的煎熬下因肺病去世,年仅 27 岁。阿贝尔病逝后两天,克雷勒的信才寄到,告知柏林大学已决定聘请阿贝尔担任数学教授。

虽然阿贝尔的生命非常短暂,一生异常坎坷,研究事业屡遭挫折,但他还是取得了许多顶级数学家都难以企及的数学成就。

自 16 世纪以来,随着三次、四次方程陆续解出,人们把目光投射在五次方程的求根公式上,近 300 年的探索却一无所获,但阿贝尔 19 岁就解决了这个世纪难题。阿贝尔由五次方程的求根问题还导出了可交换群,即阿贝尔群概念,开辟了研究近世代数方程论的道路。另外,他与德国数学家雅可比一道被世人公认为椭圆函数论的创始人。在研究该理论的过程中,阿贝尔发现了椭圆函数的加法定理、双周期性,并引出了阿贝尔积分。

阿贝尔还是 19 世纪分析严格化的倡导者和推动者。他于 1826 年最早使用一致收敛思想证明了每一项是连续函数的一致性收敛级数之和在收敛域内连续,他还得到了一些收敛判别准则及关于幂级数求和的定理,这些卓有成效的研究确立了他在分析学中的重要地位。

阿贝尔身后留下了一串通向数学王国的坚实脚印:阿贝尔群、阿贝尔变换、阿贝尔求和法、阿贝尔函数、阿贝尔范畴、阿贝尔扩张、阿贝尔定理、阿贝尔遍历定理、阿贝尔连续性定理、阿贝尔方程、阿贝尔积分方程、阿贝尔积分、阿贝尔微分、阿贝尔射影算子、阿贝尔问题等,很少有数学家能使自己的名字同近世数学中这么多的概念或定理联系在一起。著名数学家埃尔米特曾这样评价阿贝尔的丰功伟绩:阿贝尔留下的数学思想,可以让数学家忙碌 500 年。

为纪念天才数学家阿贝尔诞辰 200 周年,挪威政府于 2003 年设立了一项数学奖——阿贝尔奖。这一奖项每年颁发一次,奖金高达 80 万美元,相当于诺贝尔奖的金额,是世界上奖金最高的数学奖。

## 四、划过数学天空的流星——伽罗瓦

伽罗瓦(Galois,1811—1832),法国早夭的数学天才,群论的创立者(图6-17),研究数学仅 5 年,对函数论、方程论和数论作出重要的贡献。

伽罗瓦的双亲均受过良好教育。父亲从政,曾任校长、市长,对伽罗瓦的成长有较大影响,母亲聪明又有教养,负责伽罗瓦 12 岁前的全部教育,为他以后的学习打下了坚实的基础。

图 6-17　伽罗瓦纪念邮票

伽罗瓦 12 岁进入路易皇家中学就读,各科成绩都很好,且把大部分时间和主要精力用来研究、探讨数学课本以外的高等数学。他经常到图书馆阅读数学专著,特别是对一些数学大师的专著,例如勒让德的《几何原理》和拉格朗日的《代数方程的解法》《解析函数论》《微积分学教程》进行了认真分析和研究。14 岁,伽罗瓦开始跟随格兰中学的维尼尔学习数学,维尼尔不仅讲课风格优雅,而且善于发掘天才。维尼尔在笔记中写到,伽罗瓦远远地超过了全体同学,适宜在数学的尖端领域工作。

1828 年,维尼尔帮助伽罗瓦在《纯粹与应用数学年报》上发表了第一篇论文《周期连分数一个定理的证明》,并说服伽罗瓦向法国科学院递送备忘录。16 岁,伽罗瓦已经熟悉欧拉、高斯、雅可比的著作,这进一步增强了他的自信心,他认为自己能做到的不比这些大数学家们少。

1829 年,伽罗瓦把在代数方程解的研究结果提交给法国科学院,由柯西负责审阅,然而柯西却将文章连同摘要一起弄丢了。是年,他在报考巴黎综合技术学校时,因口试顶撞主考官而名落孙山。更糟糕的是,当他第二次报考综合工科大学时,其父亲却因选举时被人恶意中伤而自杀。一向正直的父亲含冤而死,直接导致他考试失败,也进一步导致他的政治观与人生观更趋向极端。

接着,伽罗瓦在维尼尔的劝告下报考了师范大学,并被录取为预备生。对他来说,就读师范大学的第一年是最顺利的,随后他再次遭遇挫折,为了争取当年法国科学院的数学大奖,他将 3 篇论文送达法国科学院常任秘书傅里叶手中,却因傅里叶病逝致文章遗失,最终他只能眼睁睁地看着大奖落入阿贝尔与雅各比手中,第三次他送交法国科学院的论文因泊松不理解被拒。1830 年,这些著作才在数学杂志《费律萨克男爵通报》上刊载。

1830 年,法国爆发了七月革命,高等师范大学的校长将学生们关在高墙内,引起伽罗瓦强烈不满。同年 12 月,他在校报上抨击校长的做法,为此被学校勒令退学。由于强烈支持共和主义,从 1831 年 5 月起,伽罗瓦两度因政治原因入狱,也曾自杀过。

据说,1832 年 3 月,伽罗瓦在狱中结识一位医生的女儿并陷入热恋,因为这段感情,他陷入一场决斗，自知必死的伽罗瓦在决斗前夜将自己的所有数学成果奋笔疾书记录下来，并不时在一旁写下"我没有时间了"。第二天他果然在决斗中身亡，时年 21 岁。时间定格在 1832 年 5 月 31 日，这个传说极富浪漫主义色彩，为后世史家所质疑。

伽罗瓦的夭折给数学界带来了巨大损失，后世的一些著名数学家评论道，伽罗瓦的逝世使数学发展推迟了几十年。伽罗瓦逝世后，遵其遗愿，舍瓦利叶把他的信发表在《百科评论》上。其论文手稿经过 14 年后，才由法国数学家刘维尔领悟到手稿中的演算迸发出的天才思想。最后刘维尔将这些论文发表在极有影响力的《纯粹数学与应用数学杂志》上，并向数学界进行推荐。1870 年，法国数学家若尔当根据伽罗瓦思想，撰写了《论置换与代数方程》一书，在这本书里伽罗瓦思想得到了进一步的阐述。

## 五、几何学界的哥白尼——罗巴切夫斯基

罗巴切夫斯基(Лобачévский，1792—1856)，俄国数学家、教育家，罗氏几何的创立者，被誉为几何学界的哥白尼(图 6-18)。

图 6-18　罗巴切夫斯基

罗巴切夫斯基出生于测量员之家，是家中次子，2 岁时父亲去世。父亲是移民，体弱多病，曾在当地的天主教堂供职，母亲顽强开明，竭力维持生计，并送 3 个儿子到喀山中学寄读。从此，罗巴切夫斯基一直在喀山学习和工作。

罗巴切夫斯基勤奋好学，用 4 年时间读完了中学，并在数学老师的特别指导下，对数学产生了浓厚兴趣。他 15 岁考入喀山大学，在这里他听过许多著名教授的课，特别是高斯的朋友、数学教授巴特尔斯和天文学教授利特罗夫对他影响很大。

大学期间，他掌握了多种外语，并系统地研读了一流数学家的原著，在数学方面表现出特殊的才能。年轻的他富于幻想、倔强并有些自命不凡。不过，其特殊才能和优异的学习成绩还是深得教授们的欣赏，19 岁时他顺利地获得了物理数学硕士学位，并留校工作。

罗巴切夫斯基 22 岁任教授助理，24 岁升为编外教授，30 岁成为常任教授。他 26 岁开始担任行政职务，任过校委会主席、物理数学系主任、校长、图书馆馆长。任校长期间，他不仅表现出卓越的行政管理才能，而且表现出独具的教育家品格，使数年后的喀山大学一跃成为俄国的第一流学府。

1826 年，罗巴切夫斯基在喀山大学物理数学系学术会议上，宣读了他的第一篇关于非欧几何的论文《几何学原理及平行线定理严格证明的摘要》，这标志着非欧几何的诞生。但是，这一重大成果却遭到正统数学家的漠视和反对。

参加学术会议的全是数学造诣较深的专家，其中不仅有著名的数学家、天文学家西蒙诺夫，还有后来成为科学院院士的古普费尔，以及后来在数学界颇有声望的博拉斯曼。在他们

看来,罗巴切夫斯基确实是一位很有才华的青年数学家,可是,出乎他们的意料,这位年轻教授在简短的开场白之后,接下来说的全是一些令人莫名其妙的话。例如,三角形的内角和小于两直角,而且随着边长增大而无限变小,直至趋于零;锐角一边的垂线可以和另一边不相交;等等。

这些命题不仅离奇古怪,与欧几里得几何相冲突,还与人们的日常经验相背离。然而,报告者却认真地、充满信心地指出,它们属于一种逻辑严谨的新几何,它与欧几里得几何有着同等的存在权利。这些古怪的语言,竟然出自一名头脑清楚、治学严谨的数学教授之口,这不能不使与会者感到意外,他们表现出一种疑惑、惊诧和否定的表情。

会后,系学术委员会委托西蒙诺夫、古普费尔和博拉斯曼组成三人鉴定小组,对他的论文作出书面鉴定。他们的态度无疑是否定的,但又迟迟不肯写出书面意见,最后连文稿也弄丢了。一个具有独创性的重大发现就这样明珠蒙尘,那些最先聆听到发现者本人讲述发现内容的同行专家,却因思想上的守旧,不仅没能理解这一发现的重要意义,而且采取了冷淡和轻蔑的态度,这实在是一件令人遗憾的事情。

罗巴切夫斯基的首创性论文没能引起学术界的注意和重视,论文本身也石沉大海,不知被遗弃何处。但他并没有因此灰心丧气,而是顽强地继续探索新几何的奥秘。1829 年,他又发表了一篇题为《几何学原理》的论文。这篇论文重现了第一篇论文的基本思想,并且有所补充和发展。此时,他已被推选为喀山大学校长,可能是出自对校长的"尊敬",《喀山大学通报》全文发表了这篇论文。

1832 年,根据罗巴切夫斯基的请求,喀山大学学术委员会把这篇论文呈送圣彼得堡科学院审评,科学院委托著名数学家奥斯特罗格拉茨基院士评定。奥斯特罗格拉茨基是新推选的院士,曾在数学等方面有过卓越的成就,声望很高。可惜的是,就是这样一位杰出的数学家,也没能理解罗巴切夫斯基的新几何思想,其他教授则更加保守。

如果说喀山大学的教授们对罗巴切夫斯基本人还是很"宽容"的话,那么,奥斯特罗格拉茨基对他就是不留情面了,他使用极其挖苦的语言,对他做了公开的指责和攻击。同年 11 月,他在给科学院的鉴定书中一开头就以嘲弄的口吻写道:"看来,作者旨在写出一部使人不能理解的著作,他达到了自己的目的。"接着,对这种新几何思想进行了歪曲和贬低,最后粗暴地断言:"由此我得出结论,罗巴切夫斯基校长的这部著作谬误连篇,因而不值得科学院的注意。"这篇论文不仅引起了学术界权威们对罗巴切夫斯基的恼怒,还激起了社会上反动势力的叫嚣,甚至有人在《祖国之子》杂志上撰文,公开指名对他进行人身攻击。

针对这篇污辱性的匿名文章,罗巴切夫斯基撰写了一篇反驳文章,但《祖国之子》杂志却以维护杂志声誉为由,将他的文章扣压下来,一直不予发表,他对此极为气愤。

罗巴切夫斯基在孤境中奋斗终身,开创了数学的一个新领域,但他的创造性工作在生前始终未能得到学术界的重视和承认。就在他去世后的前两年,俄国著名数学家布尼雅可夫斯基还在其著作《平行线》一书中对其发难,试图通过论述非欧几何与经验认识的不一致性,来否定非欧几何的真实性。

英国著名数学家莫尔甘对非欧几何的抗拒心理表现得更加明显,他甚至在没有亲自研读非欧几何著作的情况下就武断地说:"我认为,任何时候也不会存在与欧几里得几何本质上不同的另外一种几何。"莫尔甘的话代表了当时学术界对非欧几何的普遍态度。

在创立和发展非欧几何的艰难历程上,罗巴切夫斯基始终没能遇到他的公开支持者,就连非欧几何的另一位发现者德国的高斯也不肯公开支持他的工作。高斯早在1792年,也就是罗巴切夫斯基诞生的那一年,就已经产生了非欧几何思想的萌芽,到1817年已达成熟程度。但是,高斯由于害怕新几何会激起学术界的不满和社会的反对,并由此影响他的尊严和荣誉,生前一直没敢把自己的这一重大发现公之于世,只是谨慎地把部分成果写在日记和与朋友的往来书信中。

当高斯看到罗巴切夫斯基的德文非欧几何著作《平行线理论的几何研究》后,内心是矛盾的,一方面,他私下在朋友面前高度称赞罗巴切夫斯基是"俄国最卓越的数学家之一",并下决心学习俄语,以便直接阅读罗巴切夫斯基的全部非欧几何著作;另一方面,却又不准朋友向外界泄露他对非欧几何的有关告白,也从不以任何形式对罗巴切夫斯基的非欧几何研究工作加以公开评论;他积极推选罗巴切夫斯基为哥廷根皇家科学院通讯院士,可是,在评选会和他亲笔写给罗巴切夫斯基的推选通知书中,对罗巴切夫斯基在数学上的最卓越贡献——创立非欧几何却避而不谈。

高斯凭借在数学界的声望和影响,完全有可能减少罗巴切夫斯基的压力,促进学术界对非欧几何的接受。然而,在顽固的保守势力面前他却丧失了斗争的勇气,高斯的沉默和软弱表现,不仅严重限制了他在非欧几何研究上所能达到的高度,而且客观上也助长了保守势力对罗巴切夫斯基的攻击。

晚年的罗巴切夫斯基心情更加沉重,他不仅在学术上受到压制,而且在工作上也受到限制。按照当时俄国大学委员会的条例,罗巴切夫斯基在任教授满30年的1846年,向国民教育部提出呈文,请求免去他在数学教研室的工作,并推荐让位给他的学生波波夫。他的申请正好被对他早有成见的国民教育部作为借口,免去了他主持教研室的工作,而且还违背他本人的意愿,免去了他在喀山大学包括校长在内的所有职务,被迫离开终身热爱的大学工作,使罗巴切夫斯基在精神上遭到严重打击。

家庭的不幸格外增加了他的苦恼。他最喜欢的、很有才华的大儿子因患肺结核医治无效死去,这使他十分伤感,他的身体也变得越来越多病,眼睛逐渐失明,最终什么也看不见。

1856年2月12日,伟大的学者罗巴切夫斯基在苦闷和抑郁中走完了他生命的最后一段路程,喀山大学师生为他举行了隆重的追悼会。在追悼会上,他的许多同事和学生高度赞扬他在建设喀山大学、提高民族教育水平和培养数学人才等方面的卓越功绩,可是谁也不提他的非欧几何研究工作,因为此时,人们还普遍认为非欧几何纯属"无稽之谈"。

罗巴切夫斯基为非欧几何的生存和发展奋斗了30多年,他从未动摇过对新几何远大前途的坚定信念。为了扩大非欧几何的影响,争取早日取得学术界的承认,除用俄文外,他还用法文、德文写了自己的著作,同时还精心设计了检验大尺度空间几何特性的天文观测方案。不仅如此,他还发展了非欧几何的解析和微分部分,使之成为一个完整、系统的理论体系。在身患重病,卧床不起的困境中,他仍未停止对非欧几何的研究,他的最后一部巨著《论几何学》,就是在他双目失明,临去世的前一年,口授给他的学生完成的。

历史是最公允的,因为它终将对各种思想、观点和见解作出正确的评价。1868 年,意大利数学家贝特拉米发表了一篇著名论文《非欧几何解释的尝试》,证明非欧几何可以在欧氏空间的曲面上实现,这就是说,非欧几何命题可以被"翻译"成相应的欧氏几何命题,如果欧氏几何没有矛盾,那么非欧几何也就自然没有矛盾。直到这时,长期无人问津的非欧几何才开始获得学术界的普遍注意和深入研究,罗巴切夫斯基的独创性研究也由此得到学术界的高度评价和一致赞美,这时的罗巴切夫斯基被人们赞誉为"几何学中的哥白尼"。

在科学探索的征途上,一个人经得住一时的挫折和打击并不难,难的是勇于长期甚至终生在逆境中奋斗,罗巴切夫斯基就是在逆境中奋斗终身的勇士。

## 六、发了疯的伟大数学家——康托尔

### (一)生平简介

康托尔( Cantor,1845—1918 ),德国数学家,19 世纪数学伟大成就之一——集合论的创立人( 图 6-19 )。

康托尔生于俄罗斯圣彼得堡,是六个孩子中的长子。其祖父母从丹麦的哥本哈根迁来俄罗斯的圣彼得堡,其父亲年轻时,曾从事国际买卖,破产后转为股票交易,并获成功。11 岁时,康托尔随同全家移居德国的威斯巴登,并在当地的一所寄宿学校读书,后来在阿姆斯特丹读六年制中学。他在文学、音乐等方面的兴趣也得到过培养,整个家庭为其绘画才能感到自豪。

康托尔 17 岁时开始了大学生活,曾就读于苏黎世大学、哥廷根大学和法兰克福大学,18 岁时,他父亲突然病逝,为此,他回到柏林进入柏林大学主修数学。在那里,他

图 6-19　康托尔

从当时的几位数学大师魏尔斯特拉斯、库默尔和克罗内克那里学到不少东西,特别是受到魏尔斯特拉斯的影响而转入纯粹数学。从此,他集中全力于哲学、物理、数学的学习和研究,并选择数学作为他的职业。

康托尔 21 岁获得博士学位,这时,他的主要兴趣在数论方面。24 岁,康托尔在哈雷大学得到教职,他的授课资格论文讨论的是三元二次型的变换问题。不久,他升任副教授。从 34 岁起,他一直在哈雷大学任教授职务直到去世。1872 年以后,他一直主持哈雷大学的数学讲

座。在柏林,康托尔是数学学会的成员之一,1864—1865 年任主席。他晚年积极为一个国际数学家联盟工作,他还设想成立一个德国数学家联合会,这个组织于 1891 年成立,康托尔是它的第一任主席。他还筹办了 1897 年在苏黎世召开的第一届国际数学家大会。1901 年,康托尔被选为伦敦数学会和其他科学会的通讯会员和名誉会员,欧洲的一些大学授予他荣誉学位。1904 年,伦敦皇家学会授予他最高的荣誉:西尔威斯特奖章。

1874 年,康托尔与古德曼结婚,育有五个孩子。那时,哈雷大学教授的收入很微薄,康托尔一家一直处在经济困难之中。为此,康托尔希望在柏林获得一份收入较高、更受人尊敬的大学教授职位。由于康托尔研究无穷时往往推出一些合乎逻辑的、但表面上看又很荒谬的结果,这与传统的数学观念发生了尖锐冲突,因此许多大数学家对他采取退避三舍的态度,甚至一些人反对、攻击、谩骂他,还有人说他是"疯子"。如他的老师克隆尼克,用各种尖刻语言,粗暴地、连续不断地攻击他达十年之久,克隆尼克甚至在柏林大学的学生面前公开攻击康托尔,阻挠康托尔在柏林得到一个薪金较高、声望更大的教授职位,使得康托尔想在柏林得到职位而改善其地位的任何努力都遭到挫折;法国数学家庞加莱说:"我个人,而且还不只我一人,认为重要之点在于,切勿引进一些不能用有限个文字去完全定义好的东西,集合论是一个有趣的'病理学的情形',后一代将把(康托尔)集合论当作一种疾病,而人们已经从中恢复过来了"德国数学家外尔认为,康托尔关于基数的等级观点是雾上之雾;克莱因不赞成集合论的思想;数学家施瓦兹,康托尔的好友,由于反对集合论而同康托尔断交等。

来自数学权威们的巨大精神压力终于摧垮了康托尔,使他心力交瘁,患上了精神分裂症,最后真的疯了。从 1884 年春天起,他患上严重的忧郁症,极度沮丧,神态不安,精神病时时发作,不得不经常住到精神病院的疗养所去,变得很自卑,甚至怀疑自己的工作是否可靠。

最初发病的时间较短,1899 年,来自事业和家庭生活两方面的打击,使他旧病复发。这年夏天,集合论悖论萦绕在他的头脑中,而连续统假设问题的解决仍毫无线索,这使康托尔陷入了失望的深渊。他请求学校停止他秋季学期的教学,还给文化大臣写信,要求完全放弃哈雷大学的职位,宁愿在一个图书馆找一份较轻松的工作。但他的请求没有得到批准,他不得不仍然留在哈雷,而且这一年的大部时间他是在医院度过的。同时,他家庭不幸的消息也不断传来。在他母亲去世三年后,他弟弟从部队退役后也去世了;是年 12 月,当康托尔在莱比锡发表演讲时,得到一个关于他极有音乐天赋、不满 13 岁的小儿子 G.鲁道夫去世的噩耗。

康托尔在给克莱因的信中不仅流露出他失去爱子的悲痛心情,而且使他回想起自己早年学习小提琴的经历,并对放弃音乐转入数学是否值得表示怀疑。到 1902 年,康托尔勉强维持了三年的平静,后又被送到医院。1904 年,他在两个女儿的陪同下,出席了第三次国际数学家大会。会上,他的精神又受到强烈的刺激,被立即送往医院。在生命的最后十年里,他大都处在一种严重抑郁状态之中,他在哈雷大学的精神病诊所里度过了漫长的时期。1917 年 5 月,他最后一次住进这家医院直到去世。

真金不怕火炼,康托尔的思想终于大放光彩。1897 年举行的第一次国际数学家会议上,他的成就得到承认。伟大的哲学家、数学家罗素称赞康托尔的工作"可能是这个时代所能夸耀的最巨大的工作"。可是这时康托尔仍然神志恍惚，不能从人们的崇敬中得到安慰和喜悦，1918 年 1 月，康托尔在一家精神病院去世。

（二）康托尔的集合论

在分析的严格化过程中，一些基本概念如极限、实数、级数等的研究都涉及由无穷多个元素组成的集合，特别是在对那些不连续函数进行分析时，需要对使函数不连续或使收敛问题变得很困难的点集进行研究，从而导致了集合论的建立。狄利克雷、黎曼等人都研究过这方面的问题，但只有康托尔在这一过程中系统发展了一般点集的理论，并开拓了一个全新的数学研究领域——集合论。

集合论是现代数学的基础，康托尔在研究函数论时产生了探索无穷集和超穷数的兴趣。他肯定了无穷数的存在，并对无穷问题进行了哲学的讨论，最终建立了较完善的集合理论，为现代数学的发展打下了坚实的基础。

康托尔对无穷集的研究使他打开了"无限"这一数学潘多拉盒子。"我们把全体自然数组成的集合简称为自然数集，用字母 N 来表示。"人们对这句话并不陌生，但在接受这句话时，人们根本无法想到当年康托尔如此做时是在进行一项更新无穷观念的工作。在此以前，数学家们只是把无限看作一种永远在延伸、变化、成长着的东西来解释。无限永远处在构造中，永远完成不了，是潜在的，而不是实在的，这种关于无穷的观念在数学上被称为潜无限。18 世纪数学王子高斯就持这种观点，他说"……我反对将无穷量作为一个实体，这在数学中是从来不允许的。所谓无穷，只是一种说话的方式……"，而当康托尔把全体自然数看作一个集合时，他是把无限的整体作为一个构造完成了的东西，这样他就肯定了作为完成整体的无穷，这种观念在数学上称为实无限思想。

因潜无限思想在微积分的基础重建中已获得了全面胜利，故他的实无限思想在当时遭到那么多数学家的批评与攻击。然而，他并未止步，而是以前所未有的方式，继续正面探讨无穷。

他在实无限观念基础上进一步得出一系列结论，创立了令人振奋、意义十分深远的理论，这一理论使人们真正进入了一个难以捉摸的奇特的无限世界。

最能显示出他独创性的是他对无穷集元素个数问题的研究。他提出用一一对应准则来比较无穷集元素的个数，他成功地证明了一条直线上的点能够和一个平面上的点一一对应，也能和空间中的点一一对应。这样看起来，1 厘米长的线段内的点与太平洋面上的点，以及整个地球内部的点都"一样多"。

他把元素间能建立一一对应的集合称为个数相同，即等势。因一个无穷集可与其真子集建立一一对应关系，故无穷集可与其真子集等势，即具有相同的元素个数。这与传统观念"全体大于部分"相矛盾，而康托尔认为这恰恰是无穷集的特征。在此意义上，自然数集与正偶数集具有了相同的个数，他将其称为可数集；又可容易地证明有理数集与自然数集等势，因而有理数集也是可数集。后来当他又证明了代数数集合也是可数集时，一个很自然的想法是无穷集是清一色的，都是可数集。但出乎意料的是，他在1873年证明了实数集的势大于自然数集，这不但意味着无理数远远多于有理数，而且庞大的代数数与超越数相比也只是沧海一粟，如同有人描述的那样："点缀在平面上的代数数犹如夜空中的繁星，而沉沉的夜空则由超越数构成。"

当他得出这一结论时，人们所能找到的超越数尚仅有一两个，这是何等令人震惊的结果！然而，事情并未终结。魔盒一经打开就无法再合上，盒中所释放出的也不再限于可数集这一个无穷数的怪物，从上述结论中康托尔意识到无穷集之间存在着差别，有着不同的数量级，可分为不同的层次。他下一步所要做的工作是，证明在所有的无穷集之间还存在着无穷多个层次。他取得了成功，并且根据无穷性有无穷多种的学说，他对各种不同的无穷大建立了一个完整的序列，称为"超限数"。他用希伯来字母表中$\aleph$"阿列夫"来表示超限数的精灵，最终他建立了关于无限的所谓阿列夫谱系：$\aleph_0 < 2^{\aleph_0} < 2^{2^{\aleph_0}} < \cdots$，它可以无限延长下去。就这样，他创造了一种新的超限数理论，描绘出一幅无限王国的完整图景。可以想见，这种至今让我们还感到有些异想天开的结论，在当时会如何震动数学家们的心灵了。

然而，自然数集基数$\aleph_0$与实数集（连续统）基数$2^{\aleph_0}$之间是否存在其他基数？上述序列是否穷尽了一切超穷基数呢？这就是著名的连续统假设与广义连续统假设。康托尔本人没有解决这个问题，后被希尔伯特列为其23个问题中的第一个问题。

现代数学的发展告诉我们，康托尔的集合论是自古希腊时代以来两千多年里，人类认识史上第一次给无穷建立起抽象的形式符号系统和确定的运算，并从本质上揭示了无穷的特性，使无穷的概念发生了一次革命性的变化，并渗透到所有的数学分支，从根本上改造了数学的结构，促进了数学许多新的分支的建立和发展，成为实变函数论、代数拓扑、群论和泛函分析等理论的基础，还给逻辑学和哲学也带来了深远的影响。

集合论前后经历20余年，最终获得了世界公认。到20世纪初，集合论已得到数学家们的赞同，数学家们为一切数学成果都可建立在集合论基础上的前景而陶醉了，他们乐观地认为从算术公理系统出发，借助集合论的概念，便可以建造起整个数学的大厦。

在1900年第二次国际数学大会上，著名数学家庞加莱就曾兴高采烈地宣布"……数学已被算术化了。今天，我们可以说绝对的严格已经达到了"。然而，这种自得的情绪并没能持续多久，当罗素1902年提出罗素悖论时，人们才意识到，集合论也是不完善、有漏洞的，数学还没有达到绝对的严格，数学家们还面临许多挑战。

## 七、史上第一位女数学家——希帕蒂娅

希帕蒂娅（Hypatia，370—415），古希腊哲学家、数学家、天文学家，新柏拉图主义哲学学派领袖（图6-20）。

希帕蒂娅出生在亚历山大城的一个知识分子家庭。父亲泰昂是有名的数学家和天文学家,在著名的亚历山大博物院(一个专门传授和研讨高深学问的场所)进行教学和研究。一些有名的学者和数学家常到她家做客,在他们的影响下,希帕蒂娅对数学充满了兴趣和热情。

希帕蒂娅很小就开始从父辈那里学习数学知识,泰昂也不遗余力地培养这个极有天赋的女儿。10 岁左右,她已掌握了相当丰富的算术和几何知识,运用这些知识,她懂得如何利用金字塔的影长去测量高度。这一举动,备受父亲及其好友的赞赏,这使她的数学学习兴趣大增,并开始阅读数学大家的专著。

图 6-20　希帕蒂娅

17 岁时,她参加了全城芝诺悖论的辩论,一针见血地指出悖论的症结所在:芝诺的推理包含了一个不切实际的假定,他限制了赛跑的时间。这次辩论使希帕蒂娅名声大震,几乎所有的亚里山大城人都知道她是一个非凡的女子,不仅容貌美丽,而且聪明好学。20 岁以前,她几乎读完了当时所有数学家的名著,包括欧几里得的《几何原本》、阿波罗尼奥斯的《圆锥曲线论》、阿基米德的《论球和圆柱》、丢番图的《算术》等。为了进一步扩大自己的知识领域,公元 390 年的一天,希帕蒂娅来到了著名的希腊文化名城——雅典。

她在小普鲁塔克当院长的学院里进一步学习数学、历史和哲学。她对数学的精通,尤其是对欧几里得几何的精辟见解,令雅典的学者钦佩不已,大家都把这位二十出头的姑娘当作了不起的数学家。一些英俊少年不由得对她产生爱慕之情,求婚者络绎不绝。但希帕蒂娅认为,她要干一番大事业,不想让爱情过早地进入自己的生活,因此,她拒绝了所有的求爱者。希帕蒂娅说:"我只嫁给一个人,他的名字叫真理。"此后,她又到意大利访问,结识了当地的一些学者,并与之探讨哲学和数学问题。大约公元 395 年,她回到家乡,这时的希帕蒂娅已经是一位相当成熟的数学家和哲学家了。

希帕蒂娅从海外归来后,便成为亚历山大博物院里的教师,主讲数学和哲学,有时也讲授天文学和力学。在讲学授业之余,她还进行了广泛的科学研究,有力地推动了数学、天文、物理等学科的发展。

希帕蒂娅在亚历山大积极传播普罗提诺和扬布里柯的新柏拉图主义哲学。新柏拉图主义将柏拉图的学说、亚里士多德的学说及新毕达哥拉斯主义综合在一起,核心内容是由普罗提诺首创的关于存在物的统一与等级结构学说。希帕蒂娅的哲学兴趣比较倾向于研究学术与科学问题,而较少追求神秘性和排他性,强调哲学与科学,尤其是哲学与数学的结合。尽管此时基督教逐渐渗入博物院,宗教徒的活动也多了起来,但她仍崇尚自由、民主,反对宗教束缚和专制。来自欧洲、亚洲、非洲的许多青年聚到亚历山大,拜她为师。学生们都非常喜欢听她讲课,说她不仅学识渊博而且循循善诱,讲话如行云流水,引人入胜。几年后,希帕蒂娅便成为亚历山大最引人注目的学者了,虽然当时的基督教与科学的对立日益明显,希帕蒂娅的声望还是吸引了一些基督教徒成为其学生。其中最著名的是来自西兰尼的西奈修斯,他后来成为托勒密城的主教。他向希帕蒂娅请教学问的信件至今尚存,信中问及如何制作星盘(一种借助投影原理制作的反映星空的天文仪器)和滴漏(古代计时工具)及液体比重计。他热情赞扬希帕蒂娅,说她不仅是一位老师,而且像一位慈爱的母亲和善解人意的姐姐。

希帕蒂娅与部分基督徒的友好关系并未改善教会对她的态度,恰恰相反,教会为自己的教徒被一个不信教的科学家吸引过去而恼火,攻击她是"异教徒"。尽管希帕蒂娅发现自己已处于十分危险的境地,但她相信邪不压正,仍然执着地追求着科学的进步。希帕蒂娅太热衷于自己的事业了,她把所有的爱都投入学生及科学研究上,以至于很少考虑个人问题,而终身未婚。

希帕蒂娅时代离《几何原本》成书已经 600 多年,由于当时没有印刷术,这本著作经多次转抄,出现了不少错误。希帕蒂娅同父亲一起,搜集了能够找到的各种版本,通过认真修订、润色、加工及大量评注,一个新的《几何原本》问世了。由于它更加适合读者阅读,因此立即受到广泛欢迎,以至于成为当今各种文字的《几何原本》的始祖。

希帕蒂娅曾独立写了一本《丢番图〈算术〉评注》,她在书中给出了不少新见解,并补充了一些新问题。希帕蒂娅还评注了阿波罗尼奥斯的《圆锥曲线论》,并在此基础上写出适于教学的普及读本。她对圆锥曲线很入迷,写过好几篇研究论文。此外,她还研究过托勒密的著作,与父亲合写了《天文学大成评注》,独立完成了《天文准则》等,这在当时是十分了不起的贡献。

公元 412 年,来自耶路撒冷的西瑞尔当上了亚历山大的大主教,这是一个狂热的基督徒。他在全城系统地推行所谓反对"异教"和"邪说"的计划,新柏拉图主义也在"邪说"之例,这对希帕蒂娅是极为不利的。但是希帕蒂娅从不向基督教示弱,拒绝放弃她的哲学主张,坚持宣传科学,提倡思想自由。对那些找麻烦的基督徒,希帕蒂娅毫不退让,常把他们驳斥得哑口无言,但这不是一个崇尚理性的社会,那些狂热的基督徒并不指望"说服"这位数学家和哲学家,只想有朝一日拔掉这颗眼中钉。一场有计划、有预谋的暗杀活动正在酝酿之中。

公元 415 年 3 月的一天,希帕蒂娅像往常一样,乘着漂亮的马车到博物院讲学。行至凯撒瑞姆教堂旁边,一伙暴徒奉西瑞尔的命令立刻冲过去,拦住马车。他们把她从马车上拉下来,迅速拖进教堂。希帕蒂娅意识到,他们要对自己下毒手,但她毫不畏惧,高声怒斥他们的无耻行为。灭绝人性的暴徒把她剥得一丝不挂,然后用锐利的蚌壳割她的皮肉,直割得她全身血肉模糊,奄奄一息,暴徒们仍不罢手,又砍去她的手脚,将她那颤抖的四肢投入熊熊烈火之中⋯⋯一颗数学明星就这样陨落了。希帕蒂娅的死导致许多学者的出走,这标志着古代学术中心的亚历山大城衰落的开始,处于垂死状态的希腊数学,也随之断气了。

希帕蒂娅虽已故去 1 500 多年,但她的科学精神鼓舞了一代又一代的学子,尤其是一些女数学家,希帕蒂娅在数学上的光辉成就,仍将鼓舞广大女性向数学高峰不断挺进,越来越多的女数学家不断涌现。

## 八、抽象代数之母——艾米·诺特

艾米·诺特（Emmy Noether，1882—1935），德国数学家，抽象代数的奠基人，是迄今为止最伟大的女数学家之一（图6-21）。

诺特生于爱尔朗根犹太家庭，三个孩子中的长女，其弟弗瑞兹后来也成为闻名于世的数学家。她母亲是犹太富商的女儿，父亲马克斯·诺特是一名数学教授，著名的"不变量之王"戈丹教授是她父亲的密友，常来她家做客，在他们的影响下，诺特对数学充满了热情。但诺特在中学时并未表现出特别的数学天赋，喜爱的科目是语言，18岁时通过了法语和英语教师资格的国家考试。

图 6-21　艾米·诺特

诺特生活在公开歧视妇女发挥数学才能的制度下，她通往成功的道路，比别人更加艰难曲折。1900年，诺特考进其父亲任教的爱尔朗根大学。当时，大学里女生不允许注册，只有自费旁听的资格。大学里的几百名学生中只有两名女生，诺特常坐在教室前排认真听课，她勤奋好学的精神感动了主讲教授，被破例允许与男生一样参加考试。1903年，诺特顺利通过了毕业考试，男生们都取得了大学文凭，而她却成了没有文凭的大学毕业生。

毕业后，诺特来到著名的哥廷根大学，旁听了希尔伯特、克莱因、闵可夫斯基等数学大师的讲课，感到大开眼界，深受鼓舞，越发坚定了献身数学的决心。1904年，爱尔朗根大学取消女生不能在大学读书的规定，诺特立即赶回母校，成为数学系47名学生中唯一的女生。1907年底，她以"三元双二次型不变量的完全系"的论文通过了博士答辩。翌年，爱尔朗根大学授予她哲学博士学位。此后，她在著名数学家戈丹、费舍尔的指引下，在数学的不变式领域做了深入的研究。

1916年，诺特应著名数学家希尔伯特和克莱因的邀请，第二次来到数学圣地哥廷根，以希尔伯特的名义在哥廷根大学讲授不变式论课程。希尔伯特十分欣赏她的才能，想帮她在哥廷根大学找一份正式的工作。当时的哥廷根大学没有专门的数学系，数学、语言学、历史学都划在哲学系里，聘请讲师必须经哲学教授会议批准。希尔伯特的主张遭到极力反对，出于教授们对妇女的传统偏见，连聘为"私人讲师"这样的请求也被断然拒绝了。希尔伯特屡次据理力争均无结果，他气愤极了，在一次教授会上愤愤地说："我简直无法想象候选人的性别竟成了反对她升任讲师的理由，先生们，别忘了这里是大学而不是洗澡堂！"

希尔伯特的鼎鼎大名，也没能帮这位女数学家敲开哥廷根大学的校门。不过，那些持反对意见的先生们，很快就为自己的错误决定羞愧得无地自容。仅仅过了2年，这位遭受歧视、只能以别人的名义代课的女性，就用一系列卓越的数学创造，震撼了哥根廷，震撼了整个数学界。

诺特在希尔伯特等人的思想影响下,发表了两篇重要论文。在一篇论文里,她为爱因斯坦的广义相对论给出了一种纯数学的严格方法;而另一篇论文中有关"诺特定理"的观点,已成为现代物理学的基本问题。就这样,诺特以她出色的科学成就,迫使那些歧视妇女的人也不得不于1919年准许她升任讲师。

从此,诺特走上了完全独立的数学道路。1921年,她从不同领域的相似现象出发,把不同的对象加以抽象化、公理化,然后用统一的方法加以处理,完成了《环中的理想论》这篇重要论文。这是一项非常了不起的数学创造,它标志着抽象代数学真正成为一门数学分支,或者说标志着这门数学分支现代化的开端。诺特也因此获得了极高的声誉,被誉为"现代数学代数化的伟大先行者""抽象代数之母"。

1922年,在大数学家希尔伯特等人的推荐下,诺特终于在清一色的男子世界——哥廷根大学取得教授称号,不过,那只是一种编外教授,没有正式工资。于是,这位历史上伟大的女数学家,只能从学生的学费中支取一点点薪金,以维持极其俭朴的生活,次年她才领到讲课津贴。

1930年,荷兰的范·德·瓦尔登(Von de Waerden),在诺特处学习了"概念的机制"和"思维的本质",很快就掌握了诺特的思想,在著作《代数学》中,成功地总结了整个诺特学派和同时代其他代数学家的成果。这本书以新颖的观点、特殊的处理方式、丰富的材料和高超的技巧,顿时风靡了整个数学界。直到今天,它仍被人们视为近世代数方面的一部经典著作。

1932年4月,诺特的科学声誉达到了顶点,她同阿廷一起获得阿克曼—托依布纳奖。1928年,在意大利的博洛尼亚的国际数学家大会的分组会上,诺特作了30分钟的报告。时过4年的苏黎世国际数学家大会上,诺特以其精练的语言、充实的内容、全新的观点作了1小时的大会报告。报告中,她简单地给出了许多旧派数学家们多年来未能解决的问题的解决方法,因而得到了数学界的普遍赞扬。然而,巨大的声誉并未改善诺特的艰难处境,在不合理的制度下,灾难和歧视的影子一样缠住了她。

由于诺特对祖国极端歧视妇女不满,而对当时苏联的社会主义制度特别赞赏。因此,1928—1929年,她作为客座教授访问了莫斯科。在莫斯科大学,她讲授了抽象代数,同时在另一处,她指导了一个代数几何讨论班。诺特对苏联的访问几乎影响了整个苏联数学界。1929年,她回到祖国后竟然被撵出居住的公寓。希特勒上台后,对犹太人的迫害变本加厉。1933年4月,法西斯当局竟然剥夺了诺特教书的权利,将一批犹太教授逐出校园。同年10月,诺特被迫乘船去了美国,先后在普林斯顿高等研究所及布林莫尔女子学院工作。布林莫尔女子学院设立艾米·诺特奖学金,为她培养优秀青年创造条件。

1935年4月,诺特不幸死于一次外科手术,年仅53岁,终身未婚。

诺特对20世纪数学的影响无与伦比,从事数学的人都会不由自主地提到她的名字,尤其是抽象代数和近世代数领域,她的书被作为大学的教材,很多著名数学家都是她的学生。

诺特的论文仅有40余篇,但她对数学界的影响却十分深远。她不仅以其独特的科学思维方式、富有成效的研究程式、丰硕的工作成果,引起数学界的瞩目,而且以她宽广的胸怀、伟大的合作精神及富有活性的感召力,对同时代的数学工作者产生了深远的影响。她的学生有欧美大陆的莘莘学子,也有亚洲及太平洋地区的好学之士。她的影响不只限于个别的数学家,还涉及许多学派,如苏联学派、日本学派和曾左右世界的布巴基(Bourbaki)学派①。作为一位杰出的女性,诺特一直被妇女们所敬仰,而且由于她的出现,使人们对妇女的数学能力有了重新的估价,人们越来越重视妇女在数学方面的工作。

诺特没有迷人的外表,但才华横溢、学识渊博、胸襟坦荡、平易近人,深受人们的爱戴。大科学家爱因斯坦曾高度评价诺特的工作,称赞她是"自妇女接受高等教育以来最杰出的富有创造性的数学天才"。爱因斯坦指出,凭借诺特所发现的方法,纯粹数学成了逻辑思想的诗篇,她是历史上伟大的女数学家。

现在,大学不再排斥女学生,女数学家也越来越多,但仍然没有哪一位女数学家超过她。迄今为止,还没有一位女数学家受到人们如此崇敬。诺特的名字,已成为亿万女性献身科学的象征。

## 九、"数学第一家族"——伯努利家族

伯努利家族(Bernoulli family,17—18 世纪),是一个来自瑞士巴塞尔的学者和商人家族,是数学史上最著名的家族,连续出了 11 位数学家,有"数学第一家族"之称(图 6-22)。

伯努利家族在数学与科学上的地位正如巴赫家族在音乐领域的地位一样显赫。在数学史上,父子数学家、兄弟数学家并不鲜见,然而,在一个家族跨世纪的几代人中,众多父子兄弟都是数学家的,则极为罕见,其中,伯努利家族最为突出。

伯努利家族,在他们一代又一代的众多子孙中,至少有一半相继成为杰出人物。伯努利家族的后裔有不少于 120 位被人们系统地追溯过,他们在数学、科学、技术、工程乃至法律、管理、文学、艺术等方面享有名望,有的甚至声名显赫。最不可思议的是,这个家族中有两代人,他们中的大多数数学家,并非有意选择数学为职业,然而他们却忘情地沉溺于数学之中,并取得了举世瞩目的成绩。

伯努利家族的祖辈莱昂·伯努利,原籍是比利时安特卫普,1583 年,因遭天主教迫害而迁往德国法兰克福,最后定居瑞士巴塞尔。伯努利家族的父辈,老尼古拉·伯努利(Nicolaus Bernoulli,1623—1708)生于巴塞尔,受过良好教育,曾在当地政府和司法部门任高级职务。他有 3 个有成就的儿子,长子雅各布第一·伯努利和三子约翰第一·伯努利成为著名的数学家,二儿子小尼古拉·伯努利(Nicolaus,1662—1716)在成为彼得堡科学院数学界的一员之前,是伯尔尼的第一个法律学教授。

---

① 布尔巴基是个集体笔名。布尔巴基学派由嘉当、韦依和迪厄多内等一群年轻法国数学家创建。学派成员每年不定期集会,形成了著名的"布尔巴基讨论班"。学派组织严密,成员新老交替,50 岁退出。学派的宗旨是用结构的观点来综合、概括现代数学的各个分支,其代表作《数学原本》(Element de mathematique)。布尔巴基学派的出现是 20 世纪数学史上令人瞩目的事件。

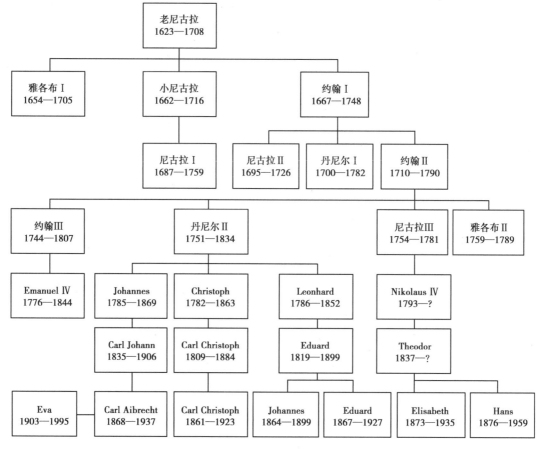

图 6-22　伯努利家族族谱

伯努利家族祖孙 3 代人中产生了 8 位数学家,出类拔萃的至少有 3 位,他们是雅各布第一·伯努利、约翰第一·伯努利和丹尼尔第一·伯努利。

伯努利家族星光闪耀、人才济济的现象,数百年来一直受到人们的钦慕,同时也给人以深刻的启示:家庭的"优势积累",可能是优秀人才成长的摇篮。

伯努利家族

# 习题 6

1. 你认为谁是最杰出的华人数学家,为什么?

2. 你认为谁是有史以来最伟大的数学家? 为什么?

3. 你最喜欢哪一位数学家,为什么?

4. 你认为数学家有哪些品质值得我们学习?

5. 你认为杰出数学家必须具备哪些重要的品质?

6. 你认为产生杰出数学家的自身条件、家庭条件、社会条件是什么?

7. 除本章列出的数学家外,你还知道哪些杰出的数学家,请列举一二。

# 第七章　数学文化掠影

本章的数学文化特指数学的社会性因素——数学活动,例如关于数学基础的三大学派之争、数学共同体的活动、数学猜想的解决、数学竞赛的开展和中国数学的发展等。通过对数学文化因素的介绍,有助于读者发现推动数学持续发展的动力所在。

# 第一节　关于数学基础的三大学派

数学的严格基础,自古希腊以来就是数学家们追求的目标。这种追求在 20 世纪以前曾经历过两次巨大的考验,即古希腊不可公度量的发现和 17、18 世纪关于微积分基础的争论,而 19 世纪末分析严格化的最高成就——集合论,似乎给数学家们带来了一劳永逸摆脱基础危机的希望。尽管集合论的相容性尚未证明,但许多人认为这只是时间问题。庞加莱甚至在 1900 年巴黎国际数学家大会上宣称:"现在我们可以说,完全的严格性已经达到了!"但转眼第二年,英国数学家罗素(Russell,1872—1970)却以一个简单明了的"集合论悖论",打破了人们的希望,引起了关于数学基础的新的争论,形成了关于数学基础的逻辑主义、直觉主义和形式主义三大学派。这三大学派对数学基础的更深入探寻及由此引起的数理逻辑的发展,是 20 世纪纯粹数学的重要趋势之一。

## 一、引起数学基础问题讨论的罗素悖论

罗素悖论:以 $M$ 表示是其自身成员的集合(例如一切概念的集合仍是一个概念)的集合,$N$ 表示不是其自身成员的集合(例如所有人的集合不是一个人)的集合。试问:集合 $N$ 是否为其自身的成员? 一方面,如果 $N$ 是其自身的成员,则 $N$ 属于 $M$ 而不属于 $N$,也就是说 $N$ 不是其自身的成员;另一方面,如果 $N$ 不是其自身的成员,则 $N$ 属于 $N$ 而不同于 $M$,也就是说,$N$ 是其自身的成员。无论出现哪一种情况,都将导出矛盾的结论。

1919 年,罗素又给出上述悖论的通俗形式,即所谓"理发师悖论":某乡村理发师宣布了一条原则,他给所有不给自己刮脸的人刮脸,并且只给村里这样的人刮脸。试问:理发师能否给自己刮脸? 如果他给自己刮脸,那么他就不符合自己提出的原则,因此他不应该给自己刮脸;如果他不给自己刮脸,那么根据他提出的原则,他就应该给自己刮脸。

罗素本人认为这类悖论的产生是由于一个待定义对象是用了包含该对象在内的一类对

象来定义这种定义,也叫"非直谓定义"。不久,策梅洛(Zermelo,1871—1953)等人进一步指出,分析中一些基本概念(例如一非空实数集的最小上界即上确界等)的定义都属于非直谓定义,因此不仅集合论,而且整个经典分析都包含着悖论。

为了消除悖论,数学家们首先求助于将康托尔以相当随意的方式叙述的"朴素集合论"加以公理化。第一个集合论公理系统是1908年策梅洛提出的,后又经弗兰克尔改进,形成了当今常用的策梅洛—弗兰克尔公理系统。通过对集合类型加以适当限制(满足一定的公理),这种公理化的集合论达到了避免罗素悖论的目的,而所加限制使康托尔集合论中对于开展全部经典分析所需要的主要内容得以保留。但策梅洛—弗兰克尔系统本身能否保证不会出现新的矛盾呢?这也是任何公理系统必须解决的相容性问题,策梅洛—弗兰克尔系统的相容性尚无证明。因此,庞加莱形象地评论道:"为了防狼,羊群已经用篱笆圈起来了,但却不知道圈内有没有狼。"

解决集合论悖论的进一步尝试,是从逻辑上寻找问题的症结。集合论公理化运动是假定数学运用的逻辑本身不成问题,但数学家们对这一前提陆续提出了不同的观点,并形成了关于数学基础的三大学派,即:以罗素为代表的逻辑主义;以布劳威尔为代表的直觉主义和以希尔伯特为代表的形式主义。

## 二、逻辑主义学派

逻辑主义的基本思想在罗素1903年发表的《数学的原理》中已有大致轮廓,后来罗素与怀特黑德(Whitehead,1861—1947)合著的三大卷《数学原理》是逻辑主义的权威性论述。按照罗素的观点,"数学就是逻辑",全部数学可以由逻辑推导出来——数学概念可以借助逻辑概念来定义,数学定理可以由逻辑公理按逻辑规则推出。至于逻辑的展开,则需依靠公理化方法进行,即从一些不需定义的逻辑概念和不证自明的逻辑公理出发,通过符号演算的形式来建立整个逻辑体系。

为了避免悖论,罗素创造了一套"类型论"。类型论将对象区分为不同的层次(类型),处在最底层的是0型类的对象,属0型的类构成1型类的对象等。在应用类型的理论中,必须始终贯彻如下原则:一定类的所有元素必须属于同一类型,类相对于其自身成员是高一级类型的对象。这样,集合本身就不能是其自身的成员,类型论避免了集合论悖论的产生。

罗素还进一步论述了关于命题函数的分支类型论,并引进了重要的"约化公理",约化公理对任何层次的一个命题都确认存在着一个等价的0型命题函数。逻辑主义在将数学奠基于逻辑方面的巨大努力,被许多数学家赞许并接受,但也遭到了严厉的批评。有人指责约化公理是非逻辑公理,不符合将数学划归为逻辑的初衷,按类型论建立数学开展起来极为复杂。事实上,罗素和怀特黑德的体系一直是未完成的,在很多细节上是不清楚的。尽管如此,逻辑主义以纯粹符号的形式实现逻辑的彻底公理化,特别是罗素、怀特黑德《数学原理》第二、三卷提出的"关系算术理论",建立了完整的命题演算与谓词演算系统,这一切构成了对现代数理逻辑的重大贡献。

## 三、直觉主义学派

直觉主义对数学基础采取了完全不同的观点。直觉主义的先驱是克罗内克和庞加莱,但作为一个学派则是荷兰数学家布劳威尔(Brouwer,1881—1966)开创的。布劳威尔1907年在博士论文《论数学基础》中搭建了直觉主义数学的框架,1912年以后又大大发展了这方面的理论。直觉主义的基本思想是:数学独立于逻辑,数学的基础是一种能使人认识"知觉单位"1以及自然数列的原始直觉。坚持数学对象的"构造性"定义,是直觉主义哲学的精粹。按照这种观点,要证明任何数学对象的存在,必须同时证明它可以用有限的步骤构造出来。因此,直觉主义不承认仅使用反证法的存在性证明。在集合论中,直觉主义只承认可构造的无穷集合(如自然数列),这就排除了"所有集合的集合"那样的矛盾集合的可能性。

直觉主义关于有限的可构造性的主张导致了对古典数学中普遍接受的"排中律"(非真即假)的否定。对直觉主义者来说,排中律仅存在于有限集合中,对无穷集合不能使用。例如,考虑数 $x$,它被定义为 $x=(-1)^k$,其中 $k$ 是 $\pi$ 的十进表示式中第一个零的位数,在这个零之后依次出现了 $1,2,3,4,\cdots,9$。如果不存在这样的 $x$,则 $x=0$。人们通常认为,这个数 $x$ 是被很好地定义了,但对直觉主义者来说,"$x=0$"这个命题的真假却不能断定,因为使命题真或假的 $k$ 无法用有限步骤构造出来,在这里排中律不适用。

布劳威尔学说得到了一些人的拥护,其中包括希尔伯特的学生外尔(Weyl,1885—1955)。他们做了很大的努力,对有关的直觉主义概念和直觉主义数学所使用的逻辑作出严格的陈述,并进一步发展了构造性数学。今天,直觉主义提倡的构造性数学已成为数学科学中一个重要的学科群体,并与计算机科学密切相关。

但是,直觉主义有一个重要缺陷:严格限制使用排中律将使古典数学中大批受数学家珍视的东西成为牺牲品,这引起了许多数学家的不安甚至恼怒。希尔伯特抨击直觉主义者是对数学科学"大砍大杀",他警告说:"如果听从他们所建议的这种改革,我们就要冒险,就会丧失大部分最宝贵的财富。"希尔伯特开出了一张将会丧失的"财富"清单:无理数的一般概念;康托尔的超限数;在无限多个正整数中存在一个最小数的定理等。希尔伯特认为:"禁止数学家使用排中律,就像禁止天文学家使用望远镜一样。"

希尔伯特在批判直觉主义的同时,抛出了自己思索已久的克服数学危机的方案,他相信这个方案可以在不减少任何"财富"的情况下挽救整个古典数学。这一方案以"希尔伯特纲领"著称,通常也叫形式主义纲领,虽然希尔伯特从未自称为形式主义者。

## 四、形式主义学派

形式主义纲领的要旨:将数学彻底形式化为一个系统。在这个形式系统中,人们必须通过逻辑的方法来进行数学语句的公式表述,并用形式的程序表示推理:确定一个公式——确定该公式蕴含另一个公式——再确定第二个公式,依此类推,数学证明便由一条这样的公式链构成。在这里,语句只有逻辑结构而无实际内容,从公式到公式的演绎过程不涉及公式的任何意义,这是形式主义与逻辑主义的重要区别。

对于任何形式系统,确立其相容性是形式主义纲领的首要任务,希尔伯特提出了一套直接证明形式系统相容性的设想。这套设想被称为"证明论"或"元数学"(metamathematics),它是形式主义纲领的核心。证明论的基本思路:只使用普遍承认的有限性方法与符号规则,证明在该系统中不可能导出公式 $0 \neq 0$。这里有限性方法是通过引进一条所谓"超限公理"来保障的,希尔伯特借助这条公理将形式系统中的一切超限工具(如选择公理、全称量词等)皆归结为一个超限函子 $\tau$,然后系统地消去包含 $\tau$ 的所有环节。

有限性原则的采用是汲取了直觉主义观点中的合理成分,但与直觉主义不同的是,形式化推理的进行要求保留排中律,这也由超限公理的应用加以保障。

希尔伯特的形式主义纲领是他早年关于几何基础公理化方法的发展与深化。他自 1904 年起多次在讲演中提出并阐释自己关于数学基础的观点,后来又与助手阿克曼(Ackermann,1896—1962)和伯奈斯(Bernays,1888—1977)分别合著的两部专著《数理逻辑基础》和《数学基础》中对形式主义纲领作出了系统的总结与全面的论述。

希尔伯特纲领提出后不久,附有若干限制的自然数论的相容性即获证明,这使人们感到形式主义纲领为解决基础危机带来了希望。但是,1931 年奥地利数学家哥德尔(Gödel,1906—1978)证明的一条定理,却意外地揭示了形式主义方法的内在局限,明白无误地指出了形式系统的相容性在本系统内不能证明,从而使希尔伯特纲领受到了沉重的打击。这就是著名的"哥德尔不完全性定理"。

上述关于数学基础的三大学派,在 20 世纪前 30 年间非常活跃,相互争论非常激烈。现在看来,这三大学派都未能对数学基础问题作出令人满意的解答,但对它们的研究却将人们对数学基础的认识引向了空前的深度。20 世纪 30 年代,在哥德尔定理引起的震动之后,关于数学基础的争论渐趋淡化,数学家们更多地专注于数理逻辑的具体研究,三大学派在基础问题上积累的深刻的结果,都被纳入数理逻辑研究的范畴而极大地推动了现代数理逻辑的形成与发展。

# 第二节　数学家共同体

纵观数学的发展,也许不难发现这样一个事实,即历史上数学发达中心的迁移,同社会政治、经济重心的迁移是基本吻合的。希腊几何是产生于古代奴隶制社会鼎盛的中心——古希腊城邦制国家;希腊衰落后,数学的领先地域转移到东方的印度、阿拉伯,尤其是中国——那里在漫长的中世纪维持着封建经济的繁荣;从 15 世纪开始,数学活动的中心由于资本主义的兴起又返移欧洲,并随着资产阶级革命重心的转移,在欧洲内部不同的国家之间转移着:16 世纪至 17 世纪文艺复兴的意大利,是当时当之无愧的数学中心,这种地位在 17 世纪转移到英国。英国的资产阶级革命带来了它的海上霸权,同时也造就了牛顿学派,并诞生了皇家学会;通过 18 世纪的法国大革命,法国数学取代英国数学而雄踞欧洲之首,巴黎在相当长一段时间内成为名副其实的"数学活动的蜂巢",法国维持其数学优势直到 19 世纪后期;70 年代以后,德国的统一运动又使德国数学崛起而夺魁,并且最终使哥廷根成为全世界数学家向往的"麦加";德国数学家的黄金年代,由于希特勒法西斯的浩劫而一蹶不振,第二次世界大战后,美国便成为西方数学家的一片乐土。

以上关于数学发达中心的迁移说明是粗线条的,但却可以给人们一个数学发展与社会环境相依存的鲜明印象。当然,数学发展与社会环境的相互作用是一个复杂的过程,除了经济基础、政治变革,还有哲学思想、一般文化积累等综合影响。所以,在个别欠发达的国家、地区,数学跻身于世界先进行列并非不可能(例如第一次世界大战以后波兰数学学派崛起)。另外,个别动荡时代也可能产生一些高水平的数学成就,但总的来看,就一般规律而言,发达的经济和稳定的社会,是有利于数学发展所必需的条件。

举个例子——哥廷根数学的兴衰。哥廷根是德国中部一座历史悠久的大学城,哥廷根大学 1737 年建立。1795 年,18 岁的高斯到哥廷根大学深造,从那以后,他终其一生在这里生活、工作,以卓越的成就改变了德国数学在 18 世纪初莱布尼茨逝世以来的冷清局面,同时也开创了哥廷根数学的传统。高斯成为哥廷根上空明亮的星星,但他本人不喜欢教书,保守的个性也使他置身于一般的数学交往活动之外。高斯去世后,狄利克雷和黎曼继承并推进了他的事业,哥廷根的影响扩大了,但却仍然远离欧洲的学术中心,这种状况与当时德国数学的整体水平有关。形势的根本改观发生在 19 世纪七八十年代,当时德意志民族的统一,将德国科学带入了普遍高涨的阶段。德国政府为了赶超英、法资本主义国家,在国内大力实行鼓励科学发展的政策。正是在这样的时刻,1886 年,克莱因来到了哥廷根。克莱因巨大的科学威望,加上他非凡的组织能力,对哥廷根数学的繁荣具有特殊意义。他到哥廷根以后做的第一件事是罗致人才,最先被他选中的就是希尔伯特。1895 年,正好是高斯到达哥廷根后的第一百年,希尔伯特被克莱因请到了高斯的大学。在他们两人的携手努力下,在 20 世纪初的 30 多年间,哥廷根成为名副其实的国际数学中心,大批青年学者涌向这里,不仅从德国等欧洲各国,而且来自亚洲,甚至是美国。据统计,1862—1934 年获外国学位的美国数学家 114 人,其中 34 人在哥廷根获得了博士学位。克莱因 1914 年提出筹建数学研究所计划,1929 年终于实现,当时克莱因已去世,但新落成的哥廷根数学研究所,成为各国数学家神往的圣地。

然而,哥廷根这个盛极一时的数学中心,却在法西斯的浩劫下毁于一旦。1933 年希特勒上台,掀起疯狂的种族主义与排犹风潮,使德国科学界陷于混乱,哥廷根遭受的打击尤为惨重。哥廷根数学学派中包括了不同国籍、不同民族的数学家,其中不少是犹太人,在法西斯政府驱逐犹太人的通令下,艾米·诺特、理查·库朗、赫曼·外尔……纷纷逃离德国。甚至还有希尔伯特的学生惨遭盖世太保的杀害,如在放宽条件下证明算术相容性的甘岑,在布拉格被追捕监禁而死在狱中;布鲁门塔尔的名字曾出现在著名的《数学年刊》封面上,在荷兰被捕,1944 年死于捷克赛尔辛斯塔特集中营。1943 年,希尔伯特在极其孤寂和抑郁悲愤的情况下离世。哥廷根数学中心从此一蹶不振,而美国却获得了无可估量的财宝——几乎所有希尔伯特学派的成员都永久移居了美国,例如阿廷、库朗、德恩、弗里特里希、勒威、诺依格包尔、冯·诺依曼、诺特、波利亚、外尔等。

哥廷根数学的衰落,是现代科学史上因政治迫害而导致科学文化倒退的一出典型悲剧,但哥廷根的光辉数学传统,为现代数学的发展提供了宝贵的精神财富,人们是不会忘记的。就在第二次世界大战期间,赫曼·外尔在普林斯顿高等研究院,已开始了按哥廷根传统建造又一个"伟大而充满热情的科学中心"的努力;理查·库朗则在纽约大学创建了数学与力学研究所(后更名为"库朗应用数学研究所"),那里也同样闪耀着哥廷根数学的精神。

早期的数学家专业社团

国际数学联盟与国际数学家大会

当今世界著名数学研究院所

# 第三节　数学猜想

从某种意义上说,一部数学史就是猜想与验证猜想的历史。这里既有伟大的猜想,也有微不足道的猜想;有最后被证明了的猜想,也有最后被否定了的猜想;有很快被解决了的猜想,更有至今还悬而未决的猜想。有许多数学家是猜想大师,他们具有非凡的直觉能力,为后世留下了一个个饶有趣味的诱人的猜想。重大猜想的解决过程,往往也带来了数学发展的巨大进步。

下面介绍几组在数学发展史上具有重大历史意义的数学猜想或难题。

(一)哥德巴赫猜想

1729—1764 年,哥德巴赫与欧拉保持了长达 35 年的书信往来。在 1742 年 6 月 7 日给欧拉的信中,哥德巴赫提出了一个命题:任何不小于 9 的奇数都是 3 个素数之和。欧拉回信说:"这个命题看来是正确的",但是他也给不出严格的证明。同时欧拉又

希尔伯特的23个问题

七大千禧年数学难题

提出了另一个命题:任何一个不小于 6 的偶数都是两个素数之和,但是他没能给予证明。不难看出,哥德巴赫的命题是欧拉命题的推论。事实上,任何一个大于 5 的奇数都可以写成以下形式:$2n+1=3+2(n-1)$,其中 $2(n-1) \geq 4$。若欧拉的命题成立,则偶数 $2n$ 可以写成 2 个素数之和,于是奇数 $2n+1$ 可以写成 3 个素数之和,从而对于不小于 9 的奇数,哥德巴赫猜想成

立。但是哥德巴赫命题的成立并不能保证欧拉命题的成立,因而欧拉的命题比哥德巴赫的要求更高,现在通常把这两个命题统称为哥德巴赫猜想。

从此,这道著名的数学难题引起了世界上成千上万数学家的注意。200 年过去了,没有人证明它。哥德巴赫猜想由此成为数学皇冠上一颗可望而不可即的"明珠",人们对破解哥德巴赫猜想难题的热情,历经两百多年而不衰。世界上许许多多的数学工作者,殚精竭虑,费尽心机,然而至今仍不得其解,直到 20 世纪初才有实质性的进展。

1920 年,哈代(Hardy,1877—1947)和李特尔伍德(Littlewood,1885—1977)首先将他们创造的圆法应用于数论难题,哥德巴赫猜想研究长期停滞的局面也出现了松动。1923 年,他们在广义黎曼猜想正确的前提下证明了每个充分大的奇数都是 3 个奇素数之和以及几乎所有偶数都是 2 个奇素数之和。1937 年,维诺格拉多夫(Виноградов,1891—1983)利用圆法和他自己的指数和估计法无条件地证明了奇数哥德巴赫猜想,即每个充分大的奇数都是 3 个奇素数之和,这是哥德巴赫猜想证明的第一个实质性突破,不过圆法用于偶数哥德巴赫猜想效果却并不令人鼓舞。

偶数哥德巴赫猜想(即每个充分大的偶数都是 2 个奇素数之和)的进展主要是依靠改进筛法取得的,这方面的起点是 1919 年挪威数学家布朗的结果。布朗利用他的新筛法证明了:每个大偶数都是 2 个素因子个数均不超过 9 的整数之和(记为 $\{9,9\}$,记号 $\{k,l\}$ 表示大偶数分解为不超过 $k$ 个奇素数的积与不超过 $l$ 个奇素数的积之和,下同)。在以后的大约半个世纪时间内,数学家们利用各种改进的筛法对于较小的 $k,l$ 证明 $\{k,l\}$,一步一步地向最终目标 $\{1,1\}$ 逼近。

到 1954 年,已经引出的最好结果是布赫夕塔布的 $\{4,4\}$、瑞尼的 $\{1,c\}$($c$ 为一不确定大数)和库恩的 $\{a,b\}$($a+b\leqslant 6$);1953 年,中国数学家华罗庚组织领导了哥德巴赫猜想讨论班,这个讨论班产生了丰硕的成果,特别是王元的 $\{2,3\}$ 和潘承洞的 $\{1,5\}$,使中国数学家在哥德巴赫猜想研究领域占据了领先地位;到 1965 年,欧洲数学家又暂时领先,邦别里等 3 人差不多同时证明了 $\{1,3\}$;但一年以后,中国数学家陈景润(图 7-1)即宣布证明了 $\{1,2\}$(1973 年发表详细证明)。陈景润的结果被认为是"筛法理论的光辉顶点",它使数学家们离哥德巴赫猜想的最终证明 $\{1,1\}$ 似乎只有一步之遥,但这一步,经过近 50 年后至今仍无人跨越。

图 7-1　陈景润

哥德巴赫猜想并未包含在"7 大千禧难题"之中,它只是希尔伯特 23 个问题的第 8 个问题的一个子问题,这个问题还包含了黎曼猜想和孪生素数猜想。现代数学界普遍认为,最有价值的是广义黎曼猜想,若黎曼猜想能够成立,很多问题就都有了答案,而哥德巴赫猜想和孪生素数猜想相对来说比较孤立,若单纯地解决了这两个问题,对其他问题的解决意义不是很大。同时,陈景润生前已将现有的方法用到了极致,研究者还缺少有效的思想、方法来最终解决这一著名猜想。所以,数学家们倾向于在解决其他的更有价值的问题的同时,发现一些新的理论或新的工具,"顺便"解决哥德巴赫猜想,而不宜单独孤立地去求证哥德巴赫猜想。

(二)四色猜想

四色猜想也叫四色问题或四色定理,1852年首先由一名英国青年大学生古德里提出。古德里在给一张英国地图着色时发现了一种有趣的现象:"看来,每幅地图都可以用四种颜色着色,使得有共同边界的国家着上不同的颜色。"古德里将这一发现告诉了他的老师、著名数学家德·摩根,希望帮助找到证明。但德·摩根也不能证明,转而请教发明四元数的哈密顿,却未引起后者重视。1878年,凯莱对此问题进行一番思考后,相信这不是一个可以等闲视之的问题,于是在《伦敦数学会文集》上发表了一篇《论地图着色》的文章,凯莱的文章在当时掀起了一场四色问题研究热。第二年,一位叫肯普的英国律师宣布证明了四色猜想,他的论文发表在西尔维斯特(Sylvester,1814—1897)主编的《美国数学杂志》上,但11年以后,一位叫希伍德的青年人指出了肯普的证明中有严重错误。希伍德对肯普的方法作了适当补救后,证明了五色定理(即用5种颜色一定可以区分地图上有公共边界线的相邻区域)。希伍德一生坚持研究四色问题,但始终未能解决。四色问题有一个令人迷惑的地方:在更复杂的曲面上,问题的解决反倒容易。如希伍德曾证明了环面的七色定理,到1968年,数学家们已解决了除平面和球面以外所有曲面上的地图四色问题,恰恰是平面和球面(地球仪)这种最简单的情形,却呈现出奇特的困难。肯普的证明虽然失败,但其中却提出了后来被证明对四色问题的最终解决具有关键意义的两个概念,一个是"不可避免构形集"或简称为"不可避免集";另一个是所谓的"可约性"。不可避免构形集是具有这样性质的一组图形:任何一张平面图至少包含其中一个作为其一部分。肯普证明了任何一张正规地图①中,一定存在着至多有5个邻国的国家,也就是说在图7-2中的(a)(b)(c)或(d),至少会在该地图某处出现。这样,图7-2中的图就称为"不可避免构形集"。

为了证明四色定理,肯普使用了反证法。假定存在有需要用5种颜色着色的正规地图,当然可能会有很多这样的地图,它们包含的国家不同,其中至少有一张包含的国家数最少,称之为"最小正规地图"。而根据不可避免性,这张最小正规图必定包含有一个至多5个邻国的国家。肯普进一步论证说:如果一张需要用5种颜色着色的最小正规地图包含一个至多5个邻国的国家,那么它就是"可约的",即可以将它约简成有较少国家的正规地图,对这较少国家的地图着色仍需要用5种颜色。这样就引出了矛盾——可以用5种颜色着色的正规地图包含的国家数比最小正规地图还要少。肯普的论证对有2个、3个和4个邻国的国家来说是完

---

① 肯普称那样一些图为"正规地图",使得其中不存在完全被其他国家包围的国家,同时,其中任何一点至少是3个国家的接触点。

全正确的,但他对有 5 个邻国情形的处理,即对图 7-2(d)的可约性证明却犯了错误,这个错误经希伍德指出后,在很长时期内没有人能纠正。从 1913 年开始,有一些数学家对平面图形的可约性进行了深入研究,他们仔细分析了肯普受挫的最后一种情形,认识到必须寻找与肯普不同的不可避免集。不过,实际作出这样一组不可避免集却遇到了意想不到的计算困难。经过半个多世纪的徘徊,直到 1969 年,才有一位德国数学家希斯第一次提出了一种具体可行的寻找不可避免可约图的算法,他称之为"放电算法",希斯的工作打开了新的局面。

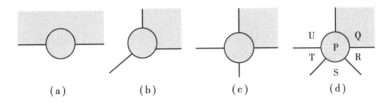

(a)　　　　　　(b)　　　　　　(c)　　　　　　(d)

图 7-2　不可避免构形集

电子计算机问世以后,由于演算速度迅速提高,加之人机对话的出现,大大加快了对四色猜想证明的进程。20 世纪 60 年代末,美国伊利诺伊大学的哈肯注意到希斯的算法可以大大改进和简化,他与另一位数学家阿佩尔合作,从 1972 年开始用这种简化的希斯算法产生不可避免可约图集。他们采用了新的计算机实验方法,并得到了计算机程序专家的帮助。在积累了大量经验后,大约在 1976 年初,他们发起了对四色问题的最后冲击,到 1976 年 6 月,他们终于获得了成功:一组不可避免可约图终于找到了,这组图形一共有 2 000 多个。他们总共在伊利诺伊大学的各种计算机上进行了 1 200 小时的计算,作了上百亿次判断,计算程序先后修改了 500 余次。此外,两位数学家还亲自用手算分析了 10 000 多个正电荷顶点的相邻网络。

四色猜想的最终得证,轰动了世界,这是 100 多年来吸引许多数学家与数学爱好者的大事。当两位数学家将他们的研究成果发表的时候,当地邮局在当天发出的所有邮件上都加盖了"四色足够"的特制邮戳,以庆祝这一难题获得解决。

"四色问题"的获证不仅解决了一个历时 100 多年的难题,而且成为数学史上一系列新思维的起点。在"四色问题"的研究过程中,不少新的数学理论随之产生,也发展了很多数学计算技巧。如将地图的着色问题化为图论问题,丰富了图论的内容,不仅如此,"四色问题"在有效地设计航空班机日程表,设计计算机的编码程序上都起到了推动作用。

不过,许多数学家并不满足于计算机取得的成就,他们认为应该有一种简洁明快的书面证明方法。直到现在,仍有不少数学家和数学爱好者在寻找更简洁的证明方法。

(三)费马猜想

费马猜想于 1994 年获证,可以说是 20 世纪数学一首美妙的终曲,这使得以希尔伯特问题开场的 20 世纪数学发展更加富有戏剧性。

费马猜想又称费马大定理,起源于 300 多年前的 1637 年,法国业余大数学家费马在古希腊数学家丢番图的《算术》一书中关于勾股数问题的页边上,写下猜想:$x^n + y^n = z^n$ 是不可能的(这里 $n$ 大于 2;$x, y, z, n$ 都是非零整数)。费马还写道"我对此有绝妙的证明,但此页边太窄写不下"。一般公认,他当时不可能有正确的证明。

这条表述极其简明的定理,自从 300 多年前被费马提出以来,曾吸引了像欧拉、高斯、柯西、勒贝格等这样一些大师试过身手却始终悬而未决。

数学家们是从分析几种特殊情形入手的。费马本人大概就是这样去做,虽然我们已无从知晓他是否真的给出过他在丢番图《算术》一书的页边批注中宣称过的证明,但数学史上一般确认他用无限下降法证明了 $n=4$ 的情形。

费马之后,整个 18 世纪,关于费马大定理只有一个本质结果,就是 $n=3$ 的情形,并且是由欧拉给出的。欧拉的证明用到了数系 $\{a+b\sqrt{-3}\}$($a,b$ 为任意整数)中的唯一因子分解定理,而在这一情形中,唯一因子分解定理成立仅仅是一种巧合。

容易明白,若对一给定指数 $m$ 证明了费马大定理,那么也就证明了对指数为 $m$ 的倍数费马大定理也成立。因此,为了最终证明费马大定理,只需考虑 $n$ 为大于 2 的奇素数和 $n=4$ 的情形即可。$n=4$ 的情形已为费马解决,问题便归结为对 $n$ 为奇素数情形证明费马大定理成立。由于欧拉证明了 $n=3$ 的情形,下一个目标自然就是 $n=5$ 的情形。这一步到 1825 年才由狄利克雷和勒让德迈出,他们的证法基本上是欧拉对 $n=3$ 情形所用方法的延伸,但却明智地避开了唯一因子分解定理。

1839 年,法国数学家拉梅证明了 $n=7$ 的情形,他的证明使用了跟 7 本身结合得很紧密的巧妙工具,因此难以推广到 $n=11$ 的情形。拉梅在 1847 年又提出了新的途径,即利用所谓"分圆整数"[①]来证明一般的费马大定理,并向巴黎科学院宣读了自己的证明。拉梅作完报告后,当时在场的刘维尔指出拉梅的证明需要用到唯一因子分解定理,而据他所知,对分圆整数系该定理一般是不成立的。极度窘迫的拉梅经过几个星期的拼搏试图挽救他的证明,但最后认识到自己犯的是无可补救的错误。其实,早在三年前,库默尔已证明了对分圆整数系唯一因子分解定理一般不成立,只是库默尔的论文发表在一本不起眼的文集上,没有引起拉梅的注意。

库默尔是高斯的学生,高斯曾尝试过费马大定理的证明,但在证明 $n=7$ 的情形遭失败后放弃了这个课题,并说:"我承认,费马定理作为一个孤立的命题对我而言没有多少兴趣,因为可以容易地提出许多这样的命题,人们既不能证明它们,也不能否定它们。"这真是智者千虑必有一失,他的学生库默尔却从 1844 年起发表了一系列论文,以解决证明费马大定理中涉及的一个关键问题——唯一因子分解定理,并为此创造了"理想数"概念。利用理想数,库默尔证明了:对于所有小于 100 的素指数 $n$,费马大定理成立。这是历史上第一次对一整批指数 $n$ 证明了费马大定理。

库默尔在费马大定理证明方面的领先地位保持了 100 多年,在他之后,这一问题的研究

---

① 复方程 $Z^n-1=0$ 的 $n$ 个根为 $1,r,r^2,\cdots,r^{n-1}$。分圆整数是指形如 $a_0+a_1r+a_2r^2+\cdots+a_{n-1}r^{n-1}$ 的数,其中 $a_0,a_1,a_2,\cdots,a_{n-1}$ 都是整数。所有的分圆整数也构成一个数系。

长期停滞不前,其间不乏大胆探索的数学家。例如,现代积分理论的奠基人勒贝格就曾向法国科学院提交过一个费马大定理的证明,勒贝格的名声使法国科学院大为振奋,以为这个难题终将由本国人解决了,但经过仔细审查,仍然发现了漏洞。难怪有些著名数学家对这个难题敬而远之,例如希尔伯特被公认为是攻克数学难题的高手,他在巴黎演讲《数学问题》的前言中首先提到了费马大定理,但当有人问他为什么自己不试试解决这个难题时,他风趣地回答:"干吗要杀死一只会下金蛋的鹅?"

历史上攻克费尔马大定理的过程高潮迭起,传奇不断,其惊人的魅力,曾在最后时刻挽救自杀青年于不死,他就是德国的沃尔夫斯克勒,他后来为费马大定理的解决悬赏 10 万马克(相当于现在 160 多万美元),期限是 1908—2007 年。

直到 1983 年,费马大定理的研究才出现新的转机,这一年,德国数学家法尔廷斯证明了一条重要的猜想——莫代尔猜想(Mordell,1922)。莫代尔猜想是说:像

$$x^n + y^n = 1$$

这样的方程至多有有限个有理数解。但由于方程 $x^n + y^n = z^n$ 的任一整数解可导出 $x^n + y^n = 1$ 的有理数解,因此可以得出结论: $x^n + y^n = z^n$ 至多只有有限多个(无公因子)整数解,也就是说, $x^n + y^n = z^n$ 如果有整数解的话,至多只能是有限个。法尔廷斯的结果虽未证明费马大定理,但却把存在无穷多个解的可能性降低到了至多只能有有限多个解。法尔廷斯因此获得了 1986 年的菲尔兹奖。

法尔廷斯的工作之后又经过十年,终于有数学家登上了费马大定理这座高峰,最后的登山路线却与从费马到法尔廷斯等前人不同,是综合利用了现代数学许多分支的成就,特别是 20 世纪 50 年代以来代数几何领域中关于椭圆曲线的深刻结果。形如 $y^2 = f(x)$( $f(x)$ 为 $x$ 的三次或四次多项式)的方程所描绘的曲线叫椭圆曲线。1955 年,日本数学家谷山丰首先猜测椭圆曲线与数学家了解较多的另一类曲线——模曲线之间存在着某种联系,谷山的猜测后经韦依和志村五郎进一步精确化而形成了所谓"谷山-志村猜想"。

**谷山-志村猜想**:有理数域上的椭圆曲线都是模曲线。

当时还没有人想到这条非常抽象的猜想与费马大定理有何联系,但 1985 年,一位叫弗雷的德国数学家却指出了二者之间的重要联系。事实上,弗雷提出了如下的命题。

**弗雷命题**:假定费马大定理不成立,即存在一组非零整数 $A, B, C$,使 $A^n + B^n = C^n$( $n > 2$ ),那么用这组数构造的形如 $y^2 = x(x + A^n)(x - B^n)$ 的椭圆曲线(后称"弗雷曲线"),不可能是模曲线。

显然,弗雷命题与谷山-志村猜想是矛盾的,如果能同时证明这两个命题,根据反证法就可以知道"费马大定理不成立"这一假定是错误的,从而证明费马大定理成立。弗雷当时未能严格证明他的命题。弗雷命题 1986 年被美国数学家里贝特证明,这样,证明费马大定理的希望便集中于谷山-志村猜想。最后集大成的一步,是 1994 年英国数学家怀尔斯完成的(图7-3)。

怀尔斯从小就梦想证明费马大定理,但当他成长为一名职业数学家后,曾产生过与高斯一样的想法,认为费马大定理也许只是一个孤立的难题。但里贝特的结果又使他改变了主意,从 1986 年开始,他默默地投入了证明费马大定理的努力当中。椭圆曲线恰好是怀尔斯的专长,经过 7 年的努力,1993 年 6 月,怀尔斯在英国剑桥大学举行的一次学术讨论会上报告了自己得到的主要结果,他证明了:对有理数域上的一大类椭圆曲线,谷山-志村猜想成立。

由于怀尔斯在报告中表明了弗雷曲线恰好属于他所说的这一大类椭圆曲线,因此听众明白,怀尔斯实际上是在宣布他证明了费马大定理。

图 7-3　怀尔斯

怀尔斯的报告立即引起了轰动,但他的报告长达 200 多页,按照惯例,在得到最后确认前,必须经过同行专家的审查。一个由 6 名专家组成的小组负责这项审查,他们以数学家特有的严谨一丝不苟地进行工作,果然发现了漏洞,怀尔斯本人也承认自己的证明有漏洞需要补救。又经过一年多的苦搏,1994 年 9 月,漏洞终于补上并通过了权威审查,这个有 300 多年历史的数学难题终于得到了解决。怀尔斯关于费马大定理的证明分两篇论文,分别题为《模椭圆曲线与费马大定理》和《某些赫克代数的环论性质》,后一篇论文系与泰勒合作刊登在 1995 年 5 月美国《数学年刊》(*Annals of Mathematics*)上。

怀尔斯 1994 年刚过 40 岁,这使他错过了获得菲尔兹奖的机会。不过,1996 年,他成为迄今最年轻的沃尔夫奖得主,在 1998 年柏林国际数学家大会上,怀尔斯又被授予了特别荣誉奖;2005 年还获得邵逸夫奖。

(四)庞加莱猜想

"庞加莱猜想"最早是由法国数学家亨利·庞加莱提出的,是克雷数学研究所悬赏的数学七大千禧年难题之一。2006 年被确认由俄罗斯数学家格里戈里·佩雷尔曼(Григорий Яковлевич Перельман)最终证明,他也因此被授予菲尔兹奖,但并未现身领奖。

一方面,如果我们伸缩围绕一个苹果表面的橡皮带,那么我们可以既不扯断它,也不让它离开表面,使它慢慢移动收缩为一个点;另一方面,如果我们想象同样的橡皮带以适当的方向被伸缩在一个轮胎面上,那么不扯断橡皮带或者轮胎面,是没有办法把它收缩到一点的。我们说,苹果表面是"单连通的",而轮胎面不是。大约在 100 年以前,庞加莱已经知道,二维球面本质上可由单连通性来刻画,他提出三维球面($x^2+y^2+z^2+u^2=1$)的对应问题:任何单连通的三维流形一定是一个三维球面。

提出这个猜想后,庞加莱一度认为自己已经证明了它,但没过多久,证明中的错误就暴露出来,于是,拓扑学家们开始了征服它的百年历程。

20 世纪 30 年代以前,庞加莱猜想的研究只有零星几项。英国数学家怀特海对这个问题产生了浓厚兴趣,他一度声称自己完成了证明,但不久就撤回了论文。他尽管没有成功证明,但是发现了三维流形的一些有趣的特例,这些特例现在被统称为怀特海流形。

20世纪30年代到60年代,又有一些著名数学家宣称自己解决了庞加莱猜想,宾、哈肯、莫伊泽和帕帕奇拉克普罗斯均在其中。

这一时期拓扑学家对庞加莱猜想的研究,虽然未能产生他们所期待的结果,但是,却因此发展了低维拓扑学这门学科。

一次又一次的失败,使庞加莱猜想成为出名难证的数学问题之一。然而,因为它是几何拓扑研究的基础,数学家们又不能将其撂在一旁,这时,事情出现了转机。

1966年菲尔兹奖得主斯梅尔,在20世纪60年代初想到了一个天才的主意:如果三维的庞加莱猜想难以解决,高维的会不会容易些呢?1961年夏天,在基辅的非线性振动会议上,斯梅尔公布了自己对庞加莱猜想的五维空间和五维以上的证明,立即引起轰动。

1983年,美国数学家福里德曼将证明又向前推进了一步。在唐纳森工作的基础上,他证出了四维空间中的庞加莱猜想,并因此获得菲尔兹奖,但是,再向前推进的工作,又停滞了。

用拓扑学方法研究三维庞加莱猜想没有进展,有人开始想到了其他工具,瑟斯顿就是其中之一。他引入了几何结构的方法对三维流形进行切割,并因此获得了1983年的菲尔兹奖。

就像费马大定理一样,当谷山-志村猜想被证明后,尽管人们还看不到具体的前景,但所有人心中都有数了,因为一个可以解决问题的工具出现了,这个重要工具是由哈密尔顿给出的。

1972年,丘成桐和李伟光合作,发展了一套用非线性微分方程的方法研究几何结构的理论,丘成桐用这种方法证明了卡拉比猜想,并因此获得菲尔兹奖。1979年,在康奈尔大学的一个讨论班上,时任斯坦福大学数学系教授的丘成桐见到了汉密尔顿。"那时候,汉密尔顿刚刚在做Ricci流,别人都不晓得,跟我说起,我觉得这个东西不太容易做,没想到,1980年,他就做出了第一个重要的结果。"丘成桐说,"于是我跟他讲,可以用这个结果来证明庞加莱猜想,以及三维空间的大问题"。

Ricci流是以意大利数学家瑞奇的名字命名的一个方程,用它可以完成一系列的拓扑手术,构造几何结构,把不规则的流形变成规则的流形,从而解决三维的庞加莱猜想。看到这个方程的重要性后,丘成桐立即让自己的几个学生跟随汉密尔顿研究Ricci流。

在使用Ricci流进行空间变换时,到后来,总会出现无法控制走向的点,这些点叫作奇点。如何掌握它们的动向,是证明三维庞加莱猜想的关键。在借鉴了丘成桐和李伟光在非线性微分方程上的研究后,1993年,汉密尔顿发表了一篇关于理解奇点的重要论文。此时,丘成桐隐隐感觉,解决庞加莱猜想的那一刻,就要到来了。

地球的另一端,一位名叫格里戈里·佩雷尔曼的数学家在花了8年时间研究这个足有一个世纪古老的数学难题后,将3份关键论文的手稿在2002年11月到2003年7月之间,上传到一家专门刊登数学和物理论文的网站上,并用电邮通知了几位数学家,声称自己证明了几何化猜想。2005 年 10 月,包括曹怀东、朱熹平、摩根、田刚等在内的数位专家宣布验证了该证明,大家一致持赞成意见。

图 7-4　佩雷尔曼

佩雷尔曼的做法让克雷数学研究所大伤脑筋。因为按研究所的规定,宣称破解了猜想的人需在正规杂志上发表并得到专家的认可后,才能获得 100 万美元的奖金。显然,佩雷尔曼并不想把这 100 万美元补充到他那微薄的收入中。

对于佩雷尔曼,人们知之甚少,这位伟大的数学天才,出生于 1966 年,他的天分使他很早就开始专攻高等数学和物理。16 岁时,他以优异的成绩在 1982 年举行的国际数学奥林匹克竞赛中摘得金牌,此外,他还是一名天才的小提琴家,桌球打得也不错。

从圣彼得堡大学获得博士学位后,佩雷尔曼一直在俄罗斯科学院圣彼得堡斯捷克洛夫数学研究所工作,20 世纪 80 年代末,他曾到美国多所大学做博士后研究,大约在这事件的 10 年前,他回到斯捷克洛夫数学研究所,继续他的宇宙形状证明工作。

佩雷尔曼在证明庞加莱猜想中起了关键作用,这让他很快曝光于公众视野,但他似乎并不喜欢与媒体打交道。据说,有记者想给他拍照,被他大声制止;而对像《自然》《科学》这样声名显赫杂志的采访,他也不屑一顾,最终连 100 万美元的奖金,他也选择放弃。

2003 年,在发表了研究成果后不久,这位颇具隐者风范的学者就从人们的视野中消失了。据说他和母亲、妹妹一起住在圣彼得堡市郊的一所小房子里,而且这个犹太人家庭很少对外开放。

数学竞赛

# 第四节 著名数学奖

## 一、国际著名数学奖

### (一)菲尔兹奖

为了弥补诺贝尔奖中没有数学奖的不足,世界上先后设立了两个国际性的数学大奖:一个是国际数学家联合会主持评定、在四年一次的国际数学家大会上颁发的菲尔兹奖;另一个是由沃尔夫基金会设立的一年一度的沃尔夫数学奖,这两个数学大奖的权威性、国际性,以及所享有的荣誉都不亚于诺贝尔奖,因此被世人誉为"数学中的诺贝尔奖"。

菲尔兹奖是以已故加拿大数学家、教育家菲尔兹(Fields)的姓氏命名的。菲尔兹1863年生于加拿大渥太华,曾任美国阿勒格民大学和加拿大多伦多大学教授。作为数学家,菲尔兹在代数函数方面有一定的建树,他的主要成就在于他对数学事业的远见卓识、组织才能和勤恳工作,以及促进了20世纪数学的发展。菲尔兹强烈主张数学的发展应是国际性的,他对于促进北美数学的发展也有独特见解,并做出了很大贡献。菲尔兹全力筹备并主持了1924年在多伦多召开的国际数学家大会,当他得知大会经费有剩余时,就萌发了设立一个国际数学奖的念头,并为此积极奔走于欧美各国以谋求广泛支持。菲尔兹在去世前立下遗嘱,把自己的遗产投入上述剩余经费中,由多伦多大学转交给第九次国际数学家大会,大会一致同意将该奖命名为菲尔兹奖(图7-5)。

图7-5 菲尔兹奖章正反两面图案

1932年的第9届国际数学家大会设立菲尔兹奖,并于1936年首次颁奖。该奖专门用于奖励40岁以下的年轻数学家,菲尔兹奖每4年颁发一次,每次获奖者不超过4人,如此苛刻的获奖条件使获得菲尔兹奖的难度甚至超越了诺贝尔奖。从1936年至2022年的29届,仅有64位菲尔兹大奖得主,其中美国19人,法国13人,俄罗斯(苏联)8人,英国7人,日本3人,德国2人,意大利2人,澳大利亚2人,比利时2人,瑞典1人,以色列1人,伊朗1人,新西兰1人,奥地利1人,乌克兰1人。其中华人(华裔)2人(丘成桐和陶哲轩)。

目前,菲尔兹奖的奖品,是每人1.5万美元的奖金和一枚纯金制成的奖章。奖章正面刻有希腊数学家阿基米德的头像,并且用拉丁文镌刻有"超越人类权限,做宇宙主人"的格言;背面用拉丁文写着"全世界的数学家们:为知识做出新的贡献而自豪"。菲尔兹奖的奖品,似乎远不及诺贝尔奖,然而,菲尔兹奖得主赢得的学术声誉,绝不逊色于诺贝尔奖得主。

（二）沃尔夫奖

沃尔夫（Wolf,1887—1981）,德国人,其父是德国汉诺威城的一位五金商人,也是该城犹太社会的名流。沃尔夫曾在德国研究化学,并获得博士学位,第一次世界大战前移居古巴。他用了将近20年的时间,经过大量试验,历尽艰辛,成功地发明了一种从熔炼废渣中回收铁的方法,从而成为百万富翁。1961—1973年他曾任古巴驻以色列大使,以后定居以色列。

由于菲尔兹奖只授予40岁以下的年轻数学家,所以年纪较大的数学家就没有获奖的可能。恰巧1976年1月,沃尔夫及其家庭捐献1 000万美元成立了沃尔夫基金会,并于1978年设立沃尔夫奖,以奖励为推动人类科学与艺术发展做出杰出贡献的人士。

沃尔夫奖由董事会（5名沃尔夫家族成员组成）和理事会（以色列文化教育部部长负责,若干名以色列学者和官员组成）领导,下设评奖委员会,负责评奖事宜。评奖委员会由每学科领域3～5人组成,逐年更换。沃尔夫基金会设有数学、物理、化学、医学、农业五个奖（1981年又增设艺术奖）,1978年开始颁发,通常是每年颁发一次,每个奖的奖金为10万美元,可由数人分享。

由于沃尔夫奖具有终身成就性质,是世界最高成就奖之一。因此,评奖标准不是单项成就而是终身贡献,故所有获得该奖项的数学家都是享誉数坛、闻名遐迩的当代数学大师,他们的成就在相当程度上代表了当代数学的水平和进展。获奖的数学大师不仅在某个数学分支上有极深的造诣和卓越贡献,而且都博学多才,涉足多个分支,且均有建树,形成了自己的著名学派,是当代不同凡响的数学家。因此,沃尔夫数学奖堪称数学领域的诺贝尔奖。

获得沃尔夫奖的华人数学家有陈省身和丘成桐。另外,其他领域获得沃尔夫奖的华人有吴健雄（物理,1978）、杨祥发（农业,1991）、袁隆平（农业,2004）、钱永健（医学,2004）、邓青云（化学,2011）、翁启惠（化学,2014）、何川（化学,2023）。

（三）阿贝尔奖

阿贝尔奖,是一项以挪威天才数学家阿贝尔的名字命名、由挪威政府设立、挪威王室颁发的国际数学大奖。

2001年,为了纪念阿贝尔2002年200周年诞辰,挪威政府宣布,2002年将拨款2亿挪威克朗（约合2 200万美元）设立阿贝尔纪念基金,基金的收益用于阿贝尔奖奖金、阿贝尔奖颁奖典礼和青少年数学教育活动。设立阿贝尔奖的主要目的是扩大数学的影响,提高数学在社会中的地位,吸引年轻人从事数学研究。

设立阿贝尔奖的另一个原因是,此前的菲尔兹奖不仅奖金极少,每四年颁发一次,而且获奖数学家必须在40岁以下;而沃尔夫奖不是单纯的数学奖,而且奖金额度也大大低于诺贝尔奖,为了弥补这两个国际数学大奖的不足,挪威政府就设立了阿贝尔奖,并将奖金额定在与诺贝尔奖相当的 80 万美元。

阿贝尔奖由挪威自然科学与文学院的 5 名数学家院士组成的委员会负责,委员会的全部 5 名委员必须经由挪威科学院任命,其中有两人来自挪威科学院,其余三人分别来自挪威皇家社会科学院、挪威高等教育委员会和奥斯陆大学。目前阿贝尔奖的提名方式还没有最终确定,原则上每位数学家都可以向阿贝尔委员会推荐候选人,但只有阿贝尔委员会拥有最终向阿贝尔评奖委员会提名候选人的权利。

阿贝尔奖自 2003 年起,一年一度颁发给在数学领域做出杰出贡献的一位数学家(可能几人分享),获奖者无年龄限制,颁奖典礼于每年 6 月在奥斯陆举行。到 2023 年 6 月为止,已有 26 位杰出数学家获此殊荣。

图 7-6　奈万林纳奖奖章

（四）奈万林纳奖

奈万林纳奖(图 7-6)创立于 1981 年 4 月,1982 年 4 月,国际数学家联合会接受了芬兰的赫尔辛基大学的捐赠,并将该奖命名为奈万林纳奖,以纪念当时的赫尔辛基大学校长、首届菲尔兹奖获得者、国际数学家联合会主席奈万林纳。该奖项是由国际数学家联合会颁发的理论计算机科学成就的国际最高奖,旨在表彰信息科学数学方面具有杰出成就的青年数学家。奈万林纳奖与菲尔兹奖一样,每 4 年 1 次在国际数学家大会上颁发,每次有一位获奖者,获奖者可获一枚奖章和一笔奖金。

图 7-7　高斯奖奖章

（五）高斯奖

高斯奖(图 7-7)是为纪念"数学王子"高斯而设,主要用于奖励在应用数学方面取得成果者。1998 年在德国柏林举行的第 23 届国际数学家大会上,国际数学家联合会决定设立这一奖项。2006 年 8 月,第 25 届国际数学家大会首次颁发高斯奖。高斯奖由国际数学家联合会和德国数学家联合会共同颁发,德国数学家联合会具体负责该奖项的管理工作。获奖者可获得一枚绘有高斯肖像的奖章和一笔奖金。

（六）陈省身奖

2009 年 6 月 2 日,国际数学联盟宣布设立"陈省身奖",纪念已故的"微分几何之父"、南开大学数学研究所创始人陈省身教授。这是国际数学联盟首次以华人数学家命名的数学大奖。

中国数学会 1985 年设立了"陈省身奖",这是国内数学史上第一个奖项。"陈省身奖"为终身成就奖,不限数学分支,授予"凭借数学领域的终身杰出成就赢得最高赞誉的个人"。"陈省身奖"是继菲尔兹奖、奈万林纳奖和高斯奖之后,由国际数学联盟评授,在国际数学家大会上颁发的第4个大奖。"陈省身奖"每4年评选一次,每次获奖者1人,不限年龄(而菲尔兹奖和奈万林纳奖均是颁予40岁以下的学者)。得奖者除获奖章外,还将获得50万美元的奖金,其中半数奖金属于"机构奖",依照获奖人的意愿捐给推动数学进步的机构。

"陈省身奖"的遴选工作由国际数学联盟及陈省身奖基金会(陈省身之女陈璞博士任主席)共同成立的奖项遴选委员会负责。首个"陈省身奖"于2010年8月在印度举行的国际数学家大会开幕仪式上颁发。

### (七)邵逸夫奖

邵逸夫奖,是由香港著名的电影制作人邵逸夫先生于2002年11月创立。首届颁奖礼于2004年9月7日在香港举行。邵逸夫奖基金会每年选出世界上分别在数学、医学及天文学三方面卓有成就的科学家,颁授100万美元奖金以资表扬。该奖设有数学奖、天文学奖、生命科学与医学奖,共三个奖项;它是一项国际性奖项,形式模仿诺贝尔奖,由邵逸夫奖基金会有限公司管理。

邵逸夫奖于每年9月提名及评审,结果在翌年夏季宣布及在秋季举行颁奖典礼。各奖均由邵逸夫奖基金会下的评审委员会评审。2004年的邵逸夫奖得主各得奖者得到100万美元奖金、一面奖牌及一张证书。"邵逸夫奖"100万美元的巨额奖金足以媲美被视为国际最高自然科学奖项的"诺贝尔奖",因而它被称为"21世纪东方的诺贝尔奖"。

此外,国际数学奖还有第三世界科学院数学奖(意大利)、波尔约奖(匈牙利)、内勒奖(伦敦数学会)、庞加莱金质奖(巴黎科学院)、费希尔奖(统计学会)、波利亚奖(美国数学会)、柯尔数论奖(美国数学会)、威尔克斯奖(美国数理统计学会)、德·摩根奖(美国数学会)、科学大奖(巴黎科学院)、罗巴切夫斯基奖(苏联科学院)等。

## 二、国内的重要数学奖

### (一)华罗庚数学奖

为纪念我国杰出的数学家华罗庚,湖南教育出版社于1991—1994年资助并委托中国数学会设立华罗庚数学奖,主要奖励长期以来对我国数学发展做出贡献的数学家,年龄以50岁以上但不超过70岁的为宜,每两年评选一次。1992年11月,首届华罗庚数学奖颁发给了我国著名数学家陈景润和陆启铿,至今已颁发15届。

### (二)陈省身数学奖

为鼓励我国数学工作者的突出成就,促进我国数学事业的发展,同时也为表彰陈省身先生对世界数学的杰出贡献,中国数学会接受香港亿利达工业发展集团有限公司董事长刘永龄先生的捐助资金,于1985年设立此奖。本奖主要授予近五年内获得最佳数学研究成果的中青年数学家,每两年颁发一次。获1985—1986年首届陈省身数学奖的数学家是钟家庆和张恭庆。

（三）苏步青数学教育奖

此奖由美籍华裔数学家项武义夫妇和我国著名数学家、复旦大学数学研究所所长谷超豪夫妇倡议,由复旦大学研究所、上海市教育委员会、上海市中小学幼儿教师奖励基金会联合发起而设立的,是我国第一个奖励从事中学数学教育工作者的大奖。1992年,第一届苏步青奖在上海市范围内颁奖,1994年第二届颁奖范围扩大到华东七省市,从1998年起,颁奖范围扩大到全国。

（四）CSIAM苏步青奖

2003年7月,在澳大利亚悉尼举行的第五届国际工业与应用数学大会上,通过了设立ICIAM苏步青奖的决定,为配合这一以中国数学家名字命名的国际性数学大奖的产生,中国工业与应用数学会(CSIAM)设立了"CSIAM苏步青奖"。该奖旨在奖励在数学对我国经济、科技及社会发展的应用方面做出杰出贡献的工业与应用数学工作者。

（五）许宝騄统计数学奖

为纪念和表彰我国著名的数学家许宝騄先生对于数理统计学的卓越贡献,1984年,由钟开莱、郑清水、徐利治等国内外数学家发起,设立许宝騄统计数学奖,奖励在数理统计和概率论方面有创造性论文的青年数学家。该奖每年评选一次,要求获奖者年龄不超过35岁。1985年,华东师范大学郑伟安获得首届许宝騄统计数学奖。

（六）钟家庆数学奖

为纪念不幸英年早逝的我国优秀中青年数学家钟家庆,国内外数学界有关研究机构、人士和钟家庆的家属,共同发起建立"钟家庆纪念基金"。设立钟家庆数学奖,重点奖励国内在读或毕业不超过两年的、最优秀的数学硕士和博士研究生,目的在于鼓励、选拔和培养我国年轻数学人才。从1988年起,每年评选一次。

# 第五节　中国数学发展概述

中国是世界四大文明古国之一,中国数学发展的历史至少有4 000多年,这是其他任何国家所不能比拟的。世界上其他文明古国的数学史,印度3 500年—4 000年;希腊从公元前6世纪到公元4世纪,约1 000年;阿拉伯的数学仅限于8—13世纪,有500多年;欧洲国家在10世纪以后才开始;日本则迟至17世纪以后。所以我国是世界上数学历史持续时间最长的国家。下面分五个时期对我国的数学发展进行概述。

## 一、中国数学的起源

据《易·系辞》记载:"上古结绳而治,后世圣人易之以书契。"在殷墟出土的甲骨文卜辞中有很多记数的文字。从一到十及百、千、万是专用的记数文字,共有13个独立符号,记数用合文书写,其中有十进制的记数法,出现最大的数字为三万。

算筹是中国古代的计算工具,而这种计算方法称为筹算。算筹的产生年代已不可考,但可以肯定的是筹算在春秋时期已很普遍。

用算筹记数,有纵、横两种方式。表示一个多位数字时,采用十进位值制,各位值的数目从左到右排列,纵横相间(法则是:一纵十横,百立千僵,千、十相望,万、百相当),并以空位表示0。算筹为加、减、乘、除等运算建立起良好的条件。

筹算直到15世纪元朝末年才逐渐为珠算所取代,中国古代数学就是在筹算的基础上取得辉煌成就的。

在几何学方面,《史记·夏本纪》中说,夏禹治水时已使用了规、矩、准、绳等作图和测量工具,并早已发现"勾三股四弦五"这个勾股定理的特例。战国时期,齐国人著作《考工记》汇总了当时手工业技术的规范,包含了一些测量的内容,并涉及一些几何知识,例如角的概念。

战国时期的百家争鸣也促进了数学的发展,一些学派还总结和概括出与数学有关的许多抽象概念。著名的有《墨经》中关于某些几何名词的定义和命题,例如:"圆,一中同长也""平,同高也"等。墨家还给出有穷和无穷的定义。《庄子》记载了惠施等人的名家学说和桓团、公孙龙等辩者提出的论题,强调抽象的数学思想,例如"至大无外谓之大一,至小无内谓之小一""一尺之棰,日取其半,万世不竭"等。这些几何概念的定义、无穷思想和其他数学命题是相当可贵的数学思想,但这种重视抽象性和逻辑严密性的新思想未能得到很好的继承和发展。

此外,讲述阴阳八卦,预言吉凶的《易经》已有了组合数学的萌芽,并反映出二进制的思想。

## 二、中国数学体系的形成

这一时期包括从秦汉、魏晋、南北朝,共400年间的数学发展历史。秦汉是中国古代数学体系的形成时期,为使不断丰富的数学知识系统化、理论化,数学方面的专著陆续出现。

现传中国历史最早的数学专著是1984年在湖北江陵张家山出土的成书于西汉初的汉简《算数书》(图7-8),与其同时出土的一本汉简历谱所记是吕后二年(公元前186年),所以该书的成书年代至晚是公元前186年。

西汉末年(公元前1世纪)编纂的《周髀算经》(图7-9),尽管是谈论盖天说宇宙论的天文学著作,但包含许多数学内容,在数学方面主要有两项成就:

①提出勾股定理的特例及普遍形式;

②测太阳高、远的陈子测日法,成为后来重差术(勾股测量法)的先驱。

此外,还有较复杂的开方问题和分数运算等。

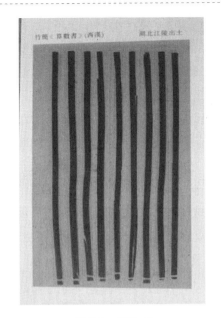
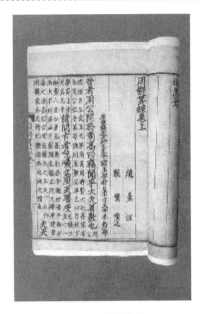

图 7-8　算数书　　　　　　　　　　　　　　图 7-9　周髀算经

　　《九章算术》(图 7-10)是一部经几代人整理、删补和修订而成的古代数学经典著作,约成书于东汉初年(公元前 1 世纪)。全书采用问题集的形式编写,共收集了 246 个问题及其解法,分属于方田、粟米、衰分、少广、商功、均输、盈不足、方程和勾股 9 章。主要内容包括分数四则和比例算法、各种面积和体积的计算、关于勾股测量的计算等。在代数方面,《方程》章中所引入的负数概念及正负数加减法法则,在世界数学史上都是最早的记载;书中关于线性方程组的解法和现在中学讲授的方法基本相同。就《九章算术》的特点来看,它注重应用,注重理论联系实际,形成了以筹算为中心的数学体系,对中国古算影响深远。它的一些成就如十进位值制、今有术、盈不足术等还传到印度和阿拉伯,并通过这些国家传到欧洲,促进了世界数学的发展。

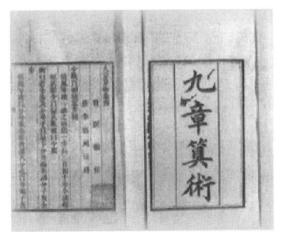

图 7-10　《九章算术》

魏晋时期中国数学在理论上有了较大的发展。其中赵爽（生卒年代不详）和刘徽（生卒年代不详）的工作被认为是中国古代数学理论体系的开端。三国吴人赵爽是中国古代对数学定理和公式进行证明的最早的数学家之一，对《周髀算经》做了详尽的注释，在《勾股圆方图注》中用几何方法严格证明了勾股定理，他的方法已体现了割补原理的思想。赵爽还提出了用几何方法求解二次方程的新方法。263 年，三国魏人刘徽注释《九章算术》，在《九章算术注》中不仅对原书的方法、公式和定理进行一般的解释和推导，系统地阐述了中国传统数学的理论体系与数学原理，而且在其论述中多有创造。在卷 1《方田》中创立割圆术，为圆周率的研究工作奠定理论基础和提供了科学的算法。他运用"割圆术"得出圆周率的近似值为 3 927/1 250（即 3.141 6）；在《商功》章中，为解决球体积公式的问题而构造了"牟合方盖"的几何模型，为祖暅获得正确结果开辟了道路；为建立多面体体积理论，运用极限方法成功地证明了阳马术；他还撰著《海岛算经》，发扬了古代勾股测量术——重差术。

南北朝时期的社会长期处于战争和分裂状态，但数学的发展势头依然强劲。出现了《孙子算经》《夏侯阳算经》《张丘建算经》等算学著作。约于公元 4—5 世纪成书的《孙子算经》给出"物不知数"问题并作了解答，导致求解一次同余组问题在中国的滥觞；《张丘建算经》的"百鸡问题"引出 3 个未知数的不定方程组问题。

公元 5 世纪，祖冲之、祖暅父子的工作在这一时期最具代表性，他们在《九章算术》刘徽注的基础上，将传统数学大大向前推进了一步，成为重视数学思维和数学推理的典范。他们同时在天文学上也有突出的贡献。其著作《缀术》已失传，根据史料记载，他们在数学上主要有 3 项成就：

①计算圆周率精确到小数点后第 6 位，并求得 $\pi$ 的约率为 22/7，密率为 355/113，其中密率是分子分母在 1 000 以内的最佳值，欧洲直到 16 世纪德国人鄂图和荷兰人安托尼兹才得出同样结果。

②祖暅在刘徽工作的基础上推导出球体体积的正确公式，并提出"幂势既同则积不容异"的体积原理，即二立体等高处截面积均相等则二体体积相等的定理。欧洲 17 世纪意大利数学家卡瓦列利才提出同一定理。

③发展了二次与三次方程的解法。

同时代的天文历学家何承天创调日法①，以有理分数逼近实数，发展了古代的不定分析与数值逼近算法。

## 三、中国数学发展的高峰

唐朝灭亡后，五代十国仍然战乱不休，直到北宋王朝统一中国，农业、手工业、商业迅速繁荣，科学技术突飞猛进。从公元 11 世纪到 14 世纪（宋、元两代），筹算数学达到极盛，是中国

---

① 调日法，是南北朝数学家何承天发明的一种系统地寻找精确分数以表示天文数据或数学常数的内插法。

古代数学空前繁荣、硕果累累的全盛时期。这一时期出现了一批著名的数学家和数学著作，包括：贾宪的《黄帝九章算法细草》，刘益的《议古根源》，秦九韶的《数书九章》，李冶的《测圆海镜》和《益古演段》，杨辉的《详解九章算法》、《日用算法》和《杨辉算法》，朱世杰的《算学启蒙》和《四元玉鉴》等。宋元数学在很多领域都达到了中国古代数学巅峰，也是当时世界数学的巅峰。其中主要的研究工作有：

①1050 年左右，北宋贾宪（生卒年代不详）在《黄帝九章算法细草》中创造了开任意高次幂的"增乘开方法"，1819 年英国人霍纳才得出同样的方法。贾宪还列出了二项式定理系数表（《黄帝九章算法细草》已佚），欧洲到 17 世纪才出现类似的"帕斯卡三角"。

②1088—1095 年，北宋沈括从"酒家积罂"数与"层坛"体积等生产实践问题提出了"隙积术"，开始对高阶等差级数的求和进行研究，并创立了正确的求和公式。沈括还提出"会圆术"①，得出了我国古代数学史上第一个求弧长的近似公式。他还运用运筹思想分析和研究了后勤供粮与运兵进退的关系等问题。

1247 年，南宋秦九韶在《数书九章》中推广了增乘开方法，叙述了高次方程的数值解法，他列举了 20 多个来自实践的高次方程的解法，最高为 10 次方程。欧洲到 16 世纪意大利人菲尔洛才提出三次方程的解法。秦九韶还系统地研究了一次同余式理论。

1248 年，李冶著的《测圆海镜》是第一部系统论述"天元术"（一元高次方程）的著作，这在数学史上是一项杰出的成果。在《测圆海镜》的序中，李冶批判了轻视科学实践，以数学为"九九贱技""玩物丧志"等谬论。

1261 年，南宋杨辉（生卒年代不详）在《详解九章算法》中用"垛积术"求出几类高阶等差级数之和。1274 年他在《乘除通变本末》中还叙述了"九归捷法"，介绍了筹算乘除的各种运算法。1280 年，元代王恂、郭守敬等制订《授时历》时，列出了三次差的内插公式。郭守敬还运用几何方法求出相当于现在球面三角的两个公式。

1303 年，元代朱世杰（生卒年代不详）著《四元玉鉴》，他把"天元术"推广为"四元术"（四元高次联立方程组），并提出消元的解法，欧洲到 1775 年法国人别朱（Bézout）才提出同样的解法。朱世杰还对各有限项级数求和问题进行了研究，在此基础上得出了高次差的内插公式，欧洲到 1670 年英国人格里高利和 1676—1678 年牛顿才提出内插法的一般公式。

14 世纪我国人民已使用珠算盘。在现代计算机出现之前，珠算盘是世界上简便而有效的计算工具。

然而，从 14 世纪中叶明王朝建立到明末的 1582 年，中国数学开始走向衰落。数学除珠算外出现全面衰落的局面，其原因涉及中算的局限、13 世纪的考试制度中已删减数学内容、明代大兴八段考试制度等复杂的问题。不少中外数学史家仍在探讨当中涉及的原因。

---

① 会圆术，就是已知圆弧所在的圆周长 $c$，弓形的高 $d$ 和弦长 $v$，而近似求出弧长的方法。沈括的近似计算公式是：弧长 $=2d^2/c+v$。

明代最大的成就是珠算的普及,出现了许多珠算读本,及至程大位的《直指算法统宗》问世,珠算理论已成系统,标志着从筹算到珠算转变的完成。但由于珠算流行,筹算几乎绝迹,建立在筹算基础上的古代数学也逐渐失传,数学出现长期停滞。

另外,中国数学在发展自身的同时,还通过丝绸之路被传播到印度、阿拉伯地区,后经阿拉伯人传入西方。而且在汉字文化圈内,一直影响着日本、朝鲜、越南等亚洲国家的数学发展,也大大促进了世界数学的发展。

## 四、中西数学的融合

16 世纪末开始,西方传教士开始到中国活动,由于明清王朝制定天文历法的需要,传教士开始将与天文历算有关的西方初等数学知识传入中国,中国数学家在"西学中源"①思想支配下,数学研究出现了一个中西融会贯通的局面。

16 世纪末,西方传教士和中国学者合译了许多西方数学专著。其中第一部具有重大影响的是意大利传教士利玛窦(Matteo,1552—1610)和徐光启合译的《几何原本》(前 6 卷,1607),其严谨的逻辑体系和演绎方法深受徐光启推崇。徐光启本人撰写的《测量异同》和《勾股义》便应用了《几何原本》的逻辑推理方法论证中国的勾股测望术。此外,《几何原本》课本中绝大部分的名词都是首创,且沿用至今。在输入的西方数学中仅次于几何的是三角学。在此之前,三角学只有零星的知识,而此后获得迅速发展。介绍西方三角学的著作有邓玉函编译的《大测》(2 卷,1631)、《割圆八线表》(6 卷)和罗雅谷的《测量全义》(10 卷,1631)。在徐光启主持编译的《崇祯历书》(137 卷,1629—1633)中,介绍了有关圆锥曲线的数学知识。

入清以后,会通中西数学的杰出代表是梅文鼎,他坚信中国传统数学"必有精理",对古代名著作了深入的研究,同时又能正确对待西方数学,使之在中国扎根,对清代中期数学研究的高潮有积极影响。与他同时代的数学家还有王锡阐和年希尧等人。清康熙帝爱好科学研究,他御定的《数理精蕴》(53 卷,1723),是一部比较全面的初等数学书,对当时的数学研究有一定影响。

乾嘉年间形成一个以考据学为主的干嘉学派②,编成《四库全书》,其中数学著作有《算经十书》和宋元时期的著作,为保存濒于湮没的数学典籍做出重要贡献。

在研究传统数学时,许多数学家还有发明创造,例如,有"谈天三友"之称的焦循、汪莱及李锐作出不少重要的工作。李善兰在《垛积比类》中得到三角自乘垛求和公式,现在称之为"李善兰恒等式"。这些工作较宋元时期的数学进了一步。阮元、李锐等人编写了一部天文学家和数学家传记《畴人传》(46 卷,1795—1810),开数学史研究之先河。

---

① 西学中源,指西方的文明源于中国。中西文明碰撞以来,明清时期一部分主张学习西方的人,为了破除阻力,提出西学中源,把一切需要引进的西学都说成是中国古已有之。

② 清乾隆嘉庆年间讲究训诂考据的经学派系,源于明清之际的顾炎武。到干嘉时,学者继承古文经学的训诂方法而加以发挥,用于古籍整理和语言文字研究,形成所谓"朴学"(即"汉学")。

　　1840 年鸦片战争后,闭关锁国政策被迫中止。同文馆内添设"算学",上海江南制造局内添设翻译馆,由此开始第二次翻译引进的高潮。主要译者和著作有李善兰与英国传教士伟烈亚力合译的《几何原本》(后 9 卷,1857),使中国有了完整的《几何原本》中译本;《代数学》(13卷,1859);《代微积拾级》(18 卷,1859)。李善兰与英国传教士艾约瑟合译《圆锥曲线说》(3卷),华蘅芳与英国传教士傅兰雅合译《代数术》(25 卷,1872)、《微积溯源》(8 卷,1874)、《决疑数学》(10 卷,1880)等。这些译作创造了许多数学名词和术语,至今仍在应用。1898 年建立京师大学堂,同文馆并入。1905 年废除科举,建立西方式学校教育,使用的课本也与西方各国相仿。

　　总之,从中国数学以上的发展历史来看,我国历代的数学家不仅在算术与代数的许多方面有着杰出的成就,而且大多能与实际需要相结合;对于后来传入的西洋数学,也基本上能结合本国实际情况进行研究,并取得了一些创造性的成果,在世界数学发展过程中占有重要的地位,风格独特,影响深远。

## 五、中国现代数学

　　这一时期是从 20 世纪初至今的一段时间,常以 1949 年中华人民共和国成立为标志划分为两个阶段。

　　中国近现代数学开始于清末民初的留学活动。较早出国学习数学的有 1903 年留日的冯祖荀,1908 年留美的郑之蕃,1910 年留美的胡明复和赵元任,1911 年留美的姜立夫,1912 年留法的何鲁,1913 年留日的陈建功和留比利时的熊庆来(1915 年转留法),1919 年留日的苏步青等人。他们中的多数回国后成为著名数学家和数学教育家,为中国近现代数学发展做出重要贡献。其中胡明复 1917 年取得美国哈佛大学博士学位,成为第一位获得博士学位的中国数学家。随着留学人员的回国,各大学的数学教育有了起色。最初只有北京大学 1912 年成立时建立的数学系,1920 年姜立夫在天津南开大学创建数学系,1921 年和 1926 年熊庆来分别在东南大学(今南京大学)和清华大学建立数学系,不久武汉大学、齐鲁大学、浙江大学、中山大学陆续设立了数学系,到 1932 年各地已有 32 所大学设立了数学系或数理系。1930年,熊庆来在清华大学首创数学研究部,开始招收研究生,陈省身、吴大任成为国内最早的数学研究生。20 世纪 30 年代出国学习数学的还有江泽涵、陈省身、华罗庚、许宝騄等人,他们都成为中国现代数学发展的骨干力量。同时,外国数学家也有来华讲学的,例如英国的罗素,美国的伯克霍夫、奥斯古德、维纳,法国的阿达马等人。1935 年中国数学会成立大会在上海召开,共有 33 名代表出席。1936 年《中国数学会学报》和《数学杂志》相继问世,这些标志着中国现代数学研究的进一步发展。中华人民共和国成立以前的数学研究集中在纯数学领域,在国内外共发表论著 600 余种。在分析学方面,陈建功的三角级数论,熊庆来的亚纯函数与整函数论研究是代表作,另外还有泛函分析、变分法、微分方程与积分方程的成果;在数论与代数方面,华罗庚等人的解析数论、几何数论和代数数论以及近世代数研究取得令世人瞩目的成果;在几何与拓扑学方面,苏步青的微分几何学,江泽涵的代数拓扑学,陈省身的纤维丛理论和示性类理论等研究都具有开创性意义的工作;在概率论与数理统计方面,许宝騄在一元和多元分析方面得到许多基本定理及严密证明。此外,李俨和钱宝琮开创了中国数学史的研究,他们在古算史料的注释整理与考证分析方面做了许多奠基性的工作,使我国的民族文化遗产重放光彩。

1949 年 11 月我国设立中国科学院。1951 年 3 月《中国数学会学报》复刊(1952 年改为《数学学报》),1951 年 10 月《中国数学杂志》复刊(1953 年改为《数学通报》)。1951 年 8 月中国数学会召开中华人民共和国成立后第一次代表大会,讨论了数学发展方向和各类学校数学教学改革问题。

中华人民共和国成立后的数学研究取得长足进步。20 世纪 50 年代初期就出版了华罗庚的《堆栈素数论》、苏步青的《射影曲线概论》、陈建功的《直角函数级数的和》和李俨的《中算史论丛》(5 集,1954—1955)等专著,到 1966 年,共发表各种数学论文 2 万余篇。除了在数论、代数、几何、拓扑、函数论、概率论与数理统计、数学史等学科继续取得新成果,还在微分方程、计算技术、运筹学、数理逻辑与数学基础等分支有所突破,有许多论著达到世界先进水平,同时培养和成长起一大批优秀数学家。

20 世纪 60 年代后期,中国的数学研究基本停止,教育瘫痪、人员流失、对外交流中断,后经多方努力状况略有改变。1970 年《数学学报》恢复出版,并创刊《数学的实践与认识》。1973 年陈景润在《中国科学》上发表《大偶数表示为一个素数及一个不超过二个素数的乘积之和》的论文,在哥德巴赫猜想的研究中取得突出成就。此外,中国数学家在函数论、马尔可夫过程、概率应用、运筹学、优选法等方面也有一定创见。

1978 年 11 月中国数学会召开第三次全国代表大会,标志着中国数学的复苏。1978 年恢复全国数学竞赛,1985 年中国开始参加国际数学奥林匹克数学竞赛。1981 年陈景润等数学家获国家自然科学奖励。1983 年国家首批授予 18 名中青年学者博士学位,其中数学工作者占 2/3。1986 年中国第一次派代表参加国际数学家大会,加入国际数学联合会,吴文俊应邀作了关于中国古代数学史的 45 分钟演讲。近十几年来数学研究硕果累累,发表论文专著的数量成倍增长,质量不断上升。1985 年庆祝中国数学会成立 50 周年年会上,专家们已确定中国数学发展的长远目标。代表们立志要不懈地努力,争取使中国在世界上早日成为新的数学大国。

2002 年,IMU 第 14 次成员国代表大会和第 24 届国际数学家大会先后在我国上海和北京举行。2021 年,第 14 届国际数学教育大会在上海举行。这些都是我国数学界百年难遇的大事,大大促进了我国数学、数学教育与国际的交流与发展。

# 习题 7

1. 关于数学基础三大学派各自的基本观点是什么? 各有何缺点?

2.世界数学中心的变迁说明了什么？我国怎样才能成为国际数学中心之一？

3.数学猜想的提出和证明对促进数学发展有何作用？

4.你认为数学竞赛和数学奖励对推动数学发展有哪些作用？

5.请说出我国的数学有哪些特点？

6.你认为我国从数学竞赛大国到世界数学强国还有多远的路要走？

# 参考文献

［1］BOURBAKI N. Elements of the History of Mathematics：English Version［M］. Paris：Springer-Verlag,1994.

［2］CARLINGER R. Classics of mathematics［M］. Illinois：Moore Publishing Company Inc,1982.

［3］COOKE R L. The History of Mathematics［M］. New Jersey：Wiley,1997.

［4］克莱因. 古今数学思想［M］.北京大学数学系数学史翻译组译.上海：上海科学技术出版社,1979.

［5］伊夫斯. 数学史上的里程碑［M］.欧阳绛,等译.北京：科学技术出版社,1990.

［6］潘建辉,李玲. 数学文化与欣赏［M］.北京：北京理工大学出版社,2012.

［7］李文林. 数学史概论［M］.2 版.北京：高等教育出版社,2002.

［8］梁宗巨,王青建,孙宏安. 世界数学通史［M］.沈阳：辽宁教育出版社,2001.

［9］易南轩,戴汝潜. 易南轩中学数学美育探微［M］.济南：山东教育出版社,2006.

［10］王志雄. 数学美食城［M］.北京：民主与建设出版社,2000.

［11］顾沛. 数学文化［M］.北京：高等教育出版社,2008.

［12］高雪芬,胡觉亮. 数学与科学进步［M］.杭州：浙江人民出版社,2008.

［13］卢介景. 数学史海揽胜［M］.北京：煤炭工业出版社,1989.

［14］周金才. 数学史海泛舟［M］.南昌：江西教育出版社,2001.

［15］童忠良,王忠人,王斌清. 音乐与数学［M］.北京：人民音乐出版社,1993.

［16］王春陵. 数学的思维与发展［M］.长春：吉林科学技术出版社,2006.

［17］塞路蒙·波克纳. 数学在科学起源中的作用［M］.李家良译.长沙：湖南教育出版社,1992.

［18］吴军. 数学之美［M］.北京：人民邮电出版社,2020.